DARWINS REISE
MIT DER *BEAGLE*
DEZEMBER 1831 –
OKTOBER 1836

MATTHIAS
GLAUBRECHT

... ein Tag im Leben des

Charles Darwin

MATTHIAS
GLAUBRECHT

»Es ist, als ob man einen Mord gesteht«

ein Tag im Leben des Charles Darwin

EIN BIOGRAFISCHES PORTRÄT

HERDER

FREIBURG · BASEL · WIEN

Für Nora B.

© Verlag Herder GmbH,
Freiburg im Breisgau 2009

Alle Rechte vorbehalten

www.herder.de

Gesamtgestaltung und Konzeption:
Weiß-Freiburg GmbH – Graphik & Buchgestaltung
Umschlagabbildungen: © bridgeman

Herstellung:
fgb · freiburger graphische betriebe

www.fgb.de

Gedruckt auf umweltfreundlichem,
chlorfrei gebleichtem Papier

Printed in Germany

ISBN 978-3-451-29874-5

Es ist wahrlich eine großartige Ansicht, dass der Schöpfer den Keim allen Lebens, das uns umgibt, nur wenigen oder nur einer einzigen Form eingehaucht hat, und dass, während unser Planet den strengen Gesetzen der Schwerkraft folgend sich im Kreise dreht, aus so einfachem Anfang sich eine endlose Reihe der schönsten und wundervollsten Formen entwickelt hat und noch immer entwickelt.

Charles Darwin, 1859:
»Über die Entstehung der Arten«

Inhalt

Den Kopernikus der Biologie
neu entdecken

*D*arwin – war das nicht jener gutmütig dreinblickende Greis mit dem Rauschebart und der unerhörten Behauptung, der Mensch stamme vom Affen ab und der Stärkere setze sich durch?

Wie kein anderer personifiziert Charles Darwin jene gotteslästerliche Sicht, wonach kein Schöpfer als gleichsam göttlicher Uhrmacher die Welt mitsamt seinen belebten und unbelebten Dingen hervorgebracht hat; vielmehr gäbe es natürliche Ursachen für das Werden und Vergehen des Lebens. Zwei Jahrhunderte nach seiner Geburt meinen wir viel zu wissen, vielleicht sogar alles über jenen angeblichen Einsiedler aus England, der nach einem abgebrochenen Studium der Medizin und einem mit kaum größerer Begeisterung betriebenen der Theologie fünf Jahre mit dem Vermessungsschiff *Beagle* auf Weltreise ging, um sich anschließend für den Rest seines Lebens als Privatgelehrter auf sein Landgut Down House in der Grafschaft Kent südlich von London zurückzuziehen, und der seine unerhörten Theorien wider des Glaubens und der Kirche erst dann veröffentlichte, als ihm ein anderer zuvorzukommen drohte; der mit dem Buch »*Über die Entstehung der Arten*« einen historischen Meilenstein lieferte, ein Buch, das nicht nur die biologischen Wissenschaften revolutionierte, sondern zugleich auch das Denken in weiten Kreisen der westlichen Welt beeinflusste.

Warum also noch eine Darwin-Biografie? Gibt es wirklich Neues zu berichten? Tatsächlich hat eine regelrechte Darwin-Industrie beinahe jeden Moment seines Lebens anhand unzähliger Dokumente akribisch rekonstruiert, angefangen bei seinen Tage- und Notizbüchern bis hin zu sämtlichen seiner Briefe und Bücher. Wissenschaftshistoriker haben in den vergangenen Jahrzehnten den handschriftlichen Nachlass Darwins und seiner Familie nahezu vollständig erschlossen und dabei beinahe jeden Aspekt seines Wirkens und Werkes beleuchtet. Philosophen beschäftigen sich mit den Konsequenzen seines evolutionären Naturalismus für das Denken. Evolutionsbiologen testen bis heute die vielfältigen Implikationen seiner Hypothesen für die Lebenswissenschaften.

Darwin gehört zu den wenigen herausragenden Naturforschern, die das Weltbild des Menschen in seinen Grundfesten verändert haben, ähnlich wie auch Kopernikus und Kepler, Newton oder Einstein. So wie der Astronom Nikolaus Kopernikus Anfang des 16. Jahrhunderts erkannte, dass nicht die Erde im Zentrum des Universums liegt (sondern unser Planet wie die anderen unseres Sonnensystems auch um jenes Zentralgestirn kreist), so rückte Darwin mit seiner Evolutionstheorie die Stellung des Menschen zurecht, entriss ihm die Krone der Schöpfung, stieß ihn vom Olymp der Götter und warf ihn in den Sumpf der dumpfen animalischen Welt zurück.

Heute wissen wir: Seit Milliarden von Jahren gibt es Leben auf der Erde, seit mehr als 600 Millionen Jahren belegen dies eine Fülle versteinerter Zeugnisse der Tier- und Pflanzenwelt. Dagegen ist unsere eigene direkte Ahnenlinie, die der Gattung *Homo,* nur knapp zwei Millionen Jahre alt. Wir sind Spätankömmlinge unter den irdischen Bewohnern – und folglich ist die Natur wohl kaum von Anbeginn zu unserem Nutzen eingerichtet. Vielmehr sorgt die Anpassung an und die Auslese durch eine sich ständig wandelnde Umwelt für eine in vielfältiger Weise sich verändernde Natur mit einer faszinierenden Vielzahl an Tieren und Pflanzen. Und: Wir selbst sind ebenfalls Teil dieser Natur; nur mehr ein Glied in einer endlos langen Kette von Entwicklungsprozessen.

Darwin – das ist inzwischen auch ein Gewirr aus Legenden und Halbwahrheiten neben den historisch belegbaren Tatsachen. Denn so vertraut uns Darwin geworden ist, birgt gerade sein Status als Ikone der biologischen Wissenschaft auch die Gefahr des nicht mehr genau Hinsehens, des nicht mehr genau Wissens, was Darwin eigentlich geschrieben hat und was er tatsächlich wusste – aber auch was er nicht gesagt hat und noch nicht wissen konnte. Dabei wird die Kritik auch an der modernen Fassung der Evolutionstheorie weiterhin gern und oft allein an der Person Charles Darwins festgemacht. Zudem leidet der »Darwinismus« paradoxerweise darunter, dass er eine im Kern ebenso geniale wie einfache Theorie ist. Während jeder glaubt, sie begriffen zu haben, geben wir gern zu, weder Albert Einsteins Relativitätstheorie noch Max Plancks Quantentheorie zu verstehen. Derweil ziehen – insbesondere in den Vereinigten Staaten, vermehrt aber auch hierzulande – Kreationisten und Anhänger eines angeblichen sogenannten intelligenten Designs gegen eine bloße Karikatur dieses »Darwinismus« zu Felde.

Die Belege dafür, dass Evolution stattgefunden hat und dass die natürliche Auslese dabei eine treibende Kraft ist, werden heute von keinem ernst zu nehmenden Biologen in Abrede gestellt; ebenso wenig wie die Ansicht, dass die Erde ein kugelförmiger Körper (genauer: ein abgeflachter Rotationsellipsoid) ist, der um die Sonne kreist. Ähnlich wie dieses heliozentrische Weltbild und die Beschreibung der Planetenbahnen sind Darwins Vorstellungen einer Evolution eine wissenschaftliche Theorie; allerdings eine Theorie mit einem enormen Erklärungsgehalt für unser Weltbild, auch wenn sich noch so mancher lieber wünschen würde, die veraltete Vorstellung von einer Erde als Zentrum des Universums sei richtig, oder der Mensch sei die Krone der Schöpfung und eines Gottes Ebenbild.

Das Darwin-Jahr 2009, mit seinem 200. Geburtstag im Februar und der Veröffentlichung seines wohl einflussreichsten Werkes »*Über die Entstehung der Arten*« vor 150 Jahren im November, sollte also willkommener Anlass sein, den »Einstein der Arten« neu zu entdecken. Bis heute hat Darwin nichts von seiner Faszination eingebüßt, ebenso wenig wie seine verblüffend simple und doch so geniale Idee einer Evolution durch natürliche Auslese.

Gerade weil wir inzwischen so viel mehr über Charles Robert Darwin wissen, gibt es auch durchaus Neues zu berichten, das ihn in einem etwas anderen Licht erscheinen lässt als bisher meist kolportiert. Beispielsweise davon, was Darwin während der Weltumsegelung mit der *Beagle* tatsächlich entdeckte und was er verpasste. Oder es wird die Frage zu untersuchen sein, ob die Galápagosinseln wirklich die entscheidende Rolle für seine revolutionären Erkenntnisse gespielt haben, ob er bereits auf der *Beagle* zum Evolutionisten wurde, warum er aber zwei Jahrzehnte an seiner Theorie zum Wandel der Arten arbeitete, dabei keineswegs ein weltfremder Einsiedler, sondern vielmehr ein begabter Netzwerker war. Und es wird darum gehen, wie er den Wettlauf um die Entdeckung der Evolutionstheorie schließlich doch für sich entschied.

Dieses Buch erzählt die Geschichte gleich zweier großer Expeditionen in Darwins Leben. Neben seiner weitaus bekannteren, abenteuerlichen Weltumsegelung mit der *Beagle* in den Jahren 1831 bis 1836, geht es auch um das sich anschließende, mehr als zwei Jahrzehnte währende intellektuelle Abenteuer, wie Darwin zur Erkenntnis über den Wandel der Arten durch natürliche Auslese kam. Es geht nicht zuletzt um die Frage, welches Bild wir uns heute von jenem Mann machen, der dafür berühmt wurde, den Menschen gleichsam »zum Affen« gemacht zu haben. Wer ist dieser offenkundig hellsichtige und weitblickende Naturforscher, der jahrzehntelang an seiner Theorie tüftelt, bevor er damit an die Öffentlichkeit geht? Was denken wir von jenem englischen Eremiten aus Downe, jenem gern als leicht schrulligen Briten mit dem prächtigen Backenbart porträtierten Weltreisenden, der später exzentrische Hobbys pflegt, der Orchideen und Tauben züchtet und sich sogar für Regenwürmer und Rankenfußkrebse interessiert, und der in der ländlichen Idylle nahe London beinahe nebenher eine umstürzlerische Idee gebiert? Wer also ist Charles Robert Darwin?

Zu seinen Lebzeiten waren viele der Fakten, Belege und Beispiele, mit denen heute das Phänomen der Evolution demonstriert wird, noch weitgehend unentdeckt. Als sein wegweisendes Werk über den Ursprung der Arten entstand, war nicht einmal der Urvogel *Archaeopteryx* oder einer der gigantischen Dinosaurier entdeckt, ganz zu schweigen von den Vererbungsregeln der Genetik, der Molekülstruktur der Nukleinsäure oder der Buchstabenfolge eines Genoms. Daher sei es höchst beeindruckend, meinte bereits der britische Embryologe Gavin de Beer anlässlich des letzten Darwin-Jubiläums vor 50 Jahren, wie es Darwin gelang einen zielgenauen Kurs durch diesen in weiten Teilen noch unvermessenen Ozean des Wissens über die Evolution zu steuern, mit Felsen voller Fehlschlüsse und den Untiefen der Irrtümer überall an seinen Küsten. Mit seiner pfadfinderischen Leistung hat Charles Darwin unsere Sicht auf die belebte Natur grundlegend geprägt, ungeachtet jener böswilligen Zwischenrufe vom angeblichen »Jahrhundertirrtum« oder der missbräuchlichen Deutung seiner Theorie als »Darwinismus«, jener angeblichen Lehre vom Recht des Stärkeren. Deshalb sehen wir heute Darwin zu Recht als geistigen Revolutionär.

Wohl kein anderer Forscher und Verfasser wissenschaftlicher Abhandlungen hat unser Weltbild sowohl in der Biologie als auch außerhalb in den vergangenen zwei Jahrhunderten mehr beeinflusst. Ähnlich wie Kopernikus, Kepler und Newton Gesetzmäßigkeiten für die Gestirne erkannten, entdeckte Darwin (wenngleich nicht als Einziger!) bestimmte Grundprinzipien für die belebte Welt.

Bis heute beschäftigen Wissenschaftshistoriker zudem die erstaunlichen Ereignisse um die Entstehung und Veröffentlichung einer der wichtigsten Theorien der biologischen Gedankenwelt, ja der Geistesgeschichte insgesamt. Indes ranken sich noch immer hartnäckig populäre Lieblingslegenden um Darwins Wirken und Werk, bis heute wiedergegeben unbeeindruckt von verfügbarem und fundiertem Wissen, als ob sie dadurch wahrer würden. Doch je weiter jene Darwin-Industrie in den vergangenen Jahren in die Details von dessen Biografie eingedrungen ist, desto mehr lichtet sich der Nebel, der von dieser Legendenbildung aufsteigt. Mit den drei folgenden Mythen will das vorliegende biografische Porträt anlässlich seines 200. Jubiläums explizit aufräumen: dem Mythos, Darwin sei als Evolutionist von seiner Reise mit der *Beagle* zurückgekehrt (die Darwin-Finken-Legende), dem Mythos des weltabgewandten Zauderers (die Legende von Darwins Verzögerung) und der Legende um Alfred Russel Wallace, dessen plötzliche Einsicht Darwin gezwungen habe, sein Werk endlich zu veröffentlichen.

Darwins zweiteilige Reise zur Erkenntnis ist mithin weitaus komplizierter als uns die legendenhaften Darstellungen seines Lebens meist glauben machen. Kein Zweifel: Die *Beagle*-Reise war von unermesslich großem Einfluss auf die Entwicklung seiner Theorie, einzelne Stationen und Beobachtungen – wie im vierten Kapitel erzählt wird – in ganz unterschiedlichem Maße. Kein Zweifel aber auch: Das intellektuelle Abenteuer seiner jahrzehntelangen Forschungs-arbeit, zuerst während der sechs Jahre in London und dann über zwei Jahrzehnte hinweg auf seinem Landsitz in Down House, diente anfangs der akribischen Suche nach einem wahrhaft weltbewegenden Naturprinzip und anschließend der Ausarbeitung einer überzeugenden Argumentation.

Als solche hat sie bis heute ihre Stärken bewahrt. Die Ent-deckungen, die Darwin machte, haben sich von tatsächlich kopernikanischer Konsequenz erwiesen. Soweit wir sehen, ist Evolution mittels Selektion das wohl einzige biologische Prinzip (wenn nicht sogar jenes universelle Naturgesetz der Biowissenschaften), das alle Organismen auf diesem Planeten vereint. Darwin lieferte das Fundament einer Biologie, die von religiösen Überzeugungen frei ist. Tatsächlich sind die modernen Biowissenschaften ohne Darwins Theorien und Erkenntnisse undenkbar.

Allein deshalb lohnt es sich, einen Blick auf einen Tag im Leben des Charles Robert Darwin zu werfen.

Das Treffen am 1. Juli 1858.
Oder: Ein Jahr ohne besondere Entdeckungen?

*E*s ist ein warmer Sommerabend an diesem Donnerstag, dem 1. Juli 1858, und nichts deutet darauf hin, dass mit diesem Tag eine neue Epoche beginnt. Kaum mehr als 30 Personen, die meisten Mitglieder der *Linnean Society* nebst einigen wenigen Gästen, kommen im Burlington House, dem Sitz dieser ehrwürdigen Naturforscher-Vereinigung am Piccadilly in London, zusammen. Kaum jemand unter den Anwesenden ahnt, dass diese Versammlung das mit Abstand wichtigste Ereignis in der Geschichte ihrer Gesellschaft werden soll. Andere werden später behaupten, an diesem Abend habe sich die Biologie gewandelt – und mit ihr unser Weltbild, ja mehr noch: das Selbstverständnis des Menschen.

Indes wundert sich an diesem Abend wohl nur ein Einziger unter den Anwesenden, als er das mit sechs Vorträgen übervolle Programm sieht. Es ist Samuel Stevens, der eher zufällig das Treffen der *Linnean Society* besucht. Stevens handelt mit Naturalien aus aller Welt und ist als Makler und Agent auch für einen Forschungsreisenden namens Alfred Russel Wallace tätig, dessen Beitrag im Programm des Abends vermerkt ist. Er wähnt Wallace zu diesem Zeitpunkt weit weg irgendwo im Malaiischen Archipel. Von dort schickt Wallace ihm üblicherweise neben seinen genadelten Käfern und Schmetterlingen, den Muschelschalen, Vogelbälgen und Fellen exotischer Tiere auch die Manuskripte seiner wissenschaftlichen Arbeiten. Stevens versucht sie dann bei einem der in der britischen Hauptstadt erscheinenden Journale unterzubringen. Während er jetzt das neoklassizistische Burlington House betritt, wundert sich Stevens, wie Wallaces Manuskript diesmal wohl nach London kam, ohne durch seine Hände zu gehen.

Die Sitzung beginnt und gleich als Erstes kommt man zu den Beiträgen von Alfred Russel Wallace und Charles Darwin, einem sehr bekannten und geachteten Naturforscher, der sich aber in den gelehrten Kreisen Londons kaum noch blicken lässt. Neben Stevens horchen auch einige andere Zuhörer auf, als der angesehene Geologe Sir Charles Lyell und der Botaniker Sir Joseph Dalton Hooker einleitend die recht ungewöhnlichen Umstände dieser Doppelpräsentation von Wallace und Darwin erläutern.

Nachdem Darwin seit geraumer Zeit – genau genommen sind es Jahrzehnte – an einer Theorie über die Natur von Arten arbeitete, sei vollkommen unabhängig von ihm auch Alfred Wallace auf eine natürliche Erklärung gekommen, die Bildung von Varietäten und das Fortbestehen von Arten durch einen Prozess natürlicher Auslese betreffend. Wallace habe dazu ein Manuskript verfasst, aus dem sich just jene geradezu geniale Theorie ergäbe, die zuvor bereits Darwin entwickelt hatte. So hätten Lyell und Hooker, als sie Kenntnis davon bekamen, beschlossen, dass man nun umgehend Wallaces Manuskript gemeinsam mit einigen Manuskriptauszügen und Briefexzerpten Darwins den anwesenden Mitgliedern der *Linnean Society* vortragen sollte.

Dann verliest John Joseph Bennett, der Sekretär der Gesellschaft, wie es dort üblich ist, die beiden Arbeiten. Arrangiert in scheinbar alphabetischer Reihenfolge, aber mit dem Hintergedanken, dadurch auch gleich die Chronologie ihrer Entstehung anzuzeigen, wird zuerst ein Auszug aus einem bis dahin unveröffentlichten, zweiteiligen Essay von Charles

Darwin verlesen, den dieser erstmals 1844 ausgearbeitet hat (und zu dem kurioserweise Darwin selbst später vermerken wird, dieser sei angeblich niemals zur Veröffentlichung vorgesehen gewesen).

»Die gesamte Natur liegt im Krieg«, verkündet Darwin gleich im ersten Satz, »ein Organismus kämpft mit dem anderen oder mit den äußeren Naturbedingungen«. Dann erhebt er die ungeheuerliche Behauptung, nicht ein liebender Gott, sondern eben jener Kampf aller gegen alle walte in der Natur. Dieser ständige Kampf ums Dasein sei auch für die Entstehung neuer Arten verantwortlich. Denn, so Darwin, Arten wandeln sich und es überleben nur jene, die am besten angepasst seien. Ähnlich wie bei der Wahl des Züchters herrsche auch in der Natur eine Auslese; dank der natürlichen Zuchtwahl seien es kleinste Unterschiede, die darüber bestimmten, wer überleben wird und wer untergeht. Dank sich ständig verändernder natürlicher Bedingungen hätten stets jene Variationen die größte Chance zu überleben, die am besten an die jeweils vorherrschenden Bedingungen angepasst seien.

Auf diese Auszüge aus dem Essay folgt eine Abschrift aus einem Brief, den Darwin Anfang September 1857 an den Botaniker Professor Asa Gray im amerikanischen Boston schrieb. Er belegt, dass sich Darwins Ansichten zur Entstehung von Varietäten und Arten durch den natürlichen Prozess der natürlichen Auslese seit der ersten Essayfassung über viele Jahre nicht geändert haben, dass aber auch einige neue Aspekte hinzugekommen sind, an denen Darwin insbesondere in den beiden vergangenen Jahren arbeitete. Kleinste Variationen in allen Merkmalen und Eigenschaften der Lebewesen seien ebenso wichtig wie beinahe unendliche Zeiträume, um derartige Abwandlungen hervorzubringen. Denn die Natur mache keine Sprünge; vielmehr verlaufe alles allmählich und graduell ab. Vieles; so schreibt Darwin erklärend an Asa Gray, könne er in der kurzen Skizze nicht besser erläutern; vieles müsse dieser mit seiner eigenen Vorstellung füllen. Doch die »*Natural Selection*«, so auch der Titel seines jetzt entstehenden ausführlichen Werkes, sei überall in der Natur wirksam, schreibt Darwin weiter. Die Auslese sorge auch dafür, dass immer wieder neue Arten entstünden. Denn Arten wandelten und lösten sich ab, ähnlich wie ein Baum immer weiter wächst und oben neues Grün entwickelt, während unten tote Äste bleiben, die ausgestorbene Gattungen und Familien versinnbildlichen.

Dann erst folgt der Beitrag von Alfred Russel Wallace mit dem Titel »*On the Tendency of Varieties to depart indefinitely from the Original Type*«. Dieser hat ihn im Februar 1858 verfasst und anschließend von der Gewürzinsel Ternate auf den Molukken an Darwin geschickt, mit der ausdrücklichen Bitte die Arbeit an Charles Lyell weiterzuleiten, sofern er sie für hinreichend originell und mithin wert hielte, publiziert zu werden. Wie zuvor Darwin war auch Wallace auf weiten Reisen vor allem durch die Beobachtungen in der Natur dazu gekommen, mithilfe der natürlichen Auslese die Veränderung und Entstehung von Arten zu erklären. Wie Darwin war auch Wallace ein eifriger, ja beinahe besessener Käfersammler und Schmetterlingsfänger. Beide waren durch die Schriften anderer Forscher, etwa des Geologen Charles Lyell und des Populationstheoretikers Thomas Malthus, zum Nachdenken über natürliche Veränderungen und die Mechanismen der Auslese angeregt worden. Zwar gänzlich unabhängig von Darwin, doch auf ganz ähnlichen Gedankenwegen wie dieser bereits lange zuvor, findet auch Wallace eine natürliche Erklärung für den Ursprung der Arten. Tagtäglich hat Wallace zu dieser Zeit im Malaiischen Archipel die Vielfalt der Arten und die Vielgestaltigkeit ihrer Formen vor Augen; je nach Vorkommen auf einzelnen Inseln und in verschiedenen Regionen variieren solche Varietäten. Wallace erkennt darin das Ausgangsmaterial für natürliche Veränderungen. Das Variieren, dieses Abweichen von der Norm oder dem Typus, wie er es nennt, muss sich auf das Überleben der Varietäten auswirken. Wenn sich beispielsweise die Umwelt auf einer der Inseln ändert, könnte sich eine dort lebende geografische Variante fortan besser als andere an die neuen Verhältnisse anpassen. Folglich überlebt sie und – wichtiger noch – sie wird über kurz oder lang mehr Nachkommen haben. Dieser Fortpflanzungsvorteil führt, über viele kleine Schritte von Abänderungen in einem schier endlosen Zeitraum, zu einer Abfolge nahe verwandter Arten, also zur Transmutation (oder Evolution, wie man dies später nennen wird).

Auch für Wallace wird der Kampf ums Dasein in der Natur (auch er verwendet explizit diesen Begriff) zum Ausgangspunkt seiner Überlegungen. Dabei sorgt stets die Umwelt – sei es Klima, Nahrung oder Feinde – für eine Auswahl. Denn wenn sämtliche Individuen überlebten, würde jede Art eine überreiche Nachkommenschaft produzieren. Allein aus einem einzigen Vogelpärchen könnten in nur 15 Jahren leicht 10 Millionen Nachkommen entstehen, rechnet er vor. Doch sofern die äußeren Bedingungen gleich blieben, explodiere auch die Zahl der Nachkommen nicht. Die Natur selbst liefert jene Kontrolle, so überlegt Wallace, indem sie stets die schwächsten und am wenigsten perfekt angepassten Lebewesen ausmerzt; so überleben nur die Angepasstesten und vermehren sich. Zugleich geben sie ihre vorteilhaften Merkmale an die folgenden Generationen weiter, mit dem Ergebnis, dass durch die natürliche Auslese neue Arten entstehen. Über viele Zwischenschritte entsteht so ständig Neues, getrieben wie durch ein einziges Naturgesetz. Im Unterschied zu Darwin nennt Wallace diese Auslese durch die

Natur nicht explizit so; vielmehr schreibt er in seiner Arbeit von einem »allgemeinen Prinzip«, das dann bei Darwin natürliche Selektion heißt.

Beide kombinieren in ihrer Theorie also die vielfach beobachtete Veränderlichkeit von Tieren und Pflanzen in der Natur mit den damals gut bekannten Ideen von Thomas Malthus über die Grenzen des Wachstums und folgern daraus, dass nur die am besten Angepassten überleben. Was Darwin und Wallace an diesem Abend in ihren erstmals gemeinsam vorgestellten Arbeiten vorschlagen: Arten sind deshalb nicht konstant, sondern entstehen immer wieder neu, weil sie sich – angetrieben durch die Zuchtwahl in der Natur – verändern und anpassen müssen. Unabhängig voneinander legen beide aber noch eine weitaus wichtigere Erkenntnis nahe: dass in der Natur nicht ein allmächtiger Gott waltet, sondern ein beständiger Kampf ums Dasein und Auslese herrscht.

Weder Darwin noch Wallace sind an diesem Abend bei der *Linnean Society* in London zugegen. Charles Darwin ist zu diesem Zeitpunkt 49 Jahre alt. Seit Jahren lebt er, umgeben von einer kinderreichen Familie, zurückgezogen als Privatgelehrter auf seinem Landsitz Down House in der Grafschaft Kent, eine Halbtagesreise mit der Kutsche südöstlich von London.

Als Sprössling gleich zweier wohlhabender viktorianischer Familiendynastien erlaubt ihm ein großes Familienvermögen, nach einem ungeliebten Studium der Medizin und der Theologie, seinen naturkundlichen Neigungen zeitlebens ohne finanzielle Nöte nachzugehen. Als junger Mann von gerade einmal 22 Jahren hat er eine unwahrscheinlich glückliche Fügung beim Schopf gepackt und ist beinahe fünf Jahre mit einem Vermessungsschiff der britischen Admiralität, der »H.M.S. *Beagle*«, einmal um die Welt gesegelt. Er hat viel gesehen und gefunden. Seit seiner Rückkehr ist er nun schon über viele Jahre hinweg damit beschäftigt, die geologischen und anderen naturkundlichen Beobachtungen auszuwerten und seine wertvollen Sammlungen zu bearbeiten.

Darwins 1839 erstmals verlegter Reisebericht über die *Beagle*-Expedition, das *Journal of Researches* oder die »*Reise eines Naturforschers um die Welt*«, wie das Buch heißt, als es bald auch auf Deutsch erscheint, war ein großer Erfolg, der ihn schnell berühmt machte. Das von ihm gesammelte naturkundliche Material der Reise wurde von führenden Forschern untersucht und ließ Darwin, auch aufgrund einiger beachtenswerter Arbeiten zur Zoologie und Geologie aus seiner eigenen Feder, zu einem der angesehendsten Naturforscher seiner Zeit werden.

Seit seiner Rückkehr quälte sich Darwin zudem mit der Beantwortung einer der zentralen Fragen der damaligen Naturforschung: Was sind Arten und wie sind sie entstanden? Kaum jemand ahnt, dass er bereits seit 1837 intensiv daran arbeitete, der in seinen Augen irrigen Lehre von der Unveränderlichkeit der Arten ein wahres Feuerwerk an Fakten gegenüberzustellen. Im Herbst 1838 glaubte er, mit der Theorie einer natürlichen Auslese als Triebfeder solcher Veränderungen die Lösung gefunden zu haben. Doch anstatt diese gleich zu publizieren, notierte Darwin seine Ideen, sammelte fleißig weitere Belege, vervollständigte seine Aufzeichnungen. Ganz unbegreiflich: Mehr als 20 Jahre arbeitete er so an seiner Theorie zum Artenwandel. Immer wieder hat er die Abfassung seiner revolutionären Gedanken aufgeschoben, andere Arbeiten haben sie hinausgezögert; er hat sie mehrfach erweitert, neu und besser formuliert, auch um wichtige Teile ergänzt.

Kein Zweifel: Darwin wusste um die Sprengkraft und die Implikationen seiner neuen Theorie. Durch sie wurde die Vielfalt des Lebens einer naturwissenschaftlichen Erklärung zugänglich; die Natur war plötzlich nicht mehr allein eine Frage des Glaubens. Zuvor hatte bereits Charles Lyell die Geologie verändert, die damit dank uniform wirkender Gesetze leichter erklärbar wurde. Dies machte es für viele von Darwins Zeitgenossen zugleich leichter, erdgeschichtlichen Wandel und die Entwicklung der Welt zu akzeptieren. Doch Darwin ging noch einen Schritt weiter, als er Werden und Vergehen von Arten untersuchte und dabei Naturgesetzlichkeiten auch in der Biologie erkannte.

Die Frage, die Darwin sich und der Welt schließlich vorlegen sollte, leitete er aus der Analogie zum Leben und Sterben des einzelnen Menschen ab. Angenommen, die Auslöschung einer Art ist nicht katastrophal, wie Forscher vor ihm angenommen hatten, sondern vielmehr ein natürlicher Vorgang, der wie der Tod eines Menschen in der Natur liegt. Warum, so Darwins Frage, sollte dann die Geburt einer neuen Art stets etwas Göttliches sein und wundersamer als die natürliche Geburt eines Menschen?

Mit Geburt und Tod kannte sich Darwin aus. Seine Frau Emma, mit der er zu diesem Zeitpunkt beinahe 20 Jahre glücklich verheiratet war, hatte ihm in nahezu ununterbrochener Folge zehn Kinder geschenkt. Und nun, an diesem denkwürdigen 1. Juli 1858, ist Darwin durch den Tod seines jüngsten Sohnes am Boden zerstört. Im Juni waren gleich zwei seiner Kinder erkrankt. Ohne Vorwarnung hat die Krankheit zuerst seine 15-jährige Tochter Henrietta, genannt Etty, getroffen. Was mit Fieber und Halsschmerzen begann, erwies sich schnell als Diphtherie, die damals in England grassierte. Unmittelbar darauf trifft es sein letztgeborenes Kind. Charles Waring ist erst 19 Monate alt und die Freude des inzwischen in die Jahre gekommenen Darwin und seiner Emma, die bei der Geburt immerhin schon 48 Jahre alt ist. Überall im Land verlieren Eltern ihre Kinder, gerade die jüngsten, an Scharlach, der auch in der Grafschaft Kent epidemieartige Züge anzunehmen droht; im Örtchen Downe sind bereits drei Kinder erkrankt. Nach einer Woche heftigen Fiebers stirbt am Abend des 28. Juni 1858 auch Darwins Jüngster. Erst im Todesschlaf, so notiert Darwin beinahe erleichtert über die Erlösung, entspannten sich die gequälten Gesichtszüge des Kleinen wieder zu jenem Anblick kindlicher Unschuld, der den liebenden Eltern zuvor so viel Freude bereitete. Einmal mehr bringt der Tod von Charles Waring Trauer über die Familie. Schon einmal hat Charles Darwin ein Kind an eine tückische Krankheit verloren; 1851 war seine älteste Tochter Annie im Alter von nur zehn Jahren an Tuberkulose gestorben. Nachdem er das wochenlange Dahinsiechen seines einst so lebensfrohen Mädchens mit ansehen musste, hatte er den letzten Funken Glauben an einen gerechten Gott verloren. Auch jetzt ist der liebende Vater aufgewühlt und von Trauer niedergeschlagen; mit keinem Gedanken beschäftigt er sich an diesem Tag, an dem er Charles Waring im Kirchhof von Downe begräbt, mit seiner Theorie.

Wenige Tage nach der Londoner Lesung reist Darwin samt Familie zur Erholung von Tod und Begräbnis und um Ettys Erkrankung auszukurieren, in den Süden Englands, wo sie bis Mitte August auf der Isle of Wight den Sommer am Meer verbringen.

Auch an Wallace mag Darwin nun nicht mehr denken, der ihm erst kurz davor den vielleicht größten Schrecken seines Lebens eingejagt hat. Mit zitternden Händen, so erinnert sich Darwin, las er erst vor wenigen Wochen das Manuskript, das Wallace Anfang März 1858 aus Ternate abgeschickt hatte. Mit einem Anflug von Panik musste Darwin erkennen, dass er nicht als Einziger auf den Gedanken der natürlichen Zuchtwahl gekommen war. Und auch wenn Wallace diesen natürlichen Prozess in seiner Ternate-Arbeit noch nicht so nannte, so waren die Gedanken der beiden Forscher doch auf dieselben Fakten und Umstände gerichtet. Mit Wallace war unvermutet nicht nur ein Mitentdecker seiner Theorie von der Veränderlichkeit der Arten durch natürliche Selektion aufgetaucht; in ihm sieht Darwin auch einen Mitbewerber um jenen Preis, der in der Wissenschaft dem gebührt, der als Erster etwas Neues findet – oder der zuerst eine neue Idee verkündet.

Alfred Russel Wallace ist 14 Jahre jünger als Darwin, und er macht – kurioserweise im gleichen Alter wie Darwin, nur eben 14 Jahre später als dieser – dieselbe Entdeckung dessen, was wir heute Evolution nennen, für das aber weder Darwin noch Wallace in ihren ersten Arbeiten einen treffenden Ausdruck finden. Wallace ist an jenem Tag im Juli 1858 rund 12 000 Kilometer weit weg von London, in einem winzigen Flecken namens Dorey (heute Manokwari) im äußersten Nordwesten von Neuguinea. Er macht, was er immer macht in diesen Tagen, sofern seine Gesundheit und das Wetter es zulassen: Er jagt in den tropischen Wäldern nach Vögeln und Insekten. Zwar regnet es beinahe ohne Unterlass, und eine üble Fußverletzung macht ihm zu schaffen. Dennoch lockt ihn die unentdeckte Vielfalt immer wieder aus seiner mit Palmenwedeln gedeckten Hütte. So ahnt Wallace nichts von all dem, was sich – auch in seinem Namen – an diesem Abend bei der *Linnean Society* zuträgt. Niemand hat sich auch nur die Mühe gemacht, ihn zuvor von der Doppellesung in Kenntnis zu setzen (was indes allein wegen der Laufzeiten der Post von drei oder vier Monaten kaum möglich war).

Das Treffen in London endet unspektakulär. Die Zuhörer reagieren nicht sonderlich überrascht auf das, was dort vorgetragen wird; niemand stellt eine Frage, keiner eröffnet eine Debatte über die neue Theorie. Die Ausführungen von Darwin und Wallace sind vielleicht nicht einfach zu verstehen, wenn man zum ersten Mal davon hört. Und der Abend wird lang, man ist ermüdet auch von der Fülle an Fakten in den fünf nachfolgenden Vorträgen. Endlich wird Tee serviert, wie es üblich ist bei der *Society*; Tee beruhigt. Ohne nennenswerte Diskussion über das Gehörte, das eigentlich Unerhörte, gehen die Teilnehmer dieses Gesellschaftstreffens nach Hause. So wird an diesem Abend durch Darwin und Wallace zwar das Fundament einer allein im christlichen Glauben ruhenden wissenschaftlichen Weltsicht erschüttert, doch die Mitglieder der *Linnean Society* schlafen ruhig.

Später vermerken Historiker einigermaßen verblüfft, dass die öffentliche Reaktion auf diese erste Vorstellung der neuen Theorie äußerst verhalten war. Darwins Freund und Vertrauter, der Botaniker Joseph Hooker, schreibt ihm am nächsten Tag, dass das Thema wohl zu neuartig und zu unheimlich für die alte Schule gewesen sei. Andere dagegen vermuten später, dass wenigstens einige der in wissenschaftlichen Dingen durchaus sehr kenntnisreichen Herren bei der *Linnean Society* sehr wohl die Bedeutung erfasst haben dürften. Doch nicht nur die Unterstützung der neuen Theorien durch Lyell und Hooker wiegt schwer; vor allem die nachweisliche und unangefochtene Kompetenz Darwins als Naturforscher lässt sie das Gehörte der Doppellesung vorerst schweigend aufnehmen.

Auch als die Beiträge von Darwin und Wallace am 20. August 1858 im Band 3 des *Journal of the Proceedings of the Linnean Society* gedruckt erscheinen, erkennen nur wenige die Tragweite der Entdeckung. Unter einem gemeinsamen Titel – »*On the Tendency of Species to form Varieties; and on the Perpetuation of Varieties and Species by Natural Means of Selection*« – so, als ob es eine in sich geschlossene und einheitliche Publikation wäre, werden die Auszüge Darwins und die Arbeit von Wallace auf 18 Druckseiten zusammengestellt. Nur wenigen Lesern geht auf, was sich da vor ihren Augen ereignet: die erste Veröffentlichung einer der wichtigsten Beiträge zur Geistesgeschichte. Später wird Thomas Henry Huxley, ein weiterer Freund und Verehrer Darwins, gestehen, wie ungemein denkfaul man gewesen sei, nicht selbst auf diese an sich naheliegende Lösung des allgegenwärtigen Artenrätsels gekommen zu sein.

Dagegen wird Thomas Bell, zu diesem Zeitpunkt Präsident der *Linnean Society*, im Jahresrückblick für 1858 bemerken, »dass es ohne eine jener herausragenden Entdeckungen vergangen ist, die eine Forschungsdisziplin unmittelbar revolutionieren«. Bell war von der Ausbildung her Zahnarzt, bevor er Professor für Zoologie wurde. Auf Darwins Wunsch hatte er die Reptilien wissenschaftlich bearbeitet, die dieser von der *Beagle*-Expedition mitbrachte, und war seitdem mit ihm befreundet. Doch den Biologiehistorikern wird Thomas Bell vor allem deshalb in Erinnerung bleiben, weil er sich mit dieser Einschätzung nachweislich selbst zum wohl größten Ignoranten des darwinschen Jahrhunderts stempelte. Dabei hatte Bell wenigstens kurzfristig durchaus recht. Denn *unmittelbare* Folgen zogen 1858 weder der gemeinsame Vortrag noch die Veröffentlichung der Arbeiten von Wallace und Darwin nach sich.

Jedenfalls sind die Auswirkungen jenes Sommers in keiner Weise mit dem Aufsehen zu vergleichen, das Darwins Buch »*Über die Entstehung der Arten*« ein Jahr später verursachen wird. Am 20. Juli 1858, noch während des Familienurlaubs am Meer auf der Isle of Wight, beginnt Darwin eine ausführliche Darstellung seiner Theorie der Evolution durch natürliche Selektion auszuarbeiten. Nicht ein mehrbändiges Opus soll es jetzt werden, wie ursprünglich geplant. Stattdessen verfasst Darwin ein neues Manuskript, eine kompakte Darstellung seiner Ansichten, nur mehr einen *»Auszug aus einem Aufsatz über die Entstehung der Arten und Varietäten durch natürliche Zuchtwahl«*, wie er die Arbeit nennen will.

Als die Familie Mitte August nach Down House zurückkehrt, steckt Darwin bereits tief in der Arbeit an diesem »Auszug«. Über Monate hinweg wird er fortan jeden Tag jeweils mehrere Stunden höchst konzentriert in seinem Arbeitszimmer an diesem Buchmanuskript schreiben, als ob ihm jemand im Nacken säße; und mit Wallace irgendwo dort draußen im fernen Malaiischen Archipel mag Darwin dies auch genau so empfunden haben. Nur kurz unterbrochen durch einen einwöchigen Kuraufenthalt in Moor Park im Oktober, bringt Darwin das Manuskript seines Buches in zehn Monaten zu Ende. Selbst als er im Februar einmal mehr erkrankt und ihn wieder Magenschmerzen und Übelkeit quälen, setzt er die Arbeit fort. »Mein Geist ist eine Maschine geworden, wie geschaffen dafür, allgemeine Gesetze knirschend aus großen Tatsachensammlungen auszumahlen«, wird er später in seiner Autobiografie über diese Zeit schreiben. Im Mai 1859 dann ist der »Auszug« fertig. Darwin lässt Abschriften des Manuskripts anfertigen und schickt sie an den Verleger John Murray in London, bei dem er bereits zuvor einige Bücher erfolgreich publiziert hat. Der schlägt indes vor, den sperrigen Haupttitel zu verkürzen. So erscheint schließlich am 24. November 1859 Darwins epochales Werk *»On the Origin of Species by Means of Natural Selection«*.

Es ist Darwins Meisterstück; kein anderes wissenschaftliches Buch hat jemals eine vergleichbare Wirkung gehabt. Ganz bewusst erwähnt Charles Darwin den Menschen – diese selbst ernannte und vermeintliche »Krone der Schöpfung« – nur mit einem einzigen lakonisch-kryptischen Satz im Schlusskapitel seines Werkes: »Licht wird auch fallen auf den Ursprung des Menschen und seine Geschichte«. Ohnehin ist jedem Zeitgenossen im viktorianischen England klar, dass auch er Teil jener von Darwin beschriebenen Natur ist, in der alle Lebewesen mit Zähnen und Klauen um ihren Vorteil und ihr Überleben kämpfen. Seitdem gilt Darwin als der Vater der Abstammungstheorie; und obwohl Alfred Russel Wallace den unmittelbaren Anstoß zu deren Veröffentlichung gab, wird dieser fortan stets in Darwins Schatten stehen – und als Mitentdecker bald in Vergessenheit geraten.

Ein wenig bemühter junger Mann:
Wer ist Charles Darwin wirklich?
(1809–1831)

Charles Robert Darwin – er ist der Naturforscher des viktorianischen Zeitalters par excellence und er revolutioniert mit seiner Theorie unser Weltbild. Tatsächlich hat wohl kaum ein anderer unser Verständnis vom Lebendigen und von der Stellung des Menschen so weitreichend beeinflusst, kein anderer Denker noch Jahrhunderte nach ihm die Erkenntnisse über unsere Welt auf derartige Weise geprägt wie dieser Mann aus dem Landstädtchen Shrewsbury, das in der Grafschaft Shropshire am oberen Severn im westlichen England liegt.

Biografen und Historiker, insbesondere solche mit psychologischem Interesse, haben die Herkunft und den Lebensweg Charles Darwins akribisch erkundet, auf der Suche nach Hinweisen und ersten Anzeichen seines späteren Genies. In seiner Kindheit und Jugend sind sie indes ebenso wenig fündig geworden wie in seiner Studienzeit. Nach seiner 1876 im Alter von 67 Jahren für seine Kinder verfassten Autobiografie war Charles ein Kind wie tausend andere. Zwar zeigt er bereits früh – wie viele Jungen vor und nach ihm – ein ausgeprägtes naturkundliches Interesse und die Anfänge einer lebenslangen Faszination für Naturwissenschaften. Doch obgleich er später zu einem der bedeutendsten Naturforscher und Denker aller Zeiten werden soll, lässt lange nichts darauf schließen, dass hier ein geniales und Ehrfurcht gebietendes Wunderkind heranwächst.

Am 12. Februar 1809 bringt Susannah Darwin, geborene Wedgwood und damals im 44. Lebensjahr, ihr fünftes von sechs Kindern und ihren zweiten Sohn Charles zur Welt. Sein Vater ist der weithin angesehene Arzt Dr. Robert Waring Darwin. Charles hat drei ältere Schwestern – Marianne, Caroline, Susan – und einen älteren Bruder Erasmus, genannt »Ras«; später bekommt er noch eine Schwester Catherine.

Charles Darwin wird in das England der Romane von Jane Austen geboren. Besser kann man unserer von Hollywoodfilmen verwöhnten Generation keine bildhafte Vorstellung der Zeit in England am Beginn des 19. Jahrhunderts vermitteln, als es die Biografin Janet Browne mit dieser Feststellung tat. Sofort drängen sich Szenen und Figuren etwa aus Austens Verfilmungen von »*Sense and Sensibility*« auf und mit ihnen jene geordnete Welt des Landadels und Besitzbürgertums voller englischem Charme und einer bis zur Maniertheit übertriebenen vornehmen Konvention, inklusive Kleidung und Etikette. Einer Gesellschaft, deren hauptsächliche Aktivität in gegenseitigen Besuchen von Verwandten und gemeinsamen Ausflügen sowie gelegentlichen Reisen an die Küste besteht, wenn nicht karitative Veranstaltungen und Partys zu geben oder zu besuchen sind. Trotz der Napoleonischen Kriege auf dem Kontinent und den unruhigen Zeiten in England, wenige Jahre nachdem Admiral Nelson bei Trafalgar die britische Seeherrschaft begründet und Britannien den Welthandel zu kontrollieren beginnt, wird Darwin indes weitgehend unberührt bleiben von den Wirrnissen der Zeit, und vor allem fern vom sozialen Elend, das die industrielle Revolution mit sich bringt.

Charles verbringt seine Kindheit in Shrewsbury auf einem Landsitz namens »The Mount«, der Berg; gelegen vor den Toren der kleinen, damals noch mittelalterlich anmutenden Stadt mit ihren spitzen Kirchtürmen, den enge Gassen säumenden Fachwerkhäusern und ihren etwa 20000 Einwohnern. Den efeuumrankten, großzügig dreigeschossigen Bau aus roten Backsteinen mit hohen Fenstern und einem von vier Säulen eingerahmten Eingang ließ der Vater 1800 für seine stetig wachsende Familie bauen, nachdem er sich im Zentrum der westenglischen Grafschaft eine ländliche, aber gut gehende Praxis aufgebaut hat.

»Bobby«, wie Charles liebevoll genannt wird, ist ein gesundes, aufgewecktes Kind, anfangs übermütig und schwer zu bändigen. Er hat das Glück, in eine wohlhabende Familie des britischen Bürgertums hineingeboren zu werden. Sein Vater – von Darwin und dessen Geschwistern ehrfürchtig und respektvoll bewundert – ist eine markante Persönlichkeit, allseits »The Doctor« genannt. Mehr Psychotherapeut denn Hausarzt hilft er in seiner mitfühlenden Art vielen Patienten der Grafschaft, die er in einem einspännigen Wagen zu besuchen pflegt. Als Arzt ist er fähig, seine Praxis floriert. Aber er ist auch geschäftstüchtig und sparsam – mit einem Hang ins Geizige und legte damit die Grundlage zu einem beträchtlichen Familienvermögen (man schätzt es später auf über 100000 Pfund). Und es vermehrt sich weiter, als Robert Darwin 1796 die Tochter eines Freundes seines Vaters heiratet, des berühmten Steinzeugfabrikanten Josiah Wedgwood I. Mit ihr, einer extrovertierten und aufgeweckten Frau, führt Robert Darwin eine offenbar recht glückliche Ehe, wenn man sechs Kinder in 20 gemeinsamen Jahren als Maßstab dafür nehmen darf. In religiösen Dingen dürfte er eher ein Skeptiker gewesen sein.

Obgleich sein Vater sicher keine einfache Persönlichkeit war, rühmt Charles später dessen Menschenkenntnis und Beobachtungsgabe. »Er war meist gut aufgelegt«, schreibt Charles in seiner Autobiografie, »und doch besaß er die Kunst, jedermann dazu zu bringen, ihm bis auf den Buchstaben zu gehorchen.« Robert Darwin ist autoritär, aber wohl nicht mehr als damals für einen Familienvater üblich. Trotz seiner offenbar strengen und ernsten Art ist er seinen Kindern herzlich zugetan; er wird – ähnlich wie schon sein Vater (der ließ sogar für seine enorme Leibesfülle eine Einbuchtung in den Speisetisch sägen) – aufgrund seiner zunehmenden Körperfülle zu einem buchstäblich einnehmenden Wesen. Mit der damals ungewöhnlichen Körpergröße von knapp 1,90 Metern und seinen über 150 Kilogramm Gewicht ist Robert Darwin eine rundum imposante Erscheinung.

Familientradition: Die Darwins und Wedgwoods sind zwei typische Familien der englischen Gesellschaft, beide eng miteinander verbunden. Bereits Charles Großvater, Erasmus Darwin, hatte diese enge Verflechtung der beiden Familien gemeinsam mit Josiah Wedgwood I. begründet; sie mehrte beider Häuser Vermögen und schuf die Grundlage auch für die lebenslange finanzielle Unabhängigkeit von Charles, dem dadurch ein sorgloses Forscherleben ermöglicht wurde.

Auch Erasmus Darwin war eine gewichtige Erscheinung und nicht nur wegen seiner körperlichen Statur ein bemerkenswerter Mann von Format. Er war Arzt, auch Botaniker – und Bonvivant mit einer dichterischen Ader fürs Erotische. Doch bei all dem war Erasmus recht erfolgreich, und von einer – nun ja – chaotischen Kreativität und zugleich Produktivität; vor allem war er hinter Frauen her. Seine erste Braut zählte gerade siebzehn Jahre. Mit ihr hatte er drei Söhne, einer davon war Robert Waring Darwin, Charles' Vater, der 1766 geboren wurde. Erasmus zeugte auch dann noch Kinder, als seine Frau 1770 starb. Er behielt die beiden aus diesem Verlangen entstandenen unehelichen Töchter und setzte weitere sieben Kinder in die Welt, nachdem er 1781 ein zweites Mal, diesmal die Witwe eines Patienten, geheiratet hatte.

Die Aufklärung stand am Anfang ihrer Blüte und Erasmus Darwin glaubte, mittels der Macht reiner Vernunft ließen sich alle Geheimnisse der Natur ergründen. Er hatte an der Universität Edinburgh mit einer damals führenden medizinischen Fakultät studiert. Als Arzt war Erasmus sehr angesehen und wandte eigene Heilmethoden mit Erfolg an. Zudem betätigte er sich als Erfinder. Er gründete die *Lunar Society*, einen Klub aus arrivierten Besitzbürgern und aufgeklärten Technokraten, die man getrost zur technisch-wissenschaftlichen Elite des damaligen Englands zählen darf; zumindest sie selbst taten es. Unter den Mitgliedern waren neben dem Fabrikanten Josiah Wedgwood weitere Namhafte, wie etwa die Erfinder James Watt und Benjamin Franklin sowie der protestantische Geistliche und Chemiker Joseph Priestley. Sie alle wollten die Industrialisierung vorantreiben – und taten es auch. Die Mitglieder der »Mondgesellschaft« nannten sich selbst »*lunatics*«, aber nicht weil sie mondsüchtiger als andere ihrer Zeit waren oder gar verrückter. Vielmehr trafen sie sich stets an Vollmondnächten, um anschließend sicherer und leichter nach Hause zu kommen. An diesen Abenden diskutierten sie über Erfindungen und Ideen für Fortschritt durch Technik und anderes revolutionäres Gedankengut.

Erasmus war ein unabhängiger Denker, Bewunderer der Französischen Revolution und Antimonarchist. Es war die Zeit König Georgs III., der aufgrund einer erblichen Stoffwechselkrankheit vorübergehend dem Wahnsinn verfiel. Als man Erasmus die Stelle als Leibarzt von König Georg III. anbot, lehnte er ab; zu sehr fürchtete er die Zwänge in der königlichen Residenz. Immerhin wurde er Mitglied der *Royal Society*, Englands vornehmster wissenschaftlicher Gesellschaft. Und er wurde durch seine poetisch-naturkundlichen Bücher weithin berühmt. Werke mit Titeln wie »*Die Liebe der Pflanzen*« waren darunter, oder sein posthum 1803 erschienener, in Gedichtform verfasster Band »*Tempel der Natur oder der Ursprung der menschlichen Gesellschaft*«. Darin ersann er den Prozess einer natürlichen Wandlung der Lebewesen. Eine Kostprobe aus diesem Lehrgedicht: »Organisches Leben unter uferlosen Wellen / ward geboren und ernährt in des Ozeans tiefen Zellen; / erst winzige Formen, verborgen dem blauen Himmelszelt, / wandern auf Schlamm, durchdringen die Wasserwelt; / dann kommen weitere Generationen zuhauf / mit größeren Kräften und Gliedern heraus.« Er brachte es mit diesen Versen nicht nur zu (indes umstrittenen) literarischem Ruhm; Erasmus bewies darin auch eine erstaunliche Weitsicht, stammte demnach doch das Leben aus dem Meer und gab es in der Natur gesetzmäßige Entwicklungen.

Bereits in seinem Hauptwerk, der »*Zoonomia, or the Laws of Organic Life*«, die zwischen 1794 und 1796 erschien, finden sich solche ersten Ansätze zu einem evolutionären Denken, wie wir heute sagen würden. Erasmus glaubte, dass »die Welt entwickelt, nicht erschaffen ist« und »nach und nach aus einem kleinen Anfang entstand«. Heute lesen wir dies, als schlüge Erasmus eine natürliche Erklärung für Ursprung und Entwicklung allen Lebens vor und als erste zaghafte Fassung einer Theorie von der Entstehung des Lebens nach natürlichen Gesetzen. Vielen seiner Zeitgenossen erschien das noch höchst abwegig. In jedem Fall zeigt es, dass der Evolutionsgedanke bei den Darwins gewissermaßen beste Familientradition war; auch wenn Charles sich später von den Spekulationen seines Großvaters, den er selbst nie zu Gesicht bekam, deutlich distanzierte. Dessen Ideenwelt beeindruckte den jungen Darwin offenbar in keiner Weise; und wenn, dann ist dies nicht sichtbar geworden. Charles, später stets um eine ausgewogene Darstellung von Fakten und Schlussfolgerungen bemüht, ist sich des Missverhältnisses »zwischen der Spekulation und den mitgeteilten Tatsachen« im Werk seines Großvaters wohl bewusst. Er sollte sein Leben damit zubringen, den Evolutionsgedanken fundiert zu begründen, während Erasmus seinen Ideen noch freien literarischen Lauf ließ.

Darwins zweiter Großvater, Josiah Wedgwood I., brachte es nicht nur zu Berühmtheit, sondern vor allem zu Vermögen. Seine Familie besaß eine Töpferwerkstatt, und ihm gelang es, die Qualität der Tonware erheblich zu verbessern, indem er mittels ausgedehnter Versuchsreihen die keramischen Erzeugnisse weiterentwickelte. Wedgwood wurde 1774 zum Erfinder von Jasperware, eines im klassizistischen Stil hergestellten unglasierten Steinzeugs mit aufgelegten Reliefs. Es wurde in ganz Europa nachgefragt, auch und gerade an den königlichen Höfen, verkaufte sich gut und ließ sein Geschäft rasch expandieren.

Zwar von geringer formaler Bildung (seit seinem neunten Lebensjahr arbeitete er im Töpferbetrieb), hatte Josiah als »selfmade«-Unternehmer das richtige Gespür für neue Geschäftsideen und den Instinkt für das Mögliche. Zuerst war er Patient von Erasmus Darwin, dann machten sie gemeinsam Geschäfte, schließlich wurden sie enge Freunde. Sie teilten viele Interessen; politisch waren beide liberal, in ihrem Glauben religiöse Abweichler, jeder auf seine Weise: Freidenker der eine, Unitarier und Nonkonformist der andere. Erasmus und Josiah wurden zu wichtigen Persönlichkeiten der aufstrebenden Elite Großbritanniens. Während der alte Darwin zu den Schlüsselfiguren der Geistesblüte im England des 18. Jahrhunderts gehörte, leistete Wedgwood mit seiner Porzellanmanufaktur einen handfesten Beitrag zur industriellen Revolution.

Bemüht vor allem um das Wohl ihrer Familien, verheirateten Josiah und Erasmus ihre Kinder Susannah und Robert, die von Kindesbeinen an befreundet waren. Dies, so meint die Historikerin Janet Browne, schuf ein familiäres Binnenklima aus gesichertem Fabrikantenwohlstand, kultiviertem Landjunkerstatus und religiösem Skeptizismus, gepaart mit einer sicheren gesellschaftlichen Stellung in der oberen Mittelklasse Englands und der Aussicht auf ein ansehnliches Erbe, in dem Charles prächtig gedeihen konnte. Die Wedgwoods lebten in der Nähe von »The Mount«, auf einem Landgut namens Maer Hall. Die engen Familienbande sollten sich für Charles Darwin gleich in mehrfacher Hinsicht als wichtig erweisen. Zum einen verdankt er es seinem Onkel Josiah II., »Jos« genannt, dass sich sein Vater umstimmen lässt, nachdem Robert Darwin anfangs wenig von Charles' Idee hält, mit der *Beagle* auf Weltreise zu gehen; zum anderen wird eine von Jos' Töchtern, Emma, die Ehefrau von Charles werden. Wie er heiraten mehrere Darwins ihre Cousinen aus der Keramikdynastie. Kein Zweifel also: Elternhaus und Umgebung wirkten sich günstig auf Charles' Entwicklung aus. Die Familientradition aus politischer Liberalität, unorthodoxen religiösen Ansichten und Aufgeschlossenheit gegenüber der Wissenschaft liefert den fruchtbaren intellektuellen und sozialen Rahmen für die Entfaltung unseres Gelehrten.

Kindheit, 1809–1825: Nach allem was wir von ihm selbst wissen, hatte Charles eine glückliche Kindheit. Allerdings: Als er acht Jahre alt ist, im Sommer 1817, stirbt seine Mutter mit nur 52 Jahren. Später wird er sich kaum noch an sie erinnern, etwa an ihr schwarzes Samtkleid, in das ihr Leichnam gehüllt ist, und wie sein Vater sie beweint, der nie wieder heiratet. Nach Susannahs Tod übernehmen seine drei älteren Schwestern die Erziehung der beiden Jüngsten Charles und Catherine. Vor allem Caroline wird ihnen die traditionellen religiösen Überzeugungen ihrer Zeit vermitteln, mit rührender Ernsthaftigkeit und einer Spur ins Bevormundende, wie Darwin später erzählt. »The Mount« wird zum Matriarchat von Teenagern mit moralischer Macht. Dennoch wächst er unbeschadet zu einem aufgeschlossenen, gesprächigen, freundlichen jungen Menschen heran, der leicht Freundschaften schließt.

Nach einjähriger Vorschule besucht Charles ab Sommer 1818 die Knabenschule des Dr. Butler, eine der besten anglikanischen Internatsschulen des Landes und zufällig in Shrewsbury gelegen. Für Charles ist die Schule eine Qual. »Nichts hätte für die Entwicklung meines Geistes schlimmer sein können«, so urteilt er später, »als Dr. Butlers Schule, die ausschließlich klassisch war und in der außer alten Sprachen nur noch ein wenig alte Geografie und Geschichte gelehrt wurden. Als Mittel der Erziehung hat die Schule bei mir versagt.« Die Lektüre antiker Dichter reizt Charles nicht im Mindesten, das Pauken von Bibeltexten und das Auswendiglernen von Versen langweilen ihn, für Latein und Griechisch fehlt ihm jede Sprachbegabung; allein für Geometrie begeistert er sich, als ein Privatlehrer ihn mit Euklid vertraut macht.

Da die Schule nicht weit von seinem Elternhaus entfernt liegt, flieht er so oft er kann, um auf dem Nachhauseweg und an den Wochenenden am Wegesrand und in den Wiesen und Feldern die vielfältigen Tiere und Pflanzen zu beobachten; immer ist er dann in Sorge, einmal nicht rechtzeitig wieder zur Schule zurückzukommen. Wie viele Jungen seines Alters hantiert er mit Chemikalien, nachdem ihn sein älterer Bruder Ras in die Anfänge dieser Wissenschaft einführte. Sie führen chemische Experimente in einem alten Geräteschuppen im Garten des elterlichen Hauses durch, stellen dabei chemische Verbindungen und Gase her; dies trägt Charles bei seinen Mitschülern den Spitznamen »Gas« ein. Seine Lehrer halten ihn, der eher zurückhaltend ist, für einen nur mäßig begabten Knaben, der in der Schule recht lustlos lernt.

Charles liebt es, sich im Freien herumzutreiben. Er streift durch die Gegend, sammelt dabei Käfer, Steine und Vogeleier. Noch ist diese Sammelleidenschaft unfokussiert, er hortet ebenso Münzen wie Muscheln und Mineralien. Seine Schulkameraden beeindruckt er einmal mit der Behauptung, er könne den Namen einer Pflanze feststellen, indem er ins Innere der Blüte schaut. Susannah hatte ihren Sohn vermutlich zuvor in Linnés Idee der Pflanzenbestimmung anhand von Blütenorganen eingeweiht.

Als er sich für Insekten zu interessieren beginnt, beschränkt er sich darauf, nur tote zu sammeln, da er nach Konsultation seiner Schwestern, wie er selbst berichtet, zu dem Schluss kommt, »dass es nicht recht sei, Insekten nur deshalb zu töten, um eine Sammlung zusammenzustellen«; ein erstaunlicher Beginn einer Karriere als jener Naturforscher, der von seiner Expedition einmal eine der größten Sammlungen der damaligen Zeit zurückbringen wird. Auch nimmt Charles in Kauf, nicht so viele Fische wie seine Kameraden zu fangen, weil er keine lebenden Würmer als Köder verwenden will. Stattdessen legt er sie, auf Geheiß seiner Schwestern, zuvor in Salzwasser ein und tötet sie so ab. Andererseits liebt er die Jagd und schießt bedenkenlos Schnepfen und Rebhühner; mit seinem Bruder galoppiert er querfeldein und durchstöbert die Landschaft auf der Suche nach geeigneter Jagdbeute. »Außer Schießen, Hunde und Rattenfangen hast Du nichts im Kopf; und du wirst noch eine Schande für dich selbst und deine ganze Familie«. Mit diesen Worten wäscht ihm sein Vater später einmal den Kopf, als ihm dessen »Nichtstun« zu bunt wird.

Da Charles vom Unterricht recht unbeeindruckt bleibt, nimmt Robert Darwin ihn mit sechzehn frühzeitig von der Schule; er hat erkannt, dass sein Sohn dort nichts mehr lernen wird. Im Sommer 1825 begleitet er seinen Vater als Helfer bei der medizinischen Versorgung von Shropshire und wird so in die praktische Arbeit als Arzt eingewiesen. Er teilt Arzneien aus und macht sich dabei so gut, dass der Vater erstmals zufrieden mit ihm ist. Robert Darwin entscheidet, dass auch sein Sohn Charles – wie bereits dessen älterer Bruder Ras der Familientradition seit Erasmus Darwin folgend – den Arztberuf erlernen soll. Nirgends kann man damals Medizin besser studieren als in der schottischen Hauptstadt; vor allem: Im Unterschied zu den Colleges in Cambridge fordert die Universität dort kein Eintrittsexamen.

Edinburgh, 1825–1827: So schreibt sich Charles Ende Oktober 1825 an der medizinischen Fakultät ein. Auch Ras ist dort, der zwar in Cambridge Medizin studiert, nun aber in Edinburgh das Krankenhauspraktikum absolvieren soll. Mit besten Vorsätzen mag Charles in diese Hochburg der praktischen und fortschrittlichen Medizinerausbildung gereist sein. Edinburgh, damals ein »Athen des Nordens«, ist aufregend und neu, ist kosmopolitisch und ein liberales Zentrum fortschrittlichen Denkens. Hier haben vor allem die »Whigs«, Vorläufer der Liberalen, das Sagen, im Gegensatz zu den konservativen »Torys« in England. In der schottischen Universitätsstadt herrscht ein freieres intellektuelles Klima, das stärker von den geistigen Strömungen Kontinentaleuropas beeinflusst ist, als England.

Doch Charles betreibt seine Ausbildung zum Arzt bald nur noch halbherzig, dann gar widerwillig. Schnell verliert er am Studium das Interesse; von Chemie abgesehen, langweilen ihn die meisten Veranstaltungen. Die Anatomievorlesung ist wenig anziehend und die Chirurgie stößt ihn vollends ab. Im Präpariersaal versagt er kläglich und die Beobachtung zweier chirurgischer Eingriffe im Operationstheater ist ihm grässlich und zu brutal. Zwei Jahrzehnte vor den gesegneten

Tagen von Äther und Chloroform arbeitet man noch ohne Anästhesie. Darwin aber erträgt weder den Anblick des Blutes noch fremdes Leid – und rennt aus dem Operationssaal; die Bilder werden ihn noch jahrelang verfolgen. Nicht besser ergeht es ihm in den Krankensälen des Königlichen Hospitals. Ohne Hygienemaßnahmen bringt auch dort die ärztliche »Kunst« oft fatale Kollateralschäden mit sich. Das Leid der Kranken wird dem angehenden Arzt zum Albtraum. Charles Nervenkostüm und Konstitution ist den Realitäten der Medizin nicht gewachsen.

Nach dem ersten Winter in Edinburgh ist Charles' Begeisterung für sein Studium erloschen; doch von einer vorzeitigen Rückkehr nach Hause raten ihm die Schwestern angesichts seines ungeduldigen Vaters dringend ab. Dennoch werden ihm diese Universitätsjahre nicht gänzlich zur verlorenen Zeit. Edinburgh ist zugleich auch eine Hochburg der Naturkunde, und Charles nutzt die vielseitigen Anregungen auf diesem Gebiet, das eine immer größere Anziehungskraft auf ihn ausübt. Im zweiten Jahr hört er bei Robert Jameson Naturgeschichte, also vor allem Geologie und Zoologie. Zwar begeistern ihn auch dessen Vorlesungen letztlich nicht, doch lernt er so erstmals etwas über geologische Schichtungen und die Identifizierung von Mineralien, hört von den zeitgenössischen Debatten und wird unter anderem mit den Ideen des deutschen Geologen Abraham Gottlob Werner vertraut gemacht, der der Sintflutlegende anhängt. Werner hat aber auch eine relative Zeitskala auf der Grundlage von versteinerten Fossilien aufgestellt; ein System, das später in England von William Smith und in Frankreich von Georges Cuvier weiter ausgebaut wird. Und immerhin ist es Jameson, der 1826 in einer Abhandlung davon schreibt, dass sich »einfachste Würmer zu höheren Tieren evolviert« haben (dies der erste Gebrauch des Wortes im biologischen Sinn von »entwickeln«).

Jamesons Geologievorträge mögen für Darwin, wie er später schreibt, »incredibly dull« – unsäglich langweilig – gewesen sein. Und er, der sich durch und nach der *Beagle*-Expedition zuallererst einen Ruf als Geologe erwerben wird, noch bevor ihn jemand mit dem Evolutionsgedanken in Verbindung bringt, er schwört »niemals wieder ein Buch über Geologie zu lesen oder in irgendeiner Weise diese Wissenschaft zu studieren«. Die Teilnahme an den Vorlesungen bringt allerdings eine unschätzbare Vergünstigung mit sich. Als Student Jamesons hat Charles freien Zugang zum Naturkundemuseum der Universität. Und hier, in der Sammlung naturkundlicher Objekte, zwischen Vögeln und Fellen, genadelten Schmetterlingen und Insekten, den Reihen bunter Schnecken, Muscheln und Mineralien, verbringt Darwin viele Stunden, präpariert und macht Notizen. Hier macht er auch die Bekanntschaft eines Taxidermisten oder Tierpräparators, ein freigelassener Sklave namens John Edmonston. Er hat mit dem kauzigen Ornithologen Charles Waterton Südamerika bereist, bevor es ihn aus Guayana nach Schottland verschlägt. In Edinburgh ist er nun als »Watertons Neger« bekannt. Von ihm lernt Charles, wie man Vögel präpariert und ausstopft; und von ihm erfährt er erstmals etwas vom Leben der Sklaven und hört Geschichten über die üppigen Regenwälder der Tropen. Zudem weckt der Museumskurator William Macgillivray Darwins Interesse an Muscheln wie auch an der Naturgeschichte anderer Tiere; Charles beginnt Vögel nicht mehr nur als Zielscheibe zu betrachten.

Vor allem aber macht Darwin die Bekanntschaft von Robert Edmond Grant, einem charismatischen Dozenten, der in Edinburgh über wirbellose Tiere liest und einer der führenden Experten für den Tierstamm der Schwämme ist (für den er den heute noch gültigen Namen »Porifera« kreiert). Grant hat bei Georges Cuvier und Étienne Geoffroy Saint-Hilaire in Paris Anatomie studiert und ist seitdem Anhänger der dort viel fortschrittlicheren französischen Lehre. Für vier lange und ereignisreiche Monate wird er im Winter 1826 in Edinburgh zu Darwins Mentor und vielleicht wichtigstem Lehrer in Zoologie, bevor Grant 1827 als erster Professor an den neu eingerichteten Lehrstuhl für vergleichende Anatomie und Zoologie nach London berufen wird. Vor Darwin breitet er mit der Untersuchung der sogenannten »Zoophyten«, pflanzenähnlicher Tierkolonien, und anderer, oft mikroskopischer Meeresorganismen ein regelrechtes Forschungsprogramm aus. Dank dieser Einführung in den marinen Mikrokosmos vor der schottischen Küste wird sich Darwin auch während der Weltumsegelung mit der *Beagle* immer wieder den vielfältigen Kleinlebewesen zuwenden; und zwei Jahrzehnte später wird er sich dank des durch Robert Grant erworbenen Wissens und seiner Fertigkeiten selbst intensiv dem Studium einer Gruppe mariner Wirbelloser widmen, den Rankenfußkrebsen.

Es lässt sich nur vermuten, dass das Interesse Robert Grants an dem unentschlossenen jungen Mann sicher auch geweckt wurde, weil dieser der Enkel von Erasmus Darwin ist. Seit dessen »*Zoonomia*« hält Grant Erasmus als Pionier des Evolutionsgedankens hoch. Zu dieser Zeit liest Darwin erstmals das Werk seines Großvaters, das er zwar schätzt, obgleich es offenbar wenig Eindruck bei ihm hinterlässt. Als er es sich viele Jahre später nochmals vornimmt, ändert sich daran nichts, wie Darwin in seiner Autobiografie notiert; Erasmus sei ganz Spekulation gewesen mit zu wenigen Fakten.

Dagegen hört Darwin aufmerksam den Ausführungen Grants zu; er lässt sich von dessen Enthusiasmus anstecken, lernt schnell und stellt die richtigen Fragen. Deutet seine Wissbegierde jetzt erstmals auf den zukünftigen großen Gelehrten hin? »Oder ist er schlicht liebenswürdig, mitunter auch nützlich, vor allem aber eine zähe Klette«, wie einige Biografen vermuten? In jedem Fall: Grant führt Charles in die Wissenschaftskreise Edinburghs ein. Darwin besucht die Sitzungen der *Wernerian Natural History Society* und wird durch Grants Vermittlung Ende 1826 Mitglied in der *Plinian Natural History Society*, einer studentischen Vereinigung, bei deren Versammlungen Vorträge zu Themen aus allen Wissensgebieten gehalten werden.

Auch auf andere Weise erweitert Grant Darwins intellektuellen Horizont. Bei Ausflügen an die Küsten der Nordsee macht er ihn nicht nur mit neuen Ideen, sondern auch mit den Meeresorganismen bekannt. Er lenkt so Charles' Interesse auf Algen, Schwämme, Krustentiere, Mollusken und Moostierchen, jenen »little ocean beauties«, wie Grant sie nennt, und die sie bei Ebbe an der Küste sammeln und beobachten. Unter einem simplen Einlinsenmikroskop studiert und seziert Darwin das Seegetier – und er macht seine ersten wissenschaftlichen Entdeckungen. Die Fischer von Newhaven nehmen ihn mit hinaus zu den Austernbänken im Firth of Forth. Von dort bringt er allerlei Seetange und anhaftendes Getier mit, das er unter dem Mikroskop untersucht. Durch geduldige Beobachtung erkennt er, dass es sich bei den kleinen gelblichen Körpern an den Blattmassen mancher »Seematten« nicht um Samenkörper handelt, wie man bisher dachte. Vielmehr erkennt Darwin an der Bewegung winziger Wimpern, das es die mit haarfeinen Geißeln bewimperten, und demnach frei schwimmenden Larven des moosähnlichen Tierchens *Flustra foliacea* sind, die Kolonien aus tentakelkronenwedelnden Polypen bilden. Und er entdeckt während weiterer Exkursionen mit Grant an der schottischen Küste, dass schwarze pfefferkornähnliche Körper an den Schalen von Austern nicht die Algensporen des Tangs *Fucus loreus* sind, sondern die Eier des am Rochen

parasitierenden Fischegels *Pontobdella muricata*, eines Ringel-
wurms verwandt mit dem Blutegel. Am 27. März 1827 de-
bütiert Charles Darwin mit einem Referat über die Larven
der Moostierchen und seinen marinen Beobachtungen vor
der *Plinian Society*; kurz darauf entsteht darüber auch seine
erste naturgeschichtliche Abhandlung.

Die *Flustra*-Episode mündet indes zugleich in Darwins
ersten Prioritätsstreit. Als Darwin im Frühjahr 1827 parallel
zu Robert Grant die Beweglichkeit der falschen *Flustra*-Eier
entdeckt, macht der ihm unmissverständlich deutlich, dass
er selbst dies zuerst veröffentlichen werde. Tatsächlich versäumt es Grant dann, Darwin auch nur zu erwähnen. Mehr
noch, Grant berichtet zudem von Darwins Beobachtung an
den Larvalstadien des Rochenegels *Pontobdella*, bevor Darwin selbst dies drei Tage später vor der *Plinian Society* tun
kann. Darwin ist verletzt und verärgert; er wird Grant dies,
überhaupt diese bittere Lektion über die Berufskrankheit von
Wissenschaftlern, zeit seines Lebens nicht vergessen.

Für Darwin kaum tröstlich und was bisher sämtlichen
Biografen entging: Erst unlängst erkannten Zoologen, dass
sowohl Grant als auch Darwin in beiden Fällen falsch lagen. Denn die *Flustra*-»Eier« stellten sich als die Larven von
Schnurwürmern statt von Moostierchen heraus, und beim
vermeintlichen Ei des Rochenegels dürfte es sich um das
eingehüllte Gelege eines bislang noch unbekannten anderen
Tieres, nur eben keines marinen Egels, handeln.

In Edinburgh schwärmt Grant Darwin auch von Jean-
Baptiste de Lamarck vor, einem französischen Wirbellosen-
Zoologen, der damals noch über 80-jährig und blind in Paris
lebte. Lamarck war zuvor einer der herausragendsten Naturforscher; gleichsam der »Kepler der Biologie«, wie man ihn
einmal nannte. Zwar hat Darwin bereits Lamarcks wohl be-
deutendstes Werk »*Système des animaux sans vertèbres*« gelesen,

in dem dieser eine Klassifikation aller bekannten wirbellosen Tiere vorstellte. Doch als Grant ihn nun explizit auch mit den Theorien Lamarcks über den Transformismus von Arten – also dessen Idee einer Veränderung und Entwicklung der Lebewesen – bekannt machen will, reagiert Darwin kühl und unbeeindruckt. Kurioserweise wird Darwin auch später betonen, dass just Lamarck keinen bleibenden Eindruck bei ihm hinterlassen habe. So äußert er sich recht abfällig über Lamarcks wichtigstes Werk, ein früher (und zugegebenermaßen unzureichender) Vorläufer von Darwins eigener Evolutionstheorie. Es sei ein Buch, aus dem er nichts gelernt habe. Vielleicht hatte Grant ihn zu sehr verärgert; oder ihm stand zu dieser Zeit in Edinburgh der Sinn nach anderem.

Fanny O., das hübscheste Mädchen von Shropshire, und ihr »Postillion«: Nach 18 Monaten bricht Charles den Versuch, Medizin zu studieren, ab und kehrt im Frühjahr 1827 zu seiner Familie in »The Mount« zurück. Auch sein Vater muss nun erkennen, dass der Arztberuf nichts für Charles ist. Der dürfte bei ihm deshalb auf Verständnis gestoßen sein, weil Robert Darwin selbst eine tief sitzende Abneigung gegen die Chirurgie und vor allem das Sezieren hatte.

Charles ist inzwischen zu einem jungen Burschen von einnehmendem Wesen herangewachsen; keineswegs brillant, aber herzlich, wenngleich nicht überströmend. Und er ist erstmals verliebt. Seine Autobiografie ist kein Roman à la Austen; sie schweigt zu diesem Thema, doch wissen wir aus anderen Quellen, dass es mit der sechzehnjährigen, frühreifen Fanny Owen, der Tochter einer mit den Darwins eng befreundeten Familie, eine junge Schönheit gibt, die Charles erstmals den Kopf verdreht. Fanny ist schwarzhaarig, dunkeläugig, zierlich, sehr lebhaft und bezaubernd – und lebt nur einen Galoppritt von Shrewsbury entfernt. Die beiden kennen sich seit Kindestagen, haben zusammen gespielt, sind später häufig gemeinsam zur Jagd ausgeritten und haben viel Zeit miteinander in freier Natur verbracht.

Auch seit Charles in Edinburgh ist, haben sie sich immer wieder gesehen. Meist kommt Charles während des Sommers für mehrere Tage, oft sogar einige Wochen, nach Woodhouse, dem Landsitz der Owens. Gemeinsam reiten sie in die Wälder. Anschließend schreibt er schwärmerische Briefe an seinen Vetter William Darwin Fox. Fanny sei »die hübscheste, drallste, bezauberndste Person, die Shropshire besitzt«. Sie nennt ihn in ihren Briefen ihren »Postillion« und unterzeichnet als »Hausmaid vom Black Forest«, sicher Reminiszenzen an Rollen aus ihren Kinderspielen. Immer wieder lockt Fanny und kokettiert; sie will für ihre Schönheit bewundert werden. Es drängt sie nach Partys und Bällen, nach Tanzen, Vergnügen – und der richtigen Partie. Darwin gegenüber berichtet sie von ihren Verehrern, und er ahnt, dass er sie früher oder später an einen von ihnen verlieren wird. Noch im Südatlantik wird Charles sich an die lieb gewordenen Erinnerungen an Fanny klammern. Dort, auf der anderen Seite des Globus, wird er aus den Briefen seiner Schwestern erfahren, dass Fanny schließlich die Frau eines Mr. Biddulph geworden ist. Unglücklich verheiratet zwar, wie sich schnell herausstellt, aber für ihn verloren; ihm bleiben nur ihre Briefe, die er zeitlebens aufbewahrt.

Charles Vater hat im Sommer 1827 ganz andere Sorgen. Er wünscht, dass Charles nicht das Leben eines vermögenden, aber nichtsnutzigen Dandys führt. Charles soll einen ernsthaften Beruf ergreifen. Wenn er also nicht zum Arzt berufen ist, dann soll er wenigstens anglikanischer Geistlicher werden. Nach einiger Diskussion und dem Drängen des Vaters stimmt Charles zu, Landpfarrer zu werden. Dafür schickt Robert Darwin seinen Sohn nun nach Cambridge, wo ihn ein

Theologiestudium unter Führung der Staatskirche Englands auf sein klerikales Amt vorbereiten soll. Später werden beinahe sämtliche Biografen Darwins vermerken, welche Ironie es sei, dass ausgerechnet jener Mann, der wie kein Zweiter das tradierte christliche Weltbild in seinen Grundfesten erschüttert, seine einzige abgeschlossene Ausbildung ausgerechnet in Theologie erlangt. Auch Darwin erscheint es später durchaus »spaßig, dass ich einmal beabsichtigte, Geistlicher zu werden«. Im Übrigen ist die neue Berufswahl nicht so abwegig, wie es uns heute scheint; dahinter standen sehr pragmatische Überlegungen. Denn mit dem geistlichen Amt kann Charles endlich seine naturkundlichen Interessen verbinden. Einem Landfarrer blieb damals reichlich Zeit für seine naturkundlichen Interessen oder für andere Hobbys. Und Charles' anfänglicher Zweifel, ob sein Glaube an die kirchlichen Dogmen ausreichend gefestigt sei, zerstreut sich dank der Lektüre einiger theologischer Werke. Zu dieser Zeit hegt er »nicht den mindesten Zweifel daran, dass jedes Wort in der Bibel in strengstem Sinn und buchstäblich wahr sei«.

Einen Haken hat der Plan allerdings: Um in Cambridge zum Studium zugelassen zu werden, muss er hart büffeln. Seit seiner Schulzeit hat er die klassischen Fächer nicht nur komplett vernachlässigt, sondern weitgehend vergessen; selbst das griechische Alphabet kann er nicht mehr. Zu Hause in Shrewsbury frischt er über Monate hinweg sein Griechisch mithilfe eines Privatlehrers auf.

Cambridge, 1828–1831: Anfang 1828 bezieht er Quartier im Christ's College, um Theologie zu studieren. Aus der Rückschau in seiner zwar charmant-bescheidenen, aber gelegentlich etwas irreführenden Autobiografie wird Darwin auch diese Studienjahre als vergeudete Zeit abwerten. Frühere Biografen (wie Adrian Desmond und James Moore) bedienen denn auch fleißig das Bild eines Faulpelzes und schwarzen Schafes. Inzwischen ist klar, dass Darwin jedoch gerade in Cambridge ein starkes Interesse an der Naturkunde entwickelt. Tatsächlich ergeht es ihm dort um einiges besser. Am Ufer des Cam soll er drei, wie er findet, fabelhafte Jahre verleben.

Allerdings sind ihm diese Studienjahre auch deshalb in glücklicher Erinnerung, weil die Universität nur den kleinsten Teil seiner Zeit in Anspruch nimmt. Wieder betreibt er das eigentliche Studium nur halbherzig, damit sein Stundenplan ihm Zeit für seine naturkundlichen Interessen lässt. Die meiste Zeit verbringt er anfangs mit Ausreiten und Umherstreifen in der Umgebung, mit Schießen und immer wieder mit Jagen. Sein Bekanntenkreis in Cambridge erweitert sich. »Ich geriet in eine ausgelassene Gesellschaft, in der sich einige liederliche, gemeine junge Leute befanden«, schreibt Darwin in seiner Autobiografie. Mit ihnen spielt er Karten, singt muntere Lieder, tafelt und trinkt – gelegentlich auch zu viel. »Ich weiß wohl, dass ich mich der auf solche Art verlebten Tage und Abende schämen sollte; da aber einige meiner Freunde sehr angenehm und wir alle in bester Stimmung waren, so kann ich nicht anders als mit großem Vergnügen auf diese Zeiten zurückblicken«.

Doch immer mehr widmet sich Charles der Naturbeobachtung, beschäftigt sich mit Geologie und Botanisieren. Vor allem aber wird er zu einem geradezu zwanghaften Käfersammler, nachdem ihn sein Vetter zweiten Grades, William Darwin Fox, in die Entomologie eingeführt hat. Fox wird später tatsächlich Landpfarrer und bleibt mit Charles lebenslang in engem Kontakt. »Die guten alten Tage mit Cruxmajor«, schwärmt Charles später; in der Rückschau verklären sich seine Studienjahre und er erinnert sich vor allem daran, wo er welchen Käfer entdeckte. Allerdings sammelt Darwin

Käfer um des Sammelns willens; es geht ihm in seiner Natur-begeisterung um die Seltenheit des gefundenen Objekts; hinter der Passion steckt keine wissenschaftliche Fragestellung. Doch erinnern sich Kommilitonen später an die Energie, mit der er dies betrieb. Immerhin vermag Darwin dem Verfasser eines einschlägigen Standardwerkes über Käfer in dieser Zeit einmal einen kleinen Beitrag mit seinen Beobachtungen zum Vorkommen bestimmter Käfer zu liefern.

Als Student muss sich Charles auch mit dem Theologen und Philosophen William Paley beschäftigen; der Inhalt von dessen Büchern ist Teil der Prüfung, doch bald beginnt ihn die Sache zu interessieren. Paley hat früher selbst am Christ's College gelehrt und war zu einem der einflussreichsten Naturtheologen geworden. Charles studiert seine Werke zur Naturgeschichte gründlich, in denen sich der Verfasser mit verschiedenen Naturerscheinungen, insbesondere den Anpassungen bei Pflanzen und Tieren, auseinandersetzt. Er ist tief beeindruckt von der Darlegung naturwissenschaftlicher Erkenntnisse aus der Perspektive einer teleologisch orientierten Schöpfungslehre und empfindet die Lektüre als wunderbare Schulung.

Paley sah in der Natur und ihren Produkten das Werk des Schöpfers, ihre offenkundige Zweckmäßigkeit wurde als Beweis für die Existenz eines intelligenten Schöpfers genommen. In seinem 1802 erschienenen Hauptwerk »*Natural Theology, or Evidence of the Existence and Attributes of the Deity collected from the Appearances of Nature*« leitete Paley aus der wunderbaren Ordnung in der Natur, insbesondere der organischen, sowie aus der Komplexität lebender Organismen einen Gottesbeweis ab. Die Natur mit ihrer Angepasstheit aller Lebewesen an ihre Umwelt sei vollkommen zweckmäßig, und dies sei ein schlüssiger Beweis dafür, dass es Gott gäbe. Punkt!

Paleys Bücher erfreuten sich großer Popularität. Von ihm stammt das bis heute von Kreationisten jeglicher Couleur immer wieder bemühte Gleichnis eines göttlichen Uhrmachers. Paley verglich Lebewesen mit einer Uhr, bei der jedem sofort klar sei, dass die Anordnung ihrer Teile und die Zweckmäßigkeit ihres Baues auf einen Konstrukteur schließen lassen; genauso, lehrte Paley, stehe es mit der belebten Natur. Doppelpunkt!

Auch Darwin, so bekennt er in seiner Autobiografie, sieht in dieser Zweckmäßigkeit der Natur lange einen hinreichenden Gottesbeweis. Überdies rechtfertigt sich seine Naturbegeisterung und Käfersammelleidenschaft auf diese Weise beinahe als gottgefällig. Später wird Darwin selbst es sein, der zu Paleys scheinbar vollkommenem Bauplan eines göttlichen Baumeisters mit seiner Selektionstheorie einen überzeugenderen Gegenentwurf liefert. Auf dieser Grundlage wird anderthalb Jahrhunderte danach der Darwinist Richard Dawkins aus dem benachbarten Oxford eloquent argumentieren, dass in der Natur durch die Evolution als eine Art blindem Uhrmacher sehr wohl komplexe Lebewesen entstanden seien.

Indes: Selbst als Darwin später längst den Gedanken an einen planenden Gott aufgegeben hat, behält er jene bei Paley in jungen Jahren zuerst entdeckte, beinahe andächtige Ehrfurcht und den schwärmerischen Sinn für das Wunderbare in der Natur; was so gar nicht zu dem ihm unterstellten kühl-rationalen Materialismus passen will. Die Schlusspassage in seinem wichtigsten Buch »*Über die Entstehung der Arten*«, deren Formulierung sich durch die gesamte Entstehungsgeschichte dieses Werkes zieht, legt davon eindrücklich Zeugnis ab. Wir werden darauf zurückkommen.

Damals in Cambridge freilich beherrschte dieser naturtheologische Standpunkt William Paleys und seiner Anhänger den gesamten Unterricht, so fasst Janet Browne die geistige Situation zur Studienzeit Darwins zusammen. Paley bildete den Grundpfeiler für die an der Universität vertretene Auffassung von Naturwissenschaft und galt überdies gemeinhin als das stärkste Bollwerk gegen soziale Unzufriedenheit. Schließlich hatte »der Christengott eine Welt erschaffen, in der sich alles an dem seiner Bestimmung gemäßen Platz befand und so gestaltet war, dass es die seiner Bestimmung gemäße Funktion korrekt erfüllte«. Da störte es eher, wenn anderenorts Paleys Lehre bereits zu dessen Lebzeiten als überholt galt. In Frankreich erkennen einige Materialisten unter den Naturforschern durchaus nicht, welchen Zweck es wohl für einen Hasen hat, vom Fuchs gefressen zu werden. Und der deutsche Philosoph Immanuel Kant weist auf einen offenkundigen Zirkelschluss in Paleys angeblichen Gottesbeweis hin: Die Natur sei zweckmäßig, weil Gott existiere, und Gott existiere, weil die Natur zweckmäßig sei. So schließt sich der Gedankenkreis – und man verweilt auf der Stelle.

Darwin gefällt die Studienzeit in Cambridge aber auch noch aus einem anderen Grund. Das Theologiestudium umfasst damals auch konkrete Kenntnisse der Naturgeschichte; viele der Professoren etwa für Geologie und Botanik sind Geistliche. So hört Darwin Vorlesungen zur Geschichte der Natur bei dem anglikanischen Priester John Stevens Henslow, Professor für Botanik und zuvor auch Mineralogie. Henslow beeindruckt Darwin durch die Breite seines Wissens auf beinahe jedem Gebiet der Naturkunde und übt größten Einfluss auf ihn aus, diesmal auf angenehmere und nachhaltigere Weise als zuvor Grant in Edinburgh. Tatsächlich wird er Darwins Werdegang mehr bestimmen als jeder andere und ihm sein Leben lang eng verbunden bleiben. Warum Henslow Gefallen an dem jungen Charles findet, wissen wir nicht. Henslow lädt Darwin zu einer jeden Freitagabend in seinem Haus tagenden Diskussionsgruppe ein; bald geht

Charles ihm bei den Vorbereitungen zur Hand. Regelmäßig machen sie gemeinsame Spaziergänge und Ausflüge; Darwin wird zu »the man who walks with Henslow«, wie es in Cambridge bald heißt.

Vom engen persönlichen Umgang mit Henslow profitiert Darwin ungemein; er erwirbt ein Verständnis für Pflanzensystematik und lernt erneut mehr außerhalb seines eigentlichen Studiums. Henslow empfiehlt ihm das Werk »*Vorläufiger Diskurs über das Studium der Naturphilosophie*« des Astronomen und Wissenschaftsphilosophen John Frederick William Herschel. Darwin ist von der Lektüre begeistert. Herschels Wissenschaftsphilosophie mit dem Beharren auf allgemeinen Gesetzen als dem eigentlichen Gegenstand naturwissenschaftlicher Forschung übt bleibenden Einfluss auf ihn aus. Er fasst den Vorsatz, selbst auch einmal, wie er schreibt, »wenigstens einen kleinen Stein zum großartigen Bauwerk der Naturwissenschaften« beizutragen. Später, auf der Rückreise mit der *Beagle*, wird Darwin diesen damals bereits wohl einflussreichsten britischen Wissenschaftler im südafrikanischen Kapstadt in seiner Villa besuchen, wo er astronomische Beobachtungen durchführt, um mit ihm über Vulkanismus sowie die Entstehung und Veränderung von Kontinenten zu diskutieren. Von John Herschel stammt auch der viel zitierte Ausspruch »mystery of the mysteries« für jenes Rätsel um die Entstehung der Arten, das erst Darwin auflösen wird.

Henslow empfiehlt außerdem Alexander von Humboldts persönlichen Bericht über seine »*Reise in die Äquinoktial-Gegenden des Neuen Kontinents*«, der in Frankreich zwischen 1814 und 1825 erschien, kurz darauf auch in englischer Übersetzung in London. »Nie wieder hat ein einzelnes Buch, nicht einmal ein Dutzend Bücher zusammengenommen, auch nur annähernd so viel Wirkung auf mich gehabt wie diese beiden«, schreibt Darwin später über die Werke Herschels und

Humboldts. Tatsächlich wird sein eigener Reisebericht über die Weltumsegelung mit der *Beagle* in mancher Hinsicht von Humboldt geprägt sein, wie seine Biografen beinahe übereinstimmend feststellen. Als dieser 1839 erscheint, sendet Darwin ihn an Humboldt, der ihn ausdrücklich lobt. Dabei könnte die Weltsicht, für die Humboldt und Darwin jeweils stehen, nicht unterschiedlicher sein: dort das Statische und das Ideal eines harmonischen Gleichgewichts, hier die Dynamik ständiger zufälliger Veränderung.

Dennoch: Es ist die Lektüre von Humboldts Expeditionen, die Darwins Reiselust weckt; nun will er reisender Naturforscher werden. Im letzten Semester in Cambridge plant er mit einigen Studenten eine eigene Expedition nach Teneriffa, um einen wenn auch noch so bescheidenen Beitrag zur Erforschung ferner Länder und zur Naturkunde zu leisten. Darwin, der sich in der Schule stets mit Sprachen quälte, beginnt dafür sogar Spanisch zu lernen. Zwar zerschlagen sich die Reisepläne schnell, doch Spanisch wird ihm bald bei den Gauchos in der patagonischen Pampa etwas nützen.

Im Januar 1831 steht Darwin vor dem Bakkalaureus-Examen. Die Klassiker wie Homer und Vergil werden geprüft, in der Mathematik euklidische Geometrie, Arithmetik und Algebra, daneben John Lockes Philosophie und vor allem Paleys Naturtheologie. Darwin besteht, als Zehnter unter den 178 seines Jahrgangs, wie seine Biografen vermerken. Damit ist der Weg frei in den Klerus der anglikanischen Kirche aufgenommen zu werden und das Amt eines Geistlichen auszuüben.

Die Studienordnung in Cambridge gewährt Darwin jedoch noch einen kurzen Aufschub. Erst im Sommer verleiht die Universität ihre Urkunden mit dem »Bachelor of Arts«, wie das mittelalterliche Baccalaureus Artium dort bis heute heißt. Um die Zeit zu nutzen, empfiehlt einmal mehr

Henslow, dass sich Darwin mit Geologie beschäftigen solle; auch für die Teneriffa-Expedition wäre dies kein Fehler. So hört Darwin im Frühjahr 1831 noch die Vorlesungen des Reverends Professor Adam Sedgwick, einem der führenden Geologen seiner Zeit in England. Aufgrund seiner Untersuchungen im walisischen Gebirge, für das er Gesteine aus der Epoche des Kambriums beschrieben hat, führte Sedgwick den Begriff des Paläozoikums als Erdfrühzeit ein. Einst ein glühender Anhänger der Sintflutlehre und des wernerschen Neptunismus, verwirft er diese später, bleibt aber Verfechter der cuvierschen Katastrophentheorie – und zeit seines Lebens überzeugter Kleriker. Auch später wird er sich mit Darwins evolutionistischen Ideen niemals anfreunden können; dessen Arten-Buch liest Sedgwick »with more pain than pleasure«, wie er ihm schreiben wird.

Im August 1831 darf Darwin dann – nicht zuletzt dank Henslows Überredungskünsten – Adam Sedgwick auch noch zu einer geologischen Exkursion nach Nordwales begleiten. Nach der ersten Woche lernt er wie man im Gelände Schichtenabfolgen anspricht und andere Details der Geologie erkennt. Erstaunlich genug: Diese Exkursion mit Adam Sedgwick wird die einzige intensive Ausbildung in Geologie sein, die Darwin je genoss. Und er lernt von diesem auch, dass große Teile des Erdballs noch gänzlich unentdeckt sind. »Ich habe den Eindruck«, sinniert Darwin daraufhin ahnungsvoll, »dass all unser Wissen über die Beschaffenheit unserer Erde große Ähnlichkeit mit dem hat, was eine alte Henne über das 100 Acre große Feld weiß, in dessen einer Ecke sie scharrt«.

Wie wahr! Und doch soll es sich für ihn kurz darauf auf abenteuerliche Weise ändern. Nach einem anschließenden Jagdausflug auf dem Landsitz seines Onkels Josiah II. kehrt Darwin am späten Abend des 29. August 1831 nach Shrewsbury zurück. Er findet dort zwei Briefe vor; mit diesen eröffnet sich ihm die Chance seines Lebens – und die Möglichkeit, seine Ecke des Feldes für immer zu verlassen.

In dem einen Schreiben berichtet ihm John Henslow aus Cambridge von einer Einladung zu einer mehrjährigen Fahrt auf einem Vermessungsschiff der englischen Regierung – und von einem auch für die damalige Zeit ungewöhnlichen Ansinnen. Der Kapitän des Schiffes, ein Robert FitzRoy, ist im Begriff zu einer Weltumsegelung aufzubrechen, deren Hauptaufgabe es aber sein wird, die Küsten Südamerikas genauer zu kartografieren. FitzRoy wünscht einen jungen Gentleman als Reisegefährten mit an Bord zu nehmen, so schreibt Henslow, der die Fahrt zu Naturbeobachtungen und zum Sammeln von Naturalien nutzen könne, und er habe dazu von der britischen Admiralität bereits die Erlaubnis erhalten.

Henslow schreibt weiter, dass er sofort an Darwin dachte; nicht weil dieser bereits ein vollständig ausgebildeter Naturkundler sei. Vielmehr, weil er daran glaube, dass Charles gleichermaßen gut im Sammeln von naturkundlichen Objekten und von Beobachtungen sowie im sorgfältigen Notieren sei. Tatsächlich hat sich Darwin seine Befähigung für diese Reise nicht durch sein Studium der Medizin oder gar der Theologie, sondern vielmehr auf naturkundlichen Nebenschauplätzen erworben: durch sein freiwilliges Selbststudium, den Besuch von einschlägigen Vorlesungen und Veranstaltungen, die nicht auf dem Pflichtprogramm standen, und durch den engen Kontakt zu geistigen Vorbildern und Lehrern, die er sich selbst suchte und die so zu Wegbereitern für ihn wurden. Charles solle also nicht glauben, er sei ungeeignet.

Der zweite Brief beschreibt weitere Details. FitzRoy, ein noch junger, aber ehrgeiziger Offizier aus vornehmem Haus, suche zwar ausdrücklich einen naturkundlich Interessierten, der vor allem Geologie betreiben könne; insbesondere aber einen Gentleman ebenfalls aus gutem Haus. Die Reise soll zwei Jahre dauern und schon Ende September beginnen. Die Admiralität könne keine Entlohnung zahlen, FitzRoy biete diesem *gentleman companion* aber an, als Gast in seiner Kabine mit ihm zu speisen, sofern dieser für seine eigenen Kosten aufkomme.

Hier also bot sich Darwin nun die Chance zu intensiven Beobachtungen der Natur, hier war endlich die ersehnte große Reise nach Humboldts Vorbild. Er wollte sie nutzen, als FitzRoys Reisebegleiter und inoffizieller Naturforscher. Darwin hoffte dabei vielleicht mehr zu sehen als so manch anderer vor ihm – und sich einen Namen als Geologe und Naturkundler zu machen. Er will sofort zusagen, doch bevor er auf das Abenteuer eingehen kann, stößt er auf familiären Widerstand. Am nächsten Morgen findet Darwins Vater das Vorhaben eines angehenden Pfarrers unwürdig und für seinen Ruf als Geistlichen höchst abträglich. So lässt er Darwin absagen, fügt allerdings hinzu: »Wenn du irgendeinen Mann mit gesundem Menschenverstand findest, der dir zurät, dann gebe ich meine Zustimmung«. Darwin schreibt eine Liste, wie er es in solchen Fällen wichtiger persönlicher Entscheidungen häufig tun wird, und listet die Argumente seines Vaters gegen die Reise auf. Tags darauf tröstet er sich bei seinen Cousinen auf deren Landsitz in Maer. Hier findet er in seinem Onkel Josiah Wedgwood II., seinem Jagdgefährten der letzten Woche und späteren Schwiegervater, jenen »Mann mit gesundem Menschenverstand« und einen vehementen Fürsprecher; Onkel Jos hält die Reise für eine großartige Idee. Am nächsten Tag willigt Robert Darwin schließlich ein.

So wenig seine Studienjahre Darwins Genie tatsächlich überzeugend erklären können, so entscheidend aber sollte die Fahrt mit der *Beagle* für Darwin werden. Hier erst haben

wir das bestimmende Element seines Lebens, jenes formen-
de Ereignis, das erklärt, wie aus einem anfangs nur mäßig
bemühten, dann aber leidenschaftlich an der Naturkunde interessierten, dennoch ziellosen und eher schüchternen
jungen Mann einer der größten Naturforscher aller Zeiten
wird. Charles Darwin ist 22 Jahre alt, nach seinem Studium
in Berufsfragen noch immer nicht recht entschlossen – aber
was viel wichtiger ist: Er ist ein für seine Zeit mit den not-
wendigsten Kenntnissen ausgestatteter junger Naturkundler.
Vor ihm liegt eine Welt voller Wunder, die noch weitgehend unentdeckt ist, ebenso wie die Mehrzahl der Tiere und
Pflanzen, die darin leben. Auf ihn warten unvorstellbare
Entdeckungen, Beobachtungen und Sammlungen. Diese
Welt sollte ihm gehören.

»Du bist genau der Mann, den sie suchen!«
– Fossilien, Feuerländer und Finken:
die Weltreise der »Beagle«
(1831–1836)

*D*iese gottverdammte Finsternis! An einem Tag im August 1828 – zu einer Zeit, die Charles Darwin im heimischen England damit verbringt, erst Käfern und dann Fanny Owen hinterherzujagen – nimmt Kapitän Pringle Stokes, Kommandant von *His Majesty's Surveying Vessel Beagle*, nahe Port Famine – zwischen Patagonien und der Tierra del Fuego am äußersten Südzipfel Südamerikas – eine seiner beiden Pistolen, schiebt sich ihren Lauf in den Mund und drückt ab. Im letzten Bruchteil jener Sekunde, in der sich das Pulver entzündet und die Eisenkugel auf ihren unheilvollen Weg durch den Schädel katapultiert, reißt seine Hand den Lauf zur Seite, sodass die Explosion nicht sein ganzes Hirn zerfetzt. Es wird zwölf lange, qualvolle Tage dauern, die meisten bei Bewusstsein, bis Stokes sich sterbend in den Tod rettet.

Depression und die sie ständig umhüllende Dunkelheit mit anhaltend schlechtem Winterwetter aus Stürmen, Schnee, Regen und Kälte an diesem unwirtlichen Ende der Welt, gepaart mit dem Gefühl der Einsamkeit und Überforderung haben Stokes lange daran denken lassen, sich das Leben zu nehmen und den Auftrag seiner Majestät auf diese Weise zu beenden. Um den reibungslosen Handel mit Südamerika zu ermöglichen, wo ein riesiger Markt für alle Arten von Produkten und ein reicher Schatz an Rohstoffen britische

Begehrlichkeiten weckt, soll das Vermessungsschiff *Beagle* die Küstenlinien mit ihren natürlichen Häfen und Inseln kartografieren und so die Seekarten der Admiralität verbessern. Nachdem sich der verzweifelte Stokes selbst des Kommandos enthoben hat, überträgt man es dem jungen Kapitänleutnant und talentierten Hydrografen der Royal Navy, Robert Fitz-Roy. Kaum 22 Jahre alt, bewährt der sich als fähiger und umsichtiger Kapitän; er stellt die Moral der geschundenen Mannschaft an Bord des Schiffes wieder her, weiß mit den harschen Bedingungen Feuerlands umzugehen und setzt die Vermessungen entlang der südamerikanischen Küste für zwei weitere Jahre fort. Schließlich bringt er die *H.M.S. Beagle* und ihre Besatzung im Oktober 1830 sicher von ihrer ersten Reise wieder in den Hafen von Plymouth zurück.

Mit an Bord sind vier Feuerländer – zwei erwachsene Männer, ein Junge und ein Mädchen – die Teil eines unbeholfenen anthropologischen Feldversuches von Robert FitzRoy werden. Auf Tierra del Fuego hatten Eingeborene ein Boot gestohlen, mit dem FitzRoys Männer gelandet waren. Der ließ daraufhin drei Feuerländer als Geiseln nehmen. Doch ihre Kumpane machten keinerlei Anstalten, das gekaperte Boot gegen diese auszutauschen. Nachdem ein vierter Feuerländer im Tausch für einen Perlmutterknopf freiwillig an Bord der *Beagle* geht, nimmt der Kapitän die Vier mit, um ihnen die europäische Zivilisation näherzubringen und diese durch sie nach ihrer Rückkehr unter ihresgleichen verbreiten zu lassen. Kaum in England angekommen, stirbt der Erste an Pocken, die drei anderen werden erfolgreich geimpft und bei Missionaren untergebracht. Ihre Namen verdanken sie einer Augenblickslaune der Besatzung: So heißt der 26-jährige York Minster nach einer nahen Insel, der 14 Jahre alte Jemmy Button ist nach dem Perlmuttknopf-Tauschhandel benannt, und das etwa neun Jahre alte Mädchen heißt Fuega

Basket, Feuerland-Korb; sie wird, kaum schmeichelhafter, als »as broad as she was high« beschrieben.

Robert FitzRoy ist ein feiner, wohlhabender, aber auch eigensinniger britischer Aristokrat, dessen Familie ihre Herkunft einem Seitensprung König Karls II. verdankt (sein frankofoner Nachname meint eben dies: fils du roi, Sohn des Königs). Er ist ein Mann von starkem Charakter, eigentümlichen Ansichten, großen Ideen – und unser tragischer Held. FitzRoy fühlt sich verantwortlich für »seine« Feuerländer und will sie unbedingt wieder in ihre Heimat zurückbringen. Nachdem die britische Admiralität entgegen früheren Zusagen auch nach Monaten dazu noch immer keine Anstalten macht, beschließt FitzRoy, auf eigene Kosten ein Schiff auszurüsten. Durch die Intervention einflussreicher adeliger Verwandter überträgt ihm die Admiralität dann doch erneut das Kommando über die *Beagle*. Um das Beste aus der nun offiziell königlichen Mission zu machen, sollen die Vermessungsarbeiten entlang der Küsten des südamerikanischen Kontinents fortgesetzt werden, die fünf Jahre zuvor begonnen hatten, und zugleich Gezeiten sowie Wind- und Wetterdaten aufgezeichnet werden. Die Rückfahrt soll über den Pazifik führen, um entlang einiger Inseln eine Reihe chronometrischer Messungen mit nautischen Uhren durchzuführen; so will man die damals häufig noch unpräzisen Bestimmungen der Längengrade verbessern. Auf Anweisung der britischen Admiralität sind 22 solcher Chronometer mit an Bord der *Beagle*; keiner hatte so viele Uhren dabei wie Robert FitzRoy. Er wird die bis dahin beste, weil erste ununterbrochene weltumspannende Kette von Referenzpunkten zum Meridian liefern. Und weil er für jeden Tag der *Beagle*-Reise minutiös die Wetterverhältnisse aufzeichnet und zum allgemeinen Wettergeschehen die ersten synoptischen Karten anfertigt, wird er zum Vater der Wettervorhersage, wie wir sie heute kennen.

Von einer ungerechten Nachwelt verkannt und unterschätzt, bleibt FitzRoy als der Kapitän in Erinnerung, der Charles Darwin auf die *Beagle* einlädt und ihn dann zum Erkenntnisgewinn um die Welt segelt – und der später angeblich daran zerbricht, als dieser seinem Gott lästert. Doch der Kapitän ist keineswegs die wandelnde Karikatur eines fanatisch auf die Bibel schwörenden christlichen Fundamentalisten, wie später Historiker zu seiner Ehrenrettung meinen. Wenigstens zur fraglichen Zeit der *Beagle*-Reise ist FitzRoy selbst auch ein begeisterter Amateurnaturforscher mit ziemlich fortschrittlichen und durchaus nicht bibeltreuen Ansichten. Erst als er 1836 kurz nach der Rückkehr eine religiöse Frau ehelicht, wird er zu einem glühenden Anhänger des Glaubens und der Kirche. Im April 1865 ereilt Robert Fitz-Roy dasselbe Schicksal wie den manisch-depressiven Pringle Stokes – nur mit dem Unterschied, dass er sich die Kehle mit einer Klinge durchschneidet.

Es sind also höchst ungewöhnliche Umstände, die zur zweiten Reise des königlichen Vermessungsschiffes *H.M.S. Beagle* im Jahre 1831 führen, und die schließlich in eine Weltumsegelung münden. Letztlich kommt sie zustande, weil ein paar Feuerländer Kapitän FitzRoy ein Boot entwenden und er ein eigenartiges Privatexperiment an den Ureinwohnern beenden will. Dazu kommt eine Kette glücklicher Zufälle, die dazu führen, dass ausgerechnet Charles Darwin an Bord der *Beagle* geht. Denn der war – man mag es kaum eingestehen – nur dritte Wahl; und ohne den Zuspruch seines Onkels Josiah und eine Kutschfahrt nach Shrewsbury wüssten wir vielleicht gar nichts von ihm. Ach ja, und dann war da noch die Sache mit seiner Nase, an der beinahe alles gescheitert wäre.

Robert FitzRoy als Kapitän der Beagle

Der Naturforscher-Begleiter: Kapitän FitzRoy sucht einen wohlerzogenen naturforschenden Begleiter aus gutem Haus. Schließlich wendet man sich an den Botanik-Professor John Stevens Henslow in Cambridge. Hat nicht vielleicht er selbst Interesse an einer solchen Reise? Henslow ist verheiratet, seine Frau findet die Aussicht auf Jahre ohne ihn nicht eben glücklich. Sein Schwager Leonard Jenyns, ein naturforschender Geistlicher mit einem Faible für Fische, lehnt ebenfalls ab, weil familiäre Verpflichtungen und sein Landpfarramt solch eine Reise nicht recht zulassen. Nun erst unterbreitet Henslow seinem Lieblingsstudenten Darwin die Idee. Der ist zu diesem Zeitpunkt enthusiastisch an Naturkunde interessiert, dabei Junggeselle ohne Amt – und auch sonst der ideale »gentleman companion«. Mit einem Wort: »Du bist genau der Mann, den sie suchen!«, lockt Henslow ihn in seinem Brief.

Darwin nimmt die Kutsche nach London, um sich bei Robert FitzRoy persönlich vorzustellen. Und hier hätte die Geschichte bereits enden können, denn dem Kapitän passt – buchstäblich! – die Nase Darwins nicht. FitzRoy hängt der Physiognomielehre des Schweizer Theologen Johann Kaspar Lavaters an, der glaubt den Charakter eines Menschen nach äußeren Merkmalen, vor allem den Gesichtszügen, bestimmen zu können. Darwins Nase lässt danach angeblich auf einen Mangel an Energie, Ausdauer und Entschlossenheit schließen, meint FitzRoy; das alles aber sei für eine solche Reise unverzichtbar.

Wie gut für die Evolutionstheorie, dass dann beide doch während eines gemeinsam verbrachten Abends sehr schnell Gefallen aneinander finden. Offenbar gelingt es Darwin, seinen Gastgeber zu überzeugen, dass er trotz seiner Nase der geeignete Begleiter für die Expedition ist. Die Etikette der Royal Navy, nach der der Kapitän mit seinen Offizieren und der Mannschaft nur auf sehr ritualisierte und distanzierte Art verkehren durfte, verbietet ihm auch, mit ihnen gemeinsam zu speisen. Das bedeutet: soziale Isolation und geisttötende Einsamkeit an Bord des eigenen Schiffes. Robert FitzRoy war gewarnt – dazu hätte sich der depressive Stokes nicht einmal von eigener Hand eine Kugel durchs Hirn jagen müssen; lag doch das Depressive bei ihm in der Familie. So wird Darwin gleichsam zur Lebensversicherung und standesgemäßen Begleitung, die dem Kapitän während der Reise bei Tisch Gesellschaft leisten soll; nebenbei kann er sich um Naturforschung kümmern. Die Admiralität verlangt jährlich 50 Pfund für Kost und Logis an Bord der *Beagle*. Für das Abenteuer seines Sohnes muss Darwins Vater, schätzt man später, insgesamt zwischen 1500 und 2000 Pfund aufbringen, eine Menge Geld. Allein die Kosten für seine Ausrüstung belaufen sich bei der Abfahrt auf 600 Pfund, mehr als doppelt so viel wie Charles den Vater während seines Studiums in Cambridge kostete.

Über fast fünf Jahre hinweg (sofern unser Forscher an Bord ist) werden sich FitzRoy und Darwin die Mahlzeiten in der Kajüte des Kapitäns teilen. Nicht immer freilich teilen sie die gleiche Sicht der Dinge. Dennoch und trotz der Enge an Bord werden sie überwiegend gut miteinander auskommen; auch eine erwähnenswerte Leistung dieser beiden Gentlemen. Kaum einmal haben sie echte Meinungsverschiedenheiten; keineswegs sind sie – wie später oft kolportiert – in religiösen Fragen oder über Naturkunde völlig anderer Ansicht. Vielmehr ist FitzRoy vom ersten Augenblick an von den Gesprächen mit Darwin und dessen Gedanken beeindruckt; er nennt ihn bald den »Philosophen« und gibt einem Berg und einer Meerenge in Feuerland seinen Namen. Darwin bemerkt zwar FitzRoys »unglückliches Temperament« – tatsächlich ist der launisch, leicht aufbrausend und unbeherrscht –, doch empfindet er zu ihm zeitlebens eine von respektvoller Distanz geprägte Freundschaft.

Charles Darwin geht also nicht als offizieller Naturforscher an Bord, obwohl er genau dies im Verlauf der Reise werden wird. Denn mit dem Schiffsarzt Robert McCormick hat die Admiralität dem Kapitän bereits einen »naturalist« mit an Bord gegeben. Doch FitzRoy befindet, dass der (wir wissen nichts über dessen Nase!) nicht seinem Geschmack als standesgemäßer Begleiter entspricht. Bereits kurz nach Beginn der Reise, in Rio de Janeiro, quittiert McCormick verärgert den Dienst; er verlässt das Schiff, weil er sich gegenüber Darwin zurückgesetzt fühlt. So stimmt es denn fast, wenn Darwin sein Buch »*Über die Entstehung der Arten*« später mit dem Satz beginnt: »Als ich mich, als Naturforscher, an Bord der *Beagle* befand ...« – doch eben nur fast, denn Benjamin Bynoe wurde zum neuen Schiffsarzt bestellt und war damit zugleich auch der offizielle »naturalist on board«.

Wichtiger noch: Darwin mag zwar nicht der Erfahrenste sein, doch müssen wir uns von der irrigen Vorstellung verabschieden, er sei eher zufällig und als weitgehend ahnungsloser Novize an Bord gekommen. Tatsächlich besaß Darwin eine mehr als nur amateurhafte naturkundliche Vorbildung: Er ist gut bewandert in William Paleys naturtheologischer Sicht, weiß zudem, wie man Tiere seziert, präpariert und konserviert und ein Mikroskop benutzt. Vor allem aber ist Darwin zum richtigen Zeitpunkt am richtigen Ort. An seine Schwester Catherine schreibt er: »Wenn ich diese wunderbare Gelegenheit ungenutzt wegwürfe, ich glaube, das würde mir nicht mal im Grabe Ruhe lassen, und ich müsste auf ewig als Gespenst im Britischen Museum umherspuken«. Darwin macht sich nicht zum Gespenst; während der *Beagle*-Reise reift er zu einem methodischen Sammler von naturkundlichen Objekten und wissenschaftlichen Fakten.

Seinem Lehrer aus Cambridge-Tagen, Adam Sedgwick, ist Darwin nach eigenem Bekunden ewig dankbar »für jenen kleinen Ausflug nach Wales«, wie er schreibt. Denn so kurios es uns heute vorkommen mag, da wir Darwin meist nur als Biologen wahrnehmen, der sich mit der Entstehung und Entwicklung von Tieren und Pflanzen beschäftigt: An der Reise auf der *Beagle* nimmt Darwin in erster Linie als Geologe teil. Noch in Feuerland im Januar 1830 hatte Robert FitzRoy angesichts von Anomalien und Abweichungen des Kompasses (die vermutlich durch Mineralien in den Gesteinen verursacht wurden) notiert, wie wichtig es wäre, einen erfahrenen Geologen mit an Bord solcher Vermessungsfahrten zu haben: »Es ist ein Jammer, sich eine solche Gelegenheit entgehen zu lassen, die Zusammensetzung des Gesteins und der Erde dieser Regionen genauer zu untersuchen«. Dass FitzRoy jetzt mit Darwin vor allem diesen Geologen bei sich weiß, zeigt sich auch daran, dass er ihm kurz vor der Abreise den ersten Band von Charles Lyells »*Principles of Geology*« schenkt. Darwin wird darin nicht nur blättern; das Buch wird seine Sicht auf jene Naturphänomene, die er während der *Beagle*-Expedition wahrnimmt, entscheidend verändern. Lyells erster »*Principles*«-Band war 1830 erschienen und wurde Darwin bereits in Cambridge von John Henslow empfohlen. Der schickt ihm auch die beiden anderen Teilbände später nach Südamerika; zugleich aber warnt er ihn davor, auf keinen Fall die darin vertretenen Ansichten zu übernehmen. Zu radikal! Zu neu? Wie FitzRoy ist auch Henslow überzeugter Anhänger der Katastrophentheorie des französischen Anatomen Georges Cuvier, der die Geschichte der Erde als Ergebnis abrupter Ereignisse sieht. Charles Lyell widerspricht nicht nur diesem, sondern stellt im selben Atemzug die Autorität der Bibel bei der Erklärung geologischer Fakten infrage. Nach Lyells Ansicht ist der gegenwärtige Zustand der Welt nicht das Produkt eines einmaligen Schöpfungsaktes und einer welterschütternden Katastrophe. Die biblische Sintflut fand seiner Meinung nach nie statt. Stattdessen entwirft der britische Geologe eine neue Theorie: Demnach haben in der Vergangenheit einheitliche und gleichförmige Naturkräfte das Gesicht der Erde und ihre Geschichte geprägt (die Gelehrten aus Darwins Cambridger Tagen sprechen von *Uniformitarianismus*). Diese Kräfte wirken allmählich und über die endlos langen Zeiträume vieler Jahrmillionen hinweg (*Gradualismus*). Und sie lassen sich auch heute noch beobachten (*Aktualismus)*, behauptet Lyell. Nicht eine gottgegebene Ordnung und Stufenleiter hin zu Höherem erklärt also das Leben, sondern eine Vielzahl kleiner natürlicher Veränderungen, für die Geologen mit offenen Augen allerorts Hinweise finden können. Schließlich, so Lyell, sei die Erde unermesslich alt. Die Fachwelt ist schockiert, Darwin aber beeindruckt und fasziniert; wenngleich er anfangs keineswegs allem zustimmen mochte. Er schätzt den kühnen Stil und die provokanten Gedanken Lyells, der für die Geologie bereits das ist, was Darwin für die Biologie noch werden wird. Wie wir schon wissen, wird sich Lyell später als einer der Ersten für Darwins neue Theorie der Evolution einsetzen (auch wenn er von dessen Idee mit der natürlichen Selektion anfangs wenig überzeugt ist). Viele Jahre später wird Darwin einmal über Charles Lyell schreiben: »Mir ist immer, als stammten meine Bücher zur Hälfte aus dem Kopfe Lyells und als hätte ich das niemals zur Genüge anerkannt. … Das große Verdienst der *Principles* liegt darin, dass sie jemandes ganze Geisteshaltung verändern und man daraufhin Dinge, die Lyell niemals gesehen hat, teils mit seinen Augen sieht«. Darwin sollte zu Lyells Augen für das Lebendige werden.

Die Beagle, Plymouth; September–Dezember 1831: Den Herbst verbringt Darwin nun mit Vorbereitungen; vor Aufregung ist ihm gar nicht wohl. Im Oktober 1831 endlich geht er in Plymouth an Bord, um seine Ausrüstung zu verstauen; neben Reisesack und Büchern, Mikroskop und Teleskop vor allem Fangnetze und Probengläser, Seziergeräte – und einen Pistolenkasten (auf Empfehlung von FitzRoy, niemals ohne Waffe an Land zu gehen). Als Darwin die *Beagle* zum ersten Mal sieht, wie sie abgetakelt in Devonport (dem Hafen von Plymouth) liegt, erweckt sie für ihn eher den Eindruck eines Wracks denn eines Schiffes, das in Kürze um die Welt segeln soll. Ihr Auslaufen verzögert sich Woche um Woche. Erst lässt FitzRoy das Schiff gründlich überholen und neu ausrüsten, dann verhindern beständig widrige Winde bis in den Dezember hinein das Auslaufen.

Die *Beagle* ist verhältnismäßig klein. Kaum mehr als 30 Meter lang und etwas über 7 Meter breit, ist das Vermessungsschiff mit seinen 235 Tonnen Wasserverdrängung alles andere als ein Ozeanriese und Vergnügungsdampfer. Im Jahre 1820 als Brigg mit nur zwei Masten gebaut, wird diese inzwischen veraltete Schiffsklasse in der königlichen Marine als »Sarg-Brigg« verspottet, weil sie bei stürmischem Wetter leicht sinkt, wenn das mit schwerer See hereinschwappende Wasser sie zum Kentern bringt. Tatsächlich verliert die Royal Navy so ein Viertel ihrer Schiffe dieser Klasse. Noch vor ihrer ersten Fahrt nach Südamerika wurde die *Beagle* 1825 als dreimastige Bark umgerüstet; ein zusätzlicher Besanmast am Heck und entsprechende Takelage machen sie schneller und wendiger, besser geeignet für die Vermessungsarbeiten.

Einem Mangel indes können sämtliche Umbauten nicht abhelfen: Der *Beagle* fehlt es an Platz. Auf engstem, schwankendem Raum tun 74 Mann Besatzung ihren Dienst. Jeder Winkel an Bord wird bis zum letzten Zoll genutzt, um Vorräte und Ausrüstung zu verstauen; »es passt kaum ein weiteres Brot in den Laderaum«, notiert Darwin. Die Enge an

Bord lässt wenig Bewegungsraum zum Arbeiten, noch weniger Privatsphäre. Darwin wird in der auch als Zeichenkajüte dienenden Kabine unter dem Achterdeck untergebracht. Die Achterkajüte misst kaum mehr als drei mal drei Meter; sie ist niedriger als der 1,80 Meter große Darwin. Als Wände sind Bücherregale und Schubladenfächer, ein Instrumenten- und Kartenschrank eingebaut; hinzu kommen ein kleiner Ofen, ein Waschtisch, ein Klosett, drei Stühle – und der nachträglich angebrachte Hilfsmast läuft auch noch hindurch. Den meisten Raum indes nimmt der große Kartentisch mittendrin ein. In einer Hängematte darüber wird Darwin schlafen, sobald er nach einigen recht hilflosen Versuchen die Technik gemeistert hat, sie überhaupt zu erklimmen. Um sie abends aufzuhängen, muss er Kästen aus einem der Regale nehmen und so Platz für die Taue schaffen. Bald aber kann er dieser Unterbringung durchaus etwas abgewinnen und fühlt sich trotz der Enge recht wohl und privilegiert: »Meine Kajüte ist ganz prächtig, sicher neben der des Kapitäns die beste, und merkwürdig hell.« Dafür sorgt das Oberlicht auf dem Achterdeck, durch das Darwin in seiner Hängematte liegend in schlaflosen Nächten die Gestirne beobachten kann. Da seine Kabine tagsüber auch zum Kartenzeichnen dient, teilt er sie mit dem 19-jährigen Maat und Hilfsvermesser John Lort Stokes sowie dem 14-jährigen Seekadetten Philip Gidley King; beide schlagen aber anderswo an Bord ihr Nachtquartier auf.

»Ihrer Majestät Schiff *Beagle*, eine Brigg mit zehn Kanonen unter dem Kommando Kapitän FitzRoys, lief am 27. Dezember 1831 von Devonport aus, nachdem sie von schweren Südweststürmen zweimal zurückgeworfen worden war«; mit diesen lapidaren Worten beginnt Charles Darwin später seinen Reisebericht. Nachdem eine anlässlich Weihnachten in heftigem Besäufnis versackte Mannschaft kurzzeitig ein weiteres Mal das Auslaufen verzögert, kann das Abenteuer von Darwins erster Reise zur Erkenntnis endlich beginnen.

Geplant für zwei Jahre, erfährt Darwin bald, dass es leicht drei werden könnten. Schließlich wird die Weltreise der *Beagle* vier Jahre, neun Monate und fünf Tage dauern. Dank Darwin wird diese Vermessungsexpedition zu einer der wichtigsten Entdeckungsfahrten der Naturforschung und zur folgenreichsten naturkundlichen Reise der Geschichte werden; ihr eigentlicher Zweck ist bald vergessen. Es wird eine Vermessung der Welt ganz anderer Art. Denn kurioserweise sind die hydrografisch-kartografischen Daten bald die unbedeutendsten wissenschaftlichen Ergebnisse, die die Fahrt erbringt. »Die Reise mit der Beagle ist bei Weitem das wichtigste Ereignis in meinem Leben und hat meinen ganzen weiteren Weg bestimmt«, wird Darwin in seiner Autobiografie schreiben.

Auf hoher See im Nordatlantik; Dezember 1831–Januar 1832: Sie sind keine drei Tage auf See, da wird Darwin im Golf von Biskaya von den ersten Stürmen in seiner Hängematte hin und her geschleudert; er ist sofort seekrank, liegt Stunden und Tage elend in der Kabine und kann kaum etwas außer Rosinen und trockenem Zwieback bei sich behalten. »Vor der Reise hatte ich oft gesagt, dass ich das ganze Unternehmen zweifellos bedauern würde. Aber ich hätte nicht gedacht, mit welcher Inbrunst ich das tun sollte«, kritzelt er verzweifelt in sein Schiffstagebuch. Wann immer möglich, wird er während der *Beagle*-Reise keine Gelegenheit zu ausgiebigen Exkursionen an Land ungenutzt lassen. Historiker haben nachgerechnet, dass er immerhin drei Fünftel der knapp fünf Jahre dauernden Reise auf oft wochenlangen Landgängen verbringt. Doch dürften 533 Tage auf See immer noch mehr als genug sein für jemanden, der nicht von seiner Seekrankheit zu kurieren ist.

Wenn ihm nicht gerade schlecht ist, speist Darwin mit dem Kapitän. Zweimal am Tag gibt es Mahlzeiten aus Reis, Erbsen, Brot und »Antiskorbutika«, wie etwa Essiggurken und getrocknete Äpfel; abends gibt es dazu Dosenfleisch. FitzRoy lernt bald die Unterhaltung mit seinem Bordphilosophen zu schätzen und gratuliert sich zu seinem brillanten Einfall. Überhaupt tritt Darwin auf der *Beagle* als eine angenehme Person in Erscheinung. Bei der Mannschaft, die ihn wie einen Schiffsoffizier mit »Sir« anredet, ist er sehr beliebt; nie scheint er schlecht gelaunt und ist zu jedem freundlich. Die Männer wundern sich allerdings über seine eigenartigen Tätigkeiten, die ihm schnell den Namen »Fliegenfänger« einbringen.

Obgleich seine Seekrankheit sich nur wenig bessert, experimentiert er bereits im Januar 1832, da sind sie zwei Wochen aus Plymouth heraus, mit einem selbst konstruierten feinmaschigen Netz, das Darwin über einen Bogen spannt und an einem festen Seil hinter der *Beagle* herschleppen lässt. Mit diesem Planktonnetz macht er reiche Beute: winzige wirbellose Meerestiere, die er in der Kajüte unter dem Mikroskop betrachtet und über die er sich Notizen macht. Plötzlich weiß er, wofür die Lehrmonate in Edinburgh bei Robert Grant gut waren. Er entdeckt als einer der ersten Zoologen Planktonwesen und Pfeilwürmer sowie deren ungeheuren Farben- und Formenreichtum. Und er fragt sich erstmals: »Warum so viel Schönheit, geschaffen zu so geringem Zweck!« Wer, bitte schön, soll denn die Schöpfungen eines Gottes bewundern in den Weiten des Ozeans?

Akribisch führt Darwin nicht nur sein Reisetagebuch, sondern verzeichnet auch seine Fundstücke einzeln in zoologischen Notizbüchern, zusammen mit der Beschreibung seiner mikroskopischen Studien und anderen Beobachtungen. »Vertraue nichts nur deinem Gedächtnis an, denn es ist ein wankelmütiger Führer, sobald ein interessanter Gegenstand durch einen noch interessanteren abgelöst wird«, ermahnt er sich selbst. Noch lange nach der Reise wird die Auswertung seiner Aufzeichnungen und Notizen nicht nur ihm wertvolle Einsichten und ewigen Ruhm bescheren, sondern auch Generationen von Wissenschaftshistorikern beschäftigen. Sie entdecken in Darwin einen begnadeten Beobachter und talentierten Forscher, der seine Eindrücke akkurat und sehr lebendig schildert; und der bald beginnt, die richtigen Fragen zu stellen. Jetzt im Atlantik füllen sich die ersten Blätter mit Notizen über die tagtäglich beobachteten Tiere und natürlichen Phänomene. Darwin seziert Medusen und Moostierchen, Pfeilwürmer und andere Planktonorganismen und vergleicht seine Funde mit den Beschreibungen in den Büchern der kleinen, aber feinen Bordbibliothek der *Beagle*.

Die erreicht am 6. Januar 1832 die Kanarischen Inseln. Als sie im Hafen von Santa Cruz beidreht, erblickt Darwin bei Tagesanbruch den mächtigen Gipfel des Teide auf Teneriffa, jener Insel, die lange das Ziel seiner Träume war, nachdem er in Cambridge in Alexander von Humboldts Reisewerk von den »dämmrigen, schweigenden Wäldern« dieser subtropischen Insel gelesen hatte. Jetzt ist eine Landung nicht möglich; die Spanier haben eine Quarantäne verhängt, da in England in der Zwischenzeit die Cholera ausgebrochen ist. Beinahe zwei Wochen müsste die Besatzung vor einem Landgang warten. FitzRoy zögert keinen Moment, lässt die Segel setzen und das Schiff wenden – Kurs hinaus auf den Atlantik.

So enttäuscht Darwin ist, so sehr ist er bereits Naturforscher und widmet sich wie später immer wieder während der langen Seepassagen seinen marinen Fängen. Weit draußen im Atlantik untersucht er auch eine große Heuschrecke, die aus Afrika herüber an Bord verdriftet wird. Er sammelt Proben eines feinen Staubes, der ebenfalls über Hunderte von Kilometern hinweg vom afrikanischen Kontinent herüberweht, die Atmosphäre dunstig macht und sich wie ein Schleier über das Schiff legt. Später wird ein Forscher am Museum für Naturkunde in Berlin – an den Darwin die Probe schickt, weil er der Einzige ist, der sich zu dieser Zeit mit solchen Dingen beschäftigt – im *Beagle*-Staub die Spuren von nicht weniger als 67 verschiedenen Organismen identifizieren, darunter Kieselpanzer von winzigen Einzellern und Kieselalgen. Noch heute dient diese *Beagle*-Probe der Wissenschaft als eine Art Schnappschuss unserer Biosphäre am Beginn der industriellen Revolution.

Der Schlüssel zur Geologie – St. Jago, Kapverdische Inseln; Januar – Februar 1832: Mitte Januar erreicht die *Beagle* den Hafen von Praia auf St. Jago (auf modernen Karten: São Tiago). Sie ankert genau vor der kleinen Insel Quail (heute Ilhéu de Santa Maria), einem »kleinen öden Fleck«, wie Darwin notiert. Hier geht er erstmals wieder an Land und macht gleich seine erste wichtige geologische Beobachtung der Reise. Er sieht vulkanisches Gestein und Korallen (beides wird ihn in seinem Leben noch lange beschäftigen), die offenbar über den Meeresspiegel gehoben wurden. Aber wie? Ohne dass er dies schon sicher beantworten kann, erkennt er, welch dynamische und sich ständig verändernde Welt uns Menschen umgibt. Darwin ist überwältigt davon, plötzlich mit eigenen Augen sehen zu können, was er kurz zuvor in den »*Principles*« gelesen hat: dass sich die Erdoberfläche nach eben jenen Gesetzen Lyells zu verändern scheint. In seiner Autobiografie resümiert er, dass während der *Beagle*-Reise tatsächlich anfangs vor allem die Untersuchung der Geologie im Vordergrund stand, da er hier dank Lyell eine neue Erklärungsgrundlage hatte. »Es ist, als ob man einem Blinden das Augenlicht gegeben hat«.

Wenn es für Darwin auf der *Beagle*-Reise je einen Heureka-Moment gab, dann sind es diese Tage auf den Kapverden, so wichtig auch andere Stationen noch für ihn werden sollten. Auf Quail Island zeigt sich erstmals Darwins besondere Begabung als scharfsinniger Beobachter, eifriger Sammler und origineller Denker. Während seine weitaus bewanderteren geologischen Lehrer in England im Sommer meist immer wieder in dasselbe Gelände zurückkehren, findet Darwin dank Lyells Einführung in die Grundzüge der Geologie auf Anhieb das Entscheidende in einem ihm unbekannten Gebiet. In den geschichteten Ablagerungen der kleinen Insel, die sich entlang der Küste gut erkennen lassen, fällt ihm eine helle Linie auf; ein horizontaler Streifen, der – wie er bei der genauen Untersuchung des Profils erkennt – aus den Resten von Meerestieren besteht, und zwar aus Austern und Korallen. Aber sollten die nicht viel tiefer unter der Meereslinie liegen? Sorgfältig notiert und skizziert Darwin seine Beobachtungen; er sammelt Gesteinsproben von jeder Schicht, die er mit einer Nummer versieht, die sich in seinem Probenverzeichnis wie auch in seinen Notizen wiederfindet. Solche sorgfältigen Aufzeichnungen wird er sich fortan zur Gewohnheit machen; die Notizbücher mit seinen geologischen und zoologischen Beobachtungen liegen bis heute in der Cambridge University Library, wo sich Darwins Nachlass befindet.

Sein Ruf als Geologe wird sich bald darauf begründen, dass er seine Beobachtungen mit theoretischen Einsichten zu verbinden weiß. So wird ihm die Geologie zur guten und frühen Übung für das, was ihn in der Biologie zu einem Revolutionär machen wird. Tatsächlich zeigen bereits seine ersten Notizen von Quail Island, wie sehr ihm das Theoretisieren liegt und wie sehr er dazu bereit ist, sich mit kontroversen Problemen auseinanderzusetzen. Denn was uns heute selbstverständlich erscheint, war im Januar 1832 durchaus neu: die

Hebung einer kleinen vulkanischen Insel und die Position ihrer Ablagerungen zur Höhe des Meeresspiegels. »Alles in allem halte ich es für wahrscheinlich (das Wort »sicher« strich er durch), dass sich auf einem Sockel aus Vulkangestein zunächst ungestört Meeresschichten ablagerten, über die sich dann eine Decke aus geschmolzenem Material legte. Die gesamte Masse wurde anschließend gehoben und seither, vielleicht aber auch nur zu dieser Zeit, sinkt oder sank der Meeresboden partiell ab«. Darwins Interpretation der Geologie von St. Jago sollte sich als richtig erweisen. Über den einstigen Meeresgrund mit Lagen aus Korallen und Muschelschalen war Lavastrom geflossen und hatte diese als harte, weißliche Gesteinsschicht zusammengebacken; nachdem die Insel anschließend durch tektonische Kräfte angehoben wurde, erschien der weiße Streifen gut zehn Meter oberhalb des Meeresspiegels. Keine Katastrophe oder der Handstreich eines Schöpfers hatte diese Landhebung verursacht, sondern »eine Kraft, die über fast ewige Zeit wirkt«, so erkannte Darwin. Gemeinsam mit Lyell ist er bereits dabei, einen Schöpfer seines Wirkens in der Natur zu verweisen.

Jetzt, da er die geologische Geschichte dieser kleinen Insel entschlüsselt hat, kommt ihm erstmals der Gedanke, dass er vielleicht ein Buch über die Geologie der mit der *Beagle* zu bereisenden Länder schreiben könnte, »... und dabei überlief mich ein freudiger Schauer«, erinnert sich Darwin. Sein Ehrgeiz ist erwacht; kurz vor seinem 23. Geburtstag sieht er sich als möglichen Verfasser eines großen geologischen Werkes. Vor allem aber macht er sich die Unerforschtheit jener Regionen bewusst, die vor ihnen liegen, und wo er – gestatten: Charles Darwin, Geologe – Pionierarbeit leisten will.

Der Regenwald Brasiliens; Februar–April 1832: Nach einer obligatorischen Äquatortaufe mit traditioneller Zwangsrasur und unsanftem Bad erreicht Darwin auf der Beagle nach zwei Monaten Brasilien. Am 28. Februar landen sie in der Bucht Baía de Todos os Santos bei Bahia, der alten Hauptstadt Brasiliens (heute Salvador). Hier sieht er zum ersten Mal die Tropen und die Welt mit neuen Augen. Vielleicht beginnt das Staunen über das Wunder des Lebens und die Vielfalt der Arten erst hier; in jedem Fall beginnt Darwin über die Üppigkeit der Natur zu grübeln. Kaum zu einem ersten Ausflug in den Regenwald aufgebrochen, überwältigt ihn die Fülle verschiedener Organismen. Die Baumstämme sind von parasitischen Pflanzen überzogen, abstoßend riechende Pilze lassen ihn die Nase rümpfen, dichter Regen prasselt herab. »Doch ist selbst Entzücken ein zu schwacher Ausdruck für die Gefühle eines Naturforschers, der zum ersten Mal allein einen brasilianischen Urwald durchwandert. Die Eleganz der Gräser, die Neuheit der Schmarotzerpflanzen, die Schönheit der Blumen, das glänzende Grün des Laubes, vor allem aber die allgemeine Üppigkeit des Pflanzenwuchses erfüllt mich mit Bewunderung«. Eine paradoxe Mischung aus Geräusch und Stille, so Darwin weiter, herrsche in den schattigen Teilen des Waldes. Doch: »Das Geräusch der Insekten ist so laut, dass es selbst in einem Schiffe noch hörbar ist, das mehrere Hundert Meter von der Küste entfernt vor Anker liegt«.

In einem Brief an den Vater schreibt er: »Ich muss mich selbst loben, dass ich vor lauter Wonne noch nicht verrückt geworden bin«. Denn das Entzücken, das man in solchen Momenten empfindet, verwirrt den Geist: »Wenn das Auge dem Flug eines farbenprächtigen Schmetterlings folgen will, wird es von einem merkwürdigen Baum oder einer Frucht gefesselt, wenn man ein Insekt beobachtet, vergisst man es wegen der seltsamen Blüte, über die es krabbelt, wenn man sich dreht, um die Pracht der Szenerie zu bewundern, zieht der individuelle Charakter des Vordergrundes die Aufmerksamkeit auf sich«. Noch sieht Darwin in diesen Wundern des Regenwaldes »die Existenz Gottes und die Unsterblichkeit der Seele«. Angesichts der Herrlichkeit der tropischen Vegetation ebenso wie später beim Anblick der ausgedehnten Wüstengebiete Patagoniens und der Berge Feuerlands spricht Darwin immer wieder von einer »Empfindung des Erhabenen«. Es sei unmöglich, notiert er im April 1832 in seinem Reisetagebuch, »eine einigermaßen entsprechende Idee von den höheren Gefühlen der Bewunderung, des Erstaunens und der Andacht zu geben, welche die Seele des Reisenden erfüllen und erheben, wenn er mitten in der majestätischen Pracht des brasilianischen Regenwaldes steht«. Noch ist es, als ob William Paley mit ihm reist, jener Naturtheologe aus Cambridge mit seiner harmonischen Sicht der Welt.

Weniger harmonisch geht es bald an Bord der *Beagle* zu. In Bahia kommt es zu einem Zank mit Kapitän FitzRoy, als Darwin kompromisslos seine Ablehnung der Sklaverei und die Doppelmoral der Weißen zum Ausdruck bringt. Zwar ist auch FitzRoy kein Anhänger der Sklaverei, doch er verteidigt sie; angeblich hätten es Sklaven unter ihren Herren besser, als in Armut zu leben. Darwin verabscheut (wie seine gesamte Familie) die barbarische Sitte des Menschenhandels, es folgt ein hitziger Wortwechsel, FitzRoy fühlt sich persönlich verletzt – und weist Darwin aus seiner Kajüte. Doch schon wenige Stunden später entschuldigt sich FitzRoy; er weiß um sein hitziges Temperament, das ihn immer wieder in Schwierigkeiten bringt. Darwin wird bei der Frage der Sklaverei niemals seinen Standpunkt ändern.

Die *Beagle* segelt weiter nach Rio de Janeiro, kehrt aber kurze Zeit später nochmals nach Bahia zurück, weil FitzRoy unbedingt kleine Abweichungen von Vermessungsdaten auf der bereits zurückgelegten Strecke überprüfen will. Darwin bleibt in Rio und mietet sich für drei Monate in der Botofago-Bucht ein Häuschen, weit außerhalb der Stadt auf halbem Weg zwischen Rio und dem Zuckerhut mit seinem heute als Copacabana bekannten Strand. Er legt sich ein striktes Arbeitsprogramm auf, ist tagsüber mit Fangnetz und Behältnissen im Regenwald unterwegs, mit seinen Laubfröschen, Papageien und Kolibris, stinkenden Morcheln, kriegerischen Ameisen beschäftigt, oder geht mit der Pistole auf Echsenjagd. Abends seziert, präpariert, notiert und analysiert er seinen Fang. Zwar enttäuschen den alten Käfersammler in ihm gerade diese Insekten, weil sie hier klein und düster sind; doch sind es allesamt kaum bekannte und immer wieder neue Arten. Einmal bringt Darwin an einem einzigen Tag 86 verschiedene Käferarten zusammen.

Die Urzeitriesen von Punta Alta, Argentinien; April–November 1832 und 1833: Die *Beagle* steuert jetzt entlang der südamerikanischen Küste bis nach Montevideo, im heutigen Uruguay. Im Juli schickt Darwin von hier aus die ersten Kisten, die der Schiffszimmermann zusammennagelt, nach Cambridge an John Henslow. Darin verstaut er, konserviert in Weingeist, die diversen Meerestiere, Krebse, Muscheln und Schnecken, Spinnen, seine genadelten Käfer und andere Insekten, Vogelbälge und Reptilienhäute, getrocknete Pflanzen und sorgsam eingewickelte Steine. »Ich habe mich bemüht, ein Stück von allen verschiedenen Gesteinsarten zu sammeln, und habe über alles Notizen gemacht«, schreibt er in einem späteren Begleitbrief an Henslow. Auch zoologische Merkwürdigkeiten notiert er akribisch, so etwa Arten elegant gefärbter Planarien, Strudelwürmer aus dem Süßwasser, bei denen er eine (sie heißt *Geoplana vaginuloides*) selbst an trockenen Stellen an Land entdeckt. Immer wieder hat er ein Auge selbst für die kleinsten Bewohner jener Regionen, in die er kommt.

Dann aber entdeckt er etwas Großes, ja Großartiges. Im August setzt die *Beagle* ihre Vermessungsfahrt entlang der Küste im Norden Argentiniens fort. Am 22. September 1832 – einem Tag, der im Kalender der Evolutionsbiologie rot markiert gehört – umsegelt das Schiff nahe Bahia Blanca, etwa 600 Kilometer südlich vom heutigen Buenos Aires, eine Landzunge namens Punta Alta und geht in der Bucht vor Anker. Von der kleinen, erst wenige Jahre zuvor gegründeten Niederlassung aus reitet Darwin mit FitzRoy und einigen der Offiziere keine zehn Meilen zum Vorgebirge von Punta Alta. Während diese Vermessungen vornehmen, gelingt ihm ein phänomenaler Fund. In den niedrigen Klippen entdeckt Darwin einen regelrechten Friedhof wahrer Urzeitmonster. Schnell erkennt er anhand der aus dem Sediment herausragenden Knochen und Zähne, dass es versteinerte Überreste von nahen Verwandten der heutigen Gürteltiere und Faultiere Südamerikas sein müssen. Nur dass sie längst ausgestorben und viel größer sind!

Eingebettet in Ablagerungen aus rötlichem Ton und Mergel, zusammen mit Quarz- und Kieselschotter sowie Schalen von Mollusken, liegen hier fossile Knochen gleich mehrerer Vierbeiner. Die Ersten, die Darwin näher untersucht, sind so groß wie von einem Rhinozeros, schätzt er. Doch ihm fehlt das richtige Werkzeug, um diese »Monstren ausgestorbener Rassen« auszugraben, notiert er abends zurück an Bord der *Beagle*. Da ist ihm die Bedeutung seines Fundes bereits klar. Der Blick in die Bordbibliothek zeigt, dass zu dieser Zeit nur ein einziges solches Skelett in der Königlichen Sammlung in Madrid bekannt ist. Bereits drei Jahrzehnte vorher hatten die Knochen eines großen in Südamerika gefundenen Fossils, das man *Megatherium* (»Großes Tier«) taufte, den französischen Wirbeltieranatomen und Begründer der Paläontologie Georges Cuvier davon überzeugt, dass es zum Aussterben von

Tieren gekommen sein muss. Als Erklärung für die Existenz solcher Fossilien boten sich Katastrophen wie Überschwemmungen oder ein abrupter Klimawechsel an, und hier – bibelkonform – natürlich in erster Linie die Sintflut.

Am nächsten Tag kehrt Darwin zurück und legt nach Stunden endlich Schädel, Zähne und Knochen solch eines *Megatheriums*, wie er glaubt, frei. Erst nachdem später Richard Owen, Englands bester Wirbeltieranatom vom Royal College of Surgeons, das Knochenpuzzle vollständig zusammengesetzt hat, stellt es sich als das Skelett eines mehr als pferdegroßen *Scelidotherium* – eines Riesenfaultieres – heraus. Owen bestätigt, was Darwin in Punta Alta bereits ahnt: Sein Urzeitriese ist nahe verwandt mit den heute in Südamerika lebenden, indes weitaus kleineren Faultieren. Darwin geht weiter auf Knochenjagd und entdeckt bald auch noch die Überreste eines *Glyptodon*, eines Riesengürteltieres von anderthalb Meter Länge. Das Skelett weist den gleichen Bau auf wie das der heute viel kleineren possierlichen Armadillos, die er als Bewohner der Pampa inzwischen gut kennt; sie besitzen einen ähnlichen, kesselförmigen Körperpanzer aus Knochenplatten. Tatsächlich wird das von Darwin entdeckte Fossil später als *Hoplophorus* bezeichnet, genau wie *Glyptodon* ein Vorfahre der heutigen Gürteltiere.

An dieser Fundstelle bei Punta Alta, an die er während der *Beagle*-Reise mehrfach zurückkehrt, entdeckt Darwin die Überreste noch weiterer großer, inzwischen längst ausgestorbener Landsäugetiere. Darunter ist auch das nach ihm benannte *Mylodon darwinii*, ebenfalls ein fossiles Riesenfaultier. »Vormals muss es hier von großen Ungeheuern gewimmelt haben«, notiert er. Selbst für bibelgläubige Naturforscher stellt deren Aussterben eigentlich kein Problem dar. Allerdings weiß Darwin, dass in England die Geologen über diese Frage in zwei Lager zerstritten sind. Lyell und andere nehmen an, dass diese Tiere allmählich ausstarben. Dagegen glaubt sein Oxforder Kollege William Buckland genau wie Cuvier in Frankreich an ein abruptes Ende aufgrund dramatischer Ereignisse. Warum aber, so wundert sich Darwin plötzlich, sind diese Tiere überhaupt ausgestorben, wenn sie doch perfekte Schöpfungen Gottes waren? Und warum ähnelten sie dann den heute noch lebenden Tieren? Man mochte nicht weiterdenken: Hatte Gott etwa nichts dazugelernt?

Darwin weiß, dass er die geologischen Zusammenhänge klären muss, um das Aussterben der Urtiere zu ergründen. Er versucht deshalb, die genaue Lage und Beziehung der Schichten mit den fossilen Knochen zu benachbarten Ablagerungen zu bestimmen. Begeistert schreibt er wenig später in einem Brief an seine Schwester Catherine: »Es geht nichts über Geologie. Das Vergnügen, das eine Rebhuhnjagd am ersten Tag gewährt, kann sich nicht messen mit dem Auffinden einer schönen Ansammlung fossiler Knochen, die die Geschichte früherer Zeiten fast wie mit lebendiger Zunge erzählt«.

Auch an anderen Fundorten in den verschiedenen Gegenden Südamerikas, die Charles Darwin unermüdlich in den Jahren 1833 und 1834 durchstreift, gräbt er solche zu ihm sprechenden Fossilien aus. Schließlich treten die Überreste von insgesamt neun prähistorischen Landsäugern aus dem Gestein, die meisten bisher unbekannte Formen – und alle wahre Giganten, verglichen mit der heutigen Fauna. Dazu zählt etwa ein nilpferdgroßes Nagetier, das mit den Wasserschweinen verwandte *Toxodon platensis,* der kurzbeinige Urzeitelefant *Mastodon* und ein fossiler Ameisenbär. Bei Port St. Julian, im Süden Patagoniens, legt Darwin die Knochen eines weiteren Urweltwesens frei, riesig wie ein Kamel, gebaut wie ein Lama, das er für den Vorfahren der heute dort lebenden Guanakos hält. Von Richard Owen einst noch als

Macrauchenia bezeichnet, heißt das Urtier heute *Crauchenia patachonica* und wird statt für ein neuweltliches Kamel mit paarigen Zehen für einen frühen Verwandten der einhufigen südamerikanischen Tapire gehalten.

Als was auch immer es sich herausstellt, Darwin schleppt die versteinerten Knochen samt anhaftendem Gestein an Bord der *Beagle* – und verstößt damit empfindlich gegen jede marine Tradition bei der Royal Navy. Der erste Offizier, verantwortlich für die Ordnung an Bord, ist verzweifelt. Ginge es nach ihm, droht er dem »Fliegenfänger«, der ihm jetzt mehr Dreck an Deck schleppt als zehn Mann zusammen, würde er den ganzen verdammten nutzlosen Kram über Bord werfen – und Darwin gleich hinterher. Der beeilt sich, seine Funde im Laderaum der *Beagle* zu verstauen. Er lässt Holzkisten bauen, benutzt leere Fässer, und im November 1832, zurück in Montevideo, schickt er seine Fossilien zu Henslow nach England. Heute sind Darwins Katakomben der känozoischen Ungeheuer, jene Fossilien führenden Ablagerungen von Punta Alta, unter der Militärbasis Puerto Belgrano der argentinischen Marine verschwunden. Erhalten sind solche Schichten nur noch am benachbarten Monte Hermoso, wo Darwin ebenfalls Knochen urzeitlicher Landsäuger entdeckte; darunter auch kleinere Nager, die den Agutis und den Meerschweinchen ähneln, die noch immer in Südamerika leben.

In Montevideo erhält Darwin im Oktober 1832 auch den zweiten Band von Lyells »*Principles of Geology*«, und noch einmal gewinnt sein Blick auf die Welt naturgeschichtliche Tiefenschärfe. Mehr denn zuvor deutet er alles, was er in Südamerika um sich sieht – Berge, Inseln, Flüsse, Fossilien – als Produkte einer sehr langen und sehr langsamen Entwicklung. Lyell setzt sich diesmal ausführlich mit dem Evolutionsgedanken Lamarcks auseinander. Zwar zerpflückt er dessen Theorie gründlich, doch liefert er seinen Lesern damit eine klarere Vorstellung von einer möglichen Entwicklung der Arten, als es Lamarck in seiner 1809 erschienenen Transmutationstheorie selbst getan hat. Für Lyell ist auch das Aussterben ein ganz natürlicher Prozess, zu dem es immer dann kommt, wenn Arten den Wandel ihrer Lebensbedingungen an einem Ort nicht überleben. Für Darwin ist diese Lektüre gerade zu diesem Zeitpunkt von großem Nutzen. Seine Funde in Südamerika zeigen ihm, dass lebende Arten mit bereits ausgestorbenen nahe verwandt sind; und wie Lyell zweifelt er an einer Theorie der Katastrophen. Etwa ein Jahr später schreibt er aus Chile: »Was das Aussterben gewisser Landsäuger im südlichen Teil Südamerikas betrifft, so schließe ich eher die Einwirkung irgendeiner Katastrophe aus«. Es sind nur noch ein paar Schritte dahin, bis ihm erste Zweifel daran kommen, dass Arten auf ewig unveränderlich sind und sich nicht wandeln.

Die Feuerländer von der Tierra del Fuego: Dezember 1832–März 1833 und Anfang 1834: Ende November segelt die *Beagle* aus Montevideo ab, um ihren eigentlichen Auftrag auszuführen: die von FitzRoy entführten Ureinwohner in ihre Heimat zurückzubringen – nach »Tierra del Fuego«, wie der Südzipfel Südamerikas heißt, seitdem spanische Seefahrer dort erstmals die vielen Feuer der Ureinwohner sahen. Diese Gruppe von Inseln am Ende der Welt ist Pringle Stokes' Land der Finsternis. »Die Fantasie könnte sich kaum eine Szene ausmalen, in der die Menschen weniger Autorität zu haben scheinen«, notiert er angesichts der majestätisch-schroffen Felsküsten Feuerlands beklommen in sein Tagebuch. Das Land ist rau und unwirtlich, eine wild zerklüftete, eisige Bergregion, deren Spitzen immer von Schnee bedeckt sind, der auch im Sommer fällt. Ihre tückischen klippenreichen und sturmumbrausten Küsten mit unzähligen Halbinseln, Inseln und Meeresarmen entlang einer der wichtigsten Seefahrtsrouten zu vermessen, war und ist weiterhin Auftrag der *Beagle*.

Anfang Januar 1833 geraten sie im Christmas Sound westlich von Kap Hoorn in einen fürchterlichen Sturm, schlimmer als selbst FitzRoy ihn je zuvor erlebt hat. Beim Versuch um Kap Hoorn gen Westen zu segeln, versetzen Wind und Wellen die Beagle weit nach Süden, Richtung Antarktis. Darwin ist über Tage elendig seekrank. Dann bricht schwere See mit hohen Wogen über das Deck und droht die Beagle zum Kentern zu bringen; beinahe wäre hier ihr Schicksal besiegelt gewesen. Doch die Expedition hat Glück. Eindringendes Seewasser zerstört allerdings einige von Darwins gesammelten Proben und Präparate von Pflanzen und Tieren.

Noch verstörter, ja schockiert ist Darwin von der Begegnung mit den Feuerländern in ihrem eigenen Land. Es sind die ersten wirklichen Ureinwohner, auf die Darwin während der *Beagle*-Reise trifft, noch bevor er in den Anden Indianer und dann im Pazifik Polynesier, Maoris und Aborigines erlebt. Die Feuerländer erscheinen ihm als primitive Barbaren und führen ihm drastisch die ungeheuren Unterschiede zu den Europäern vor Augen: »Der Anblick eines nackten Wilden in seiner Heimat ist ein Erlebnis, das niemals wieder vergessen werden kann«. Bunt bemalt und mit lautem Geschrei machen die ersten Feuerländer auf sich aufmerksam, als die *Beagle* nahe der Küste vorbeifährt. Als sie an Bord kommen, vergleicht Darwin sie mit »den Teufeln, welche in Stücken wie dem ›Freischütz‹ auf die Bühne kommen«, fast nackt, mit nichts anderem als einer Tierhaut bekleidet, die sie über die Schulter geworfen tragen. »Es waren dies die erbärmlichsten, elendsten Geschöpfe, die ich irgendwo gesehen habe«, notiert er, nachdem die *Beagle* FitzRoys Feuerländer Ende Januar 1833 in der Woollya-Bucht abgesetzt hat. So hat er sich den

Naturzustand nicht vorgestellt. Zwar hat er erlebt, dass aus »Wilden« Zivilisierte werden können. Doch erkennt er neben der Einheit und Formbarkeit des Menschen auch, welche Spannbreite und Variation dies umfasst. Plötzlich erscheint ihm der Abstand zum Tier nicht mehr sehr groß und er empfindet die Trennung zwischen Mensch und Tier als künstlich. «Ich hätte kaum geglaubt, wie groß die Verschiedenheit zwischen wilden und zivilisierten Menschen ist: Sie ist größer als zwischen einem wilden und einem domestizierten Tier«.

Als die Expedition ein Jahr später, im Februar 1834, nochmals in derselben Bucht ankert, ist kaum noch etwas von dem übrig, was sie den in England mit der Zivilisation vertraut gemachten drei Feuerländern hinterließen. Sie entdecken Jemmy Button, nackt bis auf einen Fetzen Fell; er, der in London nie ohne Ziegenlederhandschuhe aus dem Haus ging. »My people very bad; great fool; know nothing at all; very great fool«, schimpft er auf seine Landsleute. Doch die umerzogenen Feuerländer sind schnell wieder zum Lebensstil der Ureinwohner zurückgekehrt. Es stimmt: Der Lack der Zivilisation ist nur von sehr begrenzter Haltbarkeit. Robert FitzRoys Experiment ist scheinbar misslungen, doch bestätigt es nur, was wir über die Natur des Menschen wissen. Sehr weitsichtig und tiefer Erkenntnis vorgreifend notiert Charles Darwin: »In dieser Verlassenheit entziehen sich die großen Kräfte der Natur jeglicher Kontrolle. Hier hat die Menschheit keinerlei Ähnlichkeit mit Gott«.

Die Füchse und der Kelpwald, Falklandinseln; März–April 1833 und März–April 1834: Zweimal steuert die *Beagle* die Doppelinsel, weitab vom Kontinent im Südatlantik gelegen, an. Während die Mannschaft die Küsten vermisst, durchstreift Darwin den kaum besiedelten östlichen Teil der Falklands. Es ist mit insgesamt zehn Wochen einer der längsten Aufenthalte Darwins an einem Ort; so füllt er mehr Seiten seiner Notizbücher mit Beobachtungen zur Geologie als anderswo. Sorgsam notiert er die Winkel und Richtung der Faltungen im Gestein, sammelt Proben und alles andere von naturkundlichem Interesse, darunter vor allem fossile Meerestiere. Die überreichen Ablagerungen der einstigen Meeresfauna, allen voran fossile Armfüßer, stammen aus der grauen Vorzeit des Erdaltertums, wie er richtig erkennt. Ihr Reichtum steht in eigenartigem Kontrast zur verarmten landlebenden Tierwelt der Falklandinseln, wo allein die vielen Meeresvögel beeindrucken.

Beim zweiten Besuch der *Beagle* im Berkeley Sound verbringt Darwin Stunden damit, die Vielfalt und Vielgestaltigkeit jener Meeresorganismen zu studieren, die den Kelpwald bewohnen, jener Unterwasserwald, den vor allem der Riesentang *Fucus giganticus* bildet (heute wird er zur Braunalge *Macrocystis pyrifera* gestellt). Erstmals vergleicht Darwin hier die Lebensgemeinschaft im südatlantischen Meer mit dem Reichtum tropischer Regenwälder an Land (später soll er dem noch die Beobachtung an den artenreichen Korallenriffen hinzufügen). Mit diesen sorgfältig notierten Beobachtungen an marinen Kleinstlebewesen setzt er nicht nur fort, was er vor Jahren am Firth of Forth unter den Augen von Robert Grant begann. Darwin greift auf den Falklandinseln auch den Begründern jener Wissenschaft vor, die erst Jahrzehnte später einmal Ökologie heißen wird. Hier, auf halber Strecke seiner Weltreise, im April 1834, notiert Darwin eine der wichtigsten, aber bis vor wenigen Jahren gänzlich unbekannt gebliebenen Passagen über die marine Tierwelt in sein Reisetagebuch: »Its main striking feature is the immense quantity & number of kinds of organic beings which are intimately connected with the kelp«. Darwin bemerkt einerseits die Dichte, in der einzelne Arten den Kelp besiedeln, andererseits auch die große biologische Vielfalt an Arten. Hier leben Krebse, Moostierchen, viele Algen, Ringelwürmer, Seescheiden, Seegurken, Seeigel, eine Vielzahl verschiedener Schnecken und vieles anderes, ein wahres Who's who der Unterwasserwelt. Vor allem aber beobachtet und beschreibt Darwin erstmals, welch enger Zusammenhang und welche fein gesponnenen Beziehungen zwischen sämtlichen Mitgliedern dieser Lebensgemeinschaft bestehen, auch wenn er dazu Begriffe wie Nahrungskette oder Nahrungsnetze noch nicht verwendet. »One single plant form is an immense & most interesting menagerie«, fasst er sein Kelpwald-Kapitel zusammen; und er ahnt: Wenn der Kelp verschwindet, werden ihm – vom Seehund bis zum Menschen – bald alle anderen Lebewesen folgen. Was hat dieser Mann mit seinem Genie und seiner Weitsicht doch vor fast zwei Jahrhunderten bereits erkannt!

An Land fallen Darwin nur wenige Säugetiere auf, darunter Kaninchen mit leicht dunklerem Fell. Sehr wahrscheinlich aber, vermutet er richtig, sind sie vom Menschen eingeschleppt worden. Er bemerkt, vielleicht bereits ahnungsvoll, dass sich dennoch auch hier die Kaninchen nicht unkontrolliert vermehren, sondern ihre Populationen offenbar von Feinden in Schach gehalten werden. Jahre später wird diese Überlegung zur regulierten Vermehrung eine entscheidende Rolle spielen, als ihm die Idee seiner Selektionstheorie kommt.

Als einzige ursprünglich heimische Landsäuger leben zu Darwins Zeiten noch große wolfsartige Füchse auf den Falklands, die sehr zahm sind. Was ihnen, wie er sogleich notiert, bald zum Verderben werden wird. Tatsächlich ist *Dusicyon australis* (oder *Vulpes antarcticus*, wie er bei Darwin noch heißt) seit 1876 ausgerottet, nur ganze elf Museumsstücke, meist einzelne Knochen, existieren von ihm noch. Damit fehlt heute der lebende Beweis für etwas, was Darwin auf den Falklands auffällt. Denn die Füchse auf den beiden eng benachbarten Falklandinseln unterscheiden sich deutlich. Auf der Ostinsel, wo Darwin sie selbst beobachtet, sind sie weitaus dunkler und größer als auf Westfalkland, von wo ihm Crewmitglieder der *Beagle* ein Exemplar mitbringen. Später wird Darwin in seinem Werk »*Über die Entstehung der Arten*« solchen Besonderheiten im geografischen Vorkommen eng verwandter Formen gleich zwei Kapitel widmen.

Die Nandu-Episode, Patagonien; 1833–1834: Darwin ist beeindruckt von den schier unermesslich weiten Ebenen Argentiniens. Während die *Beagle* bis März 1834 für ihre Vermessungsarbeit mehrfach entlang der südamerikanischen Ostküste kreuzt, durchstreift er ab Mitte 1833 auf ausgedehnten Exkursionen, meist zu Pferd, die weiten Grasländer der Pampa. Er jagt mit den Gauchos, raucht deren »cigarritos« und teilt für Wochen und Monate ihr wildes Leben. Abends am Feuer erfreut er sich mit den Gauchos an gebratenem Gürteltier, dazu Eierknödel vom Nandu – dem südamerikanischen Straußenvogel *Rhea americana,* der von Nordost-Brasilien bis zum Rio Negro in Argentinien vorkommt. In der Gesellschaft der Gauchos kommt Darwin seine Leidenschaft fürs Reiten und Jagen zugute; sie nennen ihn »un grand galopeador«. Er schießt Eulen, Nachtschwalben, Kuckucke und Kondore, Fliegenschnäpper, Scherenschnäbel und weitere 80 Vogelarten; Darwin jagt Guanakos und das Capybara oder Wasserschwein (das größte lebende Nagetier); er sammelt Reptilien, Mäuse und Meerschweinchen. Und einmal bringt er sein Pferd und sich selbst zu Fall, beim Versuch, mit den traditionellen Bolas der Gauchos einen Nandu zu jagen.

Die Gauchos erzählen ihm auch von einem eigentümlichen »Avestruz Petise«; sie meinen damit einen *Rhea* »petiso« – einen

Zwerg-Nandu. Darwin entdeckt ihn nie, obwohl er Ausschau hält, als er im April und Mai 1834 wochenlang entlang des Santa Cruz-Flusses ins Inland vordringt, wo dieser Laufvogel angeblich leben soll. Es ist der Maler an Bord der *Beagle,* Conrad Martens, der Darwin im Januar 1834 während eines Ausflugs bei Port Desire das einzige Exemplar dieses Nandus verschafft. Allerdings wäre unserem großen Naturforscher dieser Fund beinahe entgangen. Denn auch Darwin hält das für die Bordküche erbeutete Tier anfangs lediglich für ein kleines, noch nicht ganz ausgewachsenes Exemplar des argentinischen Nandus. Abends an Bord der *Beagle* wird der Vogel verspeist – und jetzt erst dämmert es Darwin. Ihm gelingt es gerade noch, einige nicht essbare Reste des *Rhea* (Kopf, Hals, einen Flügel, die Beine, einige große Federn und eine Hautpartie) aus der Kombüse zu retten. Diese recht armseligen Überreste schickt er nach London, wo der Ornithologe John Gould diesen kleineren und im Gefieder etwas dunkleren patagonischen Pampasstrauß als *Rhea darwinii* oder Darwin-Nandu beschreibt und nach dem benennt, der ihn einst aß.

Darwin selbst hält diese Nandu-Episode für eine seiner besten Geschichten; er soll oft erzählt haben, wie ihm diese zweite Straußenart Südamerikas beinahe entgangen wäre. Für Zoologen hat die Episode indes noch eine weitere Wendung. Denn der Darwin-Nandu ist gar nicht Darwins Nandu; er ist ihm in gewissem – eben nomenklatorisch-taxonomischen – Sinne tatsächlich entgangen. In den Jahren 1826 bis 1833, also nur kurz vor Darwin, ist auch der französische Naturforscher Alcide Dessalines d'Orbigny in Patagonien unterwegs, was Darwin mehrfach beunruhigt, da er befürchtet, der Franzose würde ihm alles naturkundlich Interessante wegschnappen. Was den vermeintlichen Darwin-Nandu angeht, stimmt das auch. Denn d'Orbigny gab dem patagoni-

Die »Beagle« auf den Strand gesetzt bei Rio Santa Cruz, Patagonien

schen Zwergstrauß bereits 1834, drei Jahre vor John Gould, seinen eigenen Artnamen. Heute heißt das Tier zoologisch korrekt *Pterocnemia pennata;* zwar wurde der Nandu inzwischen in eine eigene, neue Gattung gestellt, aber den Artnamen von Darwins Konkurrenten hat er dennoch behalten. Die Zoologie freilich gewährt einen posthumen Trost, unter Umständen: Die der Zoologischen Gesellschaft in London übergebenen Speisereste von Darwins Nandu-Mahl wurden zum Typusexemplar des *Rhea darwinii* und bleiben damit für immer dessen Namensträger, mag der kleine Zwerg-Nandu Patagoniens nun heißen wie er will. Pech allerdings, dass just diese Knochen vom Abendessen auf der *Beagle* heute im Naturkundemuseum in London nicht mehr auffindbar sind. Also doch kein Trost, Darwins Nandu ist offenbar endgültig verloren.

Damals in Patagonien aber ist Darwin das Entscheidende keineswegs entgangen; und darin liegt die eigentliche Bedeutung der Nandu-Episode. Denn Darwin sieht an diesem Beispiel als Erster, welche Bedeutung geografische Zusammenhänge im Vorkommen von Tieren für die Artenfrage haben. In seiner Autobiografie wird er später schreiben, dass ihn bereits in Südamerika erstaunt habe, »wie miteinander nah verwandte Tierarten einander ablösen, wenn man auf dem Kontinent nach Süden kommt«. Warum aber sollte just der Schöpfer eine perfekt gelungene Art durch eine zum Verwechseln ähnliche ersetzen, die dann nur weiter südlich lebt? Während *Rhea americana* die Pampa im nördlichen Argentinien bewohnt, wird er südlich des Rio Negro im Tiefland von Patagonien durch den kleineren Darwin-Nandu (*Pterocnemia pennata*) abgelöst. Darwin wird nachdenklich; nun fehlen nur noch wenige Schritte.

Entlang und über das Kettengebirge der Kordilleren, Chile und Peru; Juni 1834 – September 1835: Endlich ist Südamerika umrundet! Durch die Magellanstraße gelangt die *Beagle* Mitte Juni 1834 in den Pazifik – der friedliche Ozean »El Pacifico«. So getauft wegen seiner Stille, wenigstens an jenem längst vergangenen 28. November 1520, als Fernão de Magalhães – bekannt als Magellan – erstmals durch diese später nach ihm benannte Meeresstraße den neuen Ozean erreichte und zur ersten Weltumsegelung ansetzte. Nach langer Kreuzfahrt »im feuchten, düsteren Klima des Südens«, wie Darwin schreibt, erreicht die *Beagle* Ende Juli 1834 Valparaíso, den Haupthafen Chiles. Über mehr als ein weiteres Jahr, bis zum September 1835, wird die *Beagle* ihre Vermessungsarbeiten entlang der wild zerklüfteten Westküste Südamerikas mit der im Süden vorgelagerten Inselwelt fortsetzen. Die alten Karten dieser wichtigen Schifffahrtsroute müssen korrigiert und natürliche Häfen verzeichnet werden, in denen Schiffe bei den häufigen Stürmen Schutz finden können.

Mehrfach tauscht Darwin den Anblick der malerisch weiß getünchten Häuser Valparaísos mit den dahinter erhaben aufragenden Anden gegen den der öden, trostlosen Insel Chiloé und des Chonos-Archipels ein. Wenn es dort gerade einmal nicht regnet, geht er an Land, durchstreift die sumpfigen, regennassen Wälder dieser Inselwelt und macht schier endlose Notizen zur Geologie der Region, die ihn fasziniert. Vor allem die Vulkane haben es ihm angetan: etwa der Corcovado und der ständig Rauchwolken ausstoßende Osorno, auf dem Festland gegenüber Chiloés; aber auch der Aconcagua und der Coseguina viele Hundert Kilometer weiter nördlich. Als gleich mehrere dieser Feuerberge eines Tages wie von geheimen Mächten synchronisiert tätig werden, bekommt Darwin einen bleibenden Eindruck von den gewaltigen Kräften im Inneren der Erde. Es sind vor allem geologische Studien, die diese Wochen und Monate an der Westküste Südamerikas einnehmen.

Seinen Geologenhammer benutzt er freilich auch noch, um zahllose zahme Vögel zu erlegen; und ohne Pulver zu verschwenden, erbeutet er auf Chiloé damit sogar einen der seltenen Füchse: Darwin berichtet von einem *Canis fulvipes* (heute *Pseudalopex fulvipes*), »der neugieriger oder wissenschaftlicher als die meisten seiner Brüder«, derart von dem in Anspruch genommen war, was die Offiziere der *Beagle* am steinigen Strand trieben, »dass ich ruhig hinter ihn kommen konnte und ihm mit meinem geologischen Hammer auf den Kopf schlug«. Seit der *Beagle*-Reise steht dieser Fuchs ausgestopft im Museum der Zoologischen Gesellschaft in London.

Waren es während der Reise der *Beagle* entlang der Ostküste Südamerikas vor allem zoologische Studien, so widmet sich Charles Darwin jetzt an der Westseite fast ausschließlich der Geologie. Wieder haben Historiker nachgerechnet und finden in seinen Notizbüchern elfmal mehr Einträge über Gesteine und ihre Schichtung als Bemerkungen über Fauna und Flora.

Darwin beschäftigt offenbar die Frage, warum es einem Gott wohl gefallen haben könnte, in Chile hohe Berge zu schaffen, er sich in Patagonien aber nicht einmal einen Hügel erlaubt. Während FitzRoys Mannschaft die Küsten Chiles und später Perus vermisst, hat Darwin allerorts Gelegenheit, Gesteinsproben zu nehmen und Aufzeichnungen zu machen. Mit einigen Guasos – den chilenischen Gauchos – bricht er auch hier zu teilweise ausgedehnten Expeditionen ins Inland Südamerikas auf. Mitte März 1835 macht er sich von Valparaíso aus auf, die Anden zu überqueren. Vorbei an Santiago (der heutigen Hauptstadt Chiles) führt ihn der Weg auf Lastmaultieren immer höher hinauf in die imposante Bergwelt der Kordilleren. Nach Tagen des Aufstiegs leidet auch er an der »puna« – durch die dünner werdende Höhenluft bewirkte Kurzatmigkeit; auch die Lasttiere müssen jetzt alle 50 Meter verschnaufen und für Darwin wird das Luftholen immer mühsamer.

Dann raubt ihm noch etwas ganz anderes den Atem. Hier, kurz unterhalb der höchsten Gipfel der Anden, entdeckt er völlig unerwartet fossile Meeresmuscheln im Gestein; sogar ihre Farbe haben einige der Schalen behalten. Kein Zweifel: Sie müssen einst auf oder im Meeresboden gelebt haben, um dann durch gewaltige Erdkräfte weit empor in ihre jetzige Lage im Gebirge oberhalb von 3000 Metern gehoben worden zu sein. Welch gewaltige Kräfte, die dies zustande bringen! Darwin ist inzwischen klar, dass er einer Lösung dieses Rätsels nahe ist. Auf dem Kamm der Cordillera angekommen, rastet er und notiert: »Es war, als höre man mit voller Orchesterbegleitung einen Chor aus dem ›Messias‹«. Es war ein langer Aufstieg, der ihn dort hinaufbrachte; und auch auf seiner Reise zur Erkenntnis ist er wieder einen entscheidenden Schritt weiter.

Über den Portillo-Pass gelangt Darwin auf die andere Seite der Anden; vor ihnen liegt das menschenleere, trockene

Hochland um Mendoza (das bereits zu Argentinien gehört), dahinter geht es ostwärts hinab zu den weiten Ebenen Patagoniens, von wo aus er zum ersten Mal die Anden erblickte. Eines Nachts in einem elenden Gebirgsdorf macht Darwin unliebsame Bekanntschaft mit einem zoologischen Phänomen der besonderen Art. Weiche, wurmartige Insekten kriechen im Schlaf überall auf seinem Körper. Es sind »chinches« – oder Vinchucas, wie sie heute heißen; mit knapp drei Zentimetern sind diese flügellosen, schwarzen Pampasraubwanzen riesig – und sie sind hungrig. Erst dünn und flach, saugen sie Darwins Blut, bis sie nach zehn Minuten kugelförmig aufgedunsen sind. Das reicht ihnen für mehr als vier Monate zum Leben. Diese »Benchuca bedbugs« könnten Darwin mit einer lebenslangen Tropenkrankheit infiziert haben. Denn *Triatoma infestans*, so ihr zoologischer Name, überträgt *Trypanosoma cruzi* – den Erreger der bis heute gefürchteten Chagas-Krankheit. Über den Uspallata-Pass kehrt er Mitte April 1835 wieder zur Küste zurück; bereits in Santiago erkrankt er. Auch später im Jahr fesselt ihn ein eigenartiges Unwohlsein mit Fieber für sechs Wochen ans Haus in Valparaíso. Man vermutet, dass er an Typhus erkrankt sein könnte. Doch wie die meisten seiner Krankheiten soll auch diese rätselhaft bleiben.

Von der Andenüberquerung bringt Darwin auch noch einen anderen Befund mit, diesmal zoologischer Natur. Ihm fällt die eigenartige geografische Trennung der gesamten Tierwelt Südamerikas auf. Selbst wenn er Arten aus ganz ähnlichen Lebensräumen vergleicht, die unter dem gleichen Klimaeinfluss leben, kommen sie nicht beidseits der Anden vor. Er denkt dabei etwa an jene Mäuse, von denen er 13 Arten auf der Atlantik- und fünf auf der Pazifikseite gesammelt hat, und von denen keine identisch ist. Das soll heißen: Keine einzige Art lebt in beiden Regionen. Wo waren hier, diesseits der Anden, die Agutis und Armadillos oder die Nandus, die

Die H.M.S. Beagle im Feuerlandarchipel,
Aquarell von Conrad Martens 1831

er jenseits der Anden erlebt hat? Wie sehr sich die Arten doch zu beiden Seiten der Anden unterscheiden! Noch beruhigt er sich selbst und notiert: »Die gesamte Argumentation basiert natürlich auf der Annahme der Unveränderlichkeit der Arten, ansonsten könnte man den Unterschied bei den Arten in den beiden Gebieten als im Laufe einer gewissen Zeit dazugekommen ansehen«. Ganz sicher ist er sich also nicht; an seinen Vater schreibt er in einem Brief ahnungsvoll, dass seine Funde in Südamerika »die Theorie von der Entstehung der Welt« verändern könnten.

Noch ähnlich sind für ihn die geologischen Phänomene. Seitenlang verzeichnet Darwin Beschreibungen der verschiedenen Erdformationen entlang der Kordilleren. Nach der Lektüre aller drei Bände von Lyells Prinzipien der Geologie begreift Darwin hier in Südamerika, mit den Anden vor Augen, die Erdgeschichte als Geschehen; von der Stimmigkeit des Aktualismus ist er hier längst überzeugt. Aus seinen Beobachtungen zum Vulkanismus und zu den unterirdischen

CHARLES DARWIN

Hebungskräften wird Darwin – als einer der ersten Geologen – auf höchst einsichtsvolle Weise ableiten, dass beide Erscheinungen ursächlich zusammenhängen. Noch so ein genialer Streich Darwins! Denn erst mit der Theorie der Plattentektonik wird dies mehr als ein Jahrhundert später allgemeine Lehrbuchweisheit werden. Seit wir von Kontinentaldrift und Plattentektonik wissen, ist uns die Vorstellung einer Art seismischer Knautschzone selbstverständlich; zu Darwins Zeiten indes war eine These, die buchstäblich ganze Gebirge versetzt, ein unerhörter Gedanke.

Nach seiner Rückkehr leitet Darwin in einer 1840 bei der Geologischen Gesellschaft in London erscheinenden Arbeit die allgemeinen Prinzipien der Gebirgsbildung am Beispiel der Anden ab. Die Küstenkette dieses Hochgebirges sei durch zahlreiche Hebungen im Laufe langer Zeiträume aus dem Meer aufgefaltet worden, behauptet er. Ein Granitkern sei schubweise entlang der Nord-Süd verlaufenden Kette der Kordilleren emporgehievt worden und hätte die darüberliegenden marinen Sedimente aus Sandstein (mit den Muscheln darin) verschoben, gar umgestürzt, die anschließend erodierten. In derselben Arbeit wird er geradezu poetisch, was sich im englischen Original so liest: »We shall be deeply impressed with the grandeur of the one motive power, which, causing the elevation of the continent, has produced, as secondary effect, mountain-chains and volcanos«. In seiner Sprache liegt noch die tief empfundene Bewunderung der Natur in der Tradition des Reverends Paley. In seinem Denken ist Darwin inzwischen sogar Lyell einen Schritt vorausgeeilt: Auf einen Schöpfer solch irdischer Erscheinungen wie Vulkane und Gebirge kann er hier bereits verzichten.

Das große Beben in Valdivia und Concepción, Chile; Januar–März 1835: Anfang Januar 1835 läuft die *Beagle* in den Hafen von

Valdivia an der chilenischen Küste ein, damals ein kleiner Ort, knapp 700 Kilometer südlich von Valparaíso. Gegen Mittag des 20. Januar 1835 erleben Charles Darwin und sein Gehilfe Syms Covington (eines der wenigen Male, dass Darwin ihn erwähnt!), wie sich seine neue »Theorie der Erde« anfühlt, die er da ausbrütet. Als sie in einem lichten Küstenwald rasten, erschüttert ein schweres Erdbeben die Region. Die Erde beginnt zu grollen, Bäume wanken; als Darwin erschrocken vom Boden aufspringt, wird ihm schwindelig. Das Beben dauert nur zwei Minuten, doch es erscheint Darwin ungleich länger; und er begreift unmittelbar, wie trügerisch die menschliche Vorstellung von festem Boden ist. »Die Erde, der Inbegriff von Festigkeit schlechthin, hat sich unter unseren Füßen bewegt wie eine dünne Kruste auf einer Flüssigkeit – in einer einzigen Sekunde hat dies im Geiste einen seltsamen Begriff von Unsicherheit geschaffen, wie ihn stundenlanges Nachdenken nicht erzeugt hätte«.

Valdivia mit seinen hölzernen Gebäuden bleibt weitgehend unversehrt. Doch als die *Beagle* nordwärts segelt, bietet sich der Besatzung am 4. März 1835 in Concepción ein wahrlich erschütterndes Bild. Das Erdbeben und die anschließenden Verwüstungen durch eine riesige Flutwelle haben die Stadt in Trümmer gelegt, den Hafen zerstört und ganze Küstenstriche verwüstet, inklusive 70 Dörfer samt ihrer Bewohner. Überall klaffen tiefe, meterbreite Risse im Boden, gigantische Felsbruchstücke liegen am Strand, die Schichtungen der Hügel sind wie nach einer Explosion zerfurcht, notiert Darwin. Er und FitzRoy schildern die Auswirkungen in ihren Berichten britisch nüchtern und doch voller Teilnahme, sie liefern erstmals eine eindrückliche Beschreibung dessen, was man in Japan als »Tsunami« bezeichnet. Heute sind uns solche Seebeben ebenso ein Begriff, wie wir wissen, dass Erd- und Seebeben entlang von Kontinentalplatten zu den aktiven tektonischen

Erscheinungen in dieser Region gehören. Doch 1835 sind es die ersten detaillierten Beobachtungen, die durch die Mannschaft der *Beagle* und anderer Schiffe nach England gelangen. Darin finden auch jene stinkend vor sich hinrottenden Miesmuschelbänke in der Bucht von Concepción ihre Erwähnung. Während des Bebens haben sich Teile des Meeresbodens um mehrere Meter gehoben, sodass die auf einer Untiefe siedelnden Miesmuscheln nun weit über den Hochwasserstand hinausragen. »Die merkwürdige Wirkung dieses Erdbebens war die bleibende Erhebung des Landes; wahrscheinlich würde es viel richtiger sein, hiervon als von der eigentlichen Ursache zu sprechen«. Das starke Beben von Concepción hat viel zerstört; aber es hat Darwins aktualistische Ansichten zur Geologie der Anden – und anderswo – bestärkt.

Nachdem die *Beagle* im August 1835 die Vermessungsarbeiten entlang der Westküste Südamerikas beendet hat, löst sich die Expedition Anfang September vom Kontinent und segelt Richtung Westen. Endlich, die *Beagle* ist auf dem Heimweg! Darwin muss sich längst nach der Rückkehr gesehnt haben. Bereits aus Valparaíso schreibt er: »Ich beginne schon Pläne zu schmieden, mit welcher Postkutsche ich am schnellsten Shrewsbury werde erreichen können. Die Reise dauert unheimlich lang; wir werden einander kaum wiedererkennen«. Obgleich ihn Briefe aus England oft erst mit dreimonatiger Verspätung erreichen, nimmt er regen Anteil am Familienleben seiner Schwestern und seines Vaters. Seine Gedanken verweilen häufiger als früher zu Hause, aber auch bei besonders faszinierenden Geschöpfen vor Ort.

In den peruanischen Städten beobachtet Darwin aufmerksam die dort heimischen Frauen, für die etwa Lima, so meint er, ebenso bekannt ist wie für Zimtäpfel. »Meiner Ansicht nach sind die einen so schön, wie die anderen gut schmecken«, schwärmt er in einem Brief an seine Schwestern und schildert ihnen diese beinahe so wie er sonst nur Mantel- und Moostierchen in seinen zoologischen Notizen beschreibt. »Das elastische Kleid schmiegt sich eng an die Figur und zwingt die Damen, kleine Schritte zu machen, was sie sehr elegant tun, und dabei kommen sehr weiße Seidenstrümpfe und sehr hübsche Füße zum Vorschein«, berichtet Darwin, ganz der kundige Naturforscher. »Sie tragen einen schwarzen Seidenschleier, der hinter der Taille befestigt ist und der über den Kopf gezogen und mit den Händen vor dem Gesicht festgehalten wird, wobei nur ein Auge unbedeckt bleibt. Aber dieses eine Auge ist so schwarz und glänzend und hat solche Fähigkeiten der Bewegung und des Ausdrucks, dass es eine sehr mächtige Wirkung ausübt. Überhaupt machen diese Damen einen so verzauberten Eindruck, dass ich zuerst das Gefühl hatte, von einer Anzahl hübscher, rundlicher Seejungfrauen oder anderer derart schöner Tiere umringt zu sein«. Von seiner Bewunderung für die Frauen von Buenos Aires abgesehen, von denen er seinen Schwestern früher berichtete, ist diese aus seinen Briefen jetzt erkennbare »mächtige Wirkung« des weiblichen Geschlechts auf den seit nun fast vier Jahren reisenden Darwin eher ungewöhnlich. Offenbar wird es auch für ihn Zeit, zurückzukehren.

Es waren die Drosseln und nicht die Finken. Die Legende von Darwins Verwandlung, Galápagosinseln; September–Oktober 1835: Nach knapp einwöchiger Passage vom Kontinent hinaus auf den Pazifik erreicht die *Beagle* die »Islas Encantadas« – die verzauberten Inseln, wie der direkt auf dem Äquator gelegene Archipel damals genannt wird. Bekannt sind sie indes als Galápagosinseln – Inseln der Schildkröten, wie der Flame Abraham Ortelius sie erstmals im Jahre 1574 auf seinen Karten verzeichnete. Rund 1000 Kilometer vor der Küste Südamerikas weitab im Ozean gelegen, dienten die insgesamt 32

Inseln – davon 13 relativ große und sechs kleinere Inseln, umgeben noch von einem Dutzend winziger Felsflecken – lange Zeit als Unterschlupf für Seeräuber. Später werden sie der Stützpunkt für Walfänger, die sich auf den Inseln verproviantieren. Nur die Insel Charles ist besiedelt (die Inseln haben heute alle spanische Namen – Charles heißt heute Floreana –, aber wir bleiben bei denen, die Darwin verwendet); keine 200 Menschen, meistens Strafgefangene, leben zu Darwins Zeiten dort. Kaum einer beachtet die Tiere und Pflanzen der Galápagosinseln, es sei denn als willkommenes Frischfleisch. Wie jene Riesenschildkröten, deren Panzer bis zu anderthalb Meter misst, und die mit einem Lebendgewicht von mehr als 500 Pfund den Seeleuten wie die Erfindung der Konservendose durch die Natur vorgekommen sein müssen. Hunderttausende dieser riesigen Reptilien werden auf die Schiffe geschleppt, die Galápagos regelmäßig anlaufen; tonnenweise landen sie in den Frachträumen. »Das merkwürdigste an diesen Tieren ist, dass sie so lange ohne Nahrung leben können«, berichtete einer der frühen Seefahrer. »Mir ist glaubwürdig versichert worden, dass man sie zwischen Fässern im Schiffsraum verstaut hat, wo sie anderthalb Jahre gelegen haben, ohne dass sie an Geschmack eingebüßt hatten«. Später wird die Auswertung der Logbücher von amerikanischen Walfängern ergeben, dass allein in den Jahren 1811 bis 1844 rund 15 000 dieser zählebigen Schildkröten auf Schiffe verfrachtet wurden. Ein Jahrhundert nach Darwins Besuch sind die Giganten auf einigen der Inseln verschwunden und auf anderen in Gefahr, ausgerottet zu werden.

Als Darwin am 16. September 1835 auf den Inseln an Land geht, findet er sich keinesfalls in einem Garten Eden wieder. Für Darwin sind die Galápagosinseln anfangs eher eine Enttäuschung. »Nichts kann weniger einladend sein als dieser erste Anblick«, lamentiert er in seinem Reisetagebuch. »Überall ist schwarze Lava, völlig überwachsen von blattlosem Gestrüpp und niedrigen Bäumchen. Die porösen Lavateile sind rötlich wie ausgebrannte Kohle, die Bäume sehen fast leblos aus. Auf die schwarzen Felsen fallen die Strahlen der Sonne fast senkrecht und erhitzen sie wie einen Ofen, der eine stumpfe und schwüle Luft um sich herum verbreitet. So wie dieses Land könnte man sich den kultivierteren Teil der Hölle ausmalen.« Bald aber ist Darwin von der bizarren Natur der Inseln beeindruckt. Vieles fasziniert ihn, zuerst natürlich wieder die Geologie und insbesondere die Vulkane. Dann fällt ihm auch die relative Artenarmut an Land auf, während es im Meer an Leben nur so wimmelt. Da spielen Pelzrobben und Pinguine im Wasser, die mit einer kalten, aber nahrungsreichen Meeresströmung aus dem antarktischen Süden heraufgekommen sind. Dagegen sieht er an Land Palmen und tropische Vögel, die ihn an Südamerika erinnern. Darwin ist verwirrt. Auf Chatham (heute San Cristóbal), der Insel ganz im Osten des Archipels, machen ihn neugierige Spottdrosseln das erste Mal auf sich aufmerksam, indem sie an seinen Schuhen picken; ganz ähnliche Drosseln kennt er aus Südamerika. Welche geografischen Beziehungen haben denn nun diese abgelegenen Inseln, fragt er sich immer wieder.

Kein Zweifel, antwortet der Geologe in ihm: Die Inseln sind vulkanischen Ursprungs und hier fernab vom Kontinent entstanden. Doch sehr alt können die Vulkane nicht sein; und so fühlt sich Darwin nach eigenem Bekunden dem ersten Erscheinen neuer Lebewesen auf der Erde recht nahe. Nur wenige Bäume, eigenartig von Lianen wie mit Lametta behangen, und Kakteen fallen ihm beim Landgang auf. Etwas anderes freilich fasziniert ihn ebenso wie den Rest der Besatzung der *Beagle*. So wie die Spottdrosseln sind auch die meisten anderen Tiere auf Galápagos ohne Scheu. Da sie keine Feinde kennen, sind insbesondere die Vögel derart arglos, dass die Männer einmal einen Vogel sogar mit ihrer Mütze fangen können. Darwin gelingt es, einen Bussard mit dem Gewehrlauf vom Ast zu schubsen und beinahe einen anderen mit bloßen Händen an den Beinen zu packen. Auch die Landleguane weichen den Männern nur zögernd aus. »Teufel der Finsternis« nennen die Matrosen der *Beagle* diese Drusenköpfe. Mit ihrer gelben und roten Färbung sehen sie »abscheulich« aus, urteilt Darwin, kaum weniger abstoßend hässlich wie die seltsamen Meeresechsen, die unter Wasser Algen abfressen.

Darwins Besuch auf Galápagos dauert nur kurz, zu kurz: nicht mehr als 35 Tage für einen der – wenigstens in der Rückschau – wohl wichtigsten Aufenthalte seiner Fahrt mit der *Beagle*. An gerade einmal 19 Tagen davon geht unser Naturforscher an Land, ansonsten segelt er an Bord der *Beagle* zwischen den Inseln hindurch. Vier von ihnen wird er besuchen, einige andere nur in der Ferne vorüberziehen sehen. Und so wundert es vielleicht nicht, dass er erst lange nach der Rückkehr in England aufschreiben wird, was das Besondere an den Galápagosinseln ist: »Die meisten organischen Erzeugnisse sind einheimische Schöpfungen, die sich an keinem anderen Ort finden. Es besteht sogar eine Verschiedenheit zwischen Einwohnern der verschiedenen Inseln. Doch zeigen alle eine ausgesprochene Verwandtschaft mit denen von Amerika, obgleich sie von dem Festland durch ein Stück offenes Meer von 500 bis 600 Meilen Breite getrennt sind. Der Archipel ist eine kleine Welt für sich, oder vielmehr ein dem Kontinent von Amerika angehängter Satellit; von dort hat er einige verstreute Ansiedler herbezogen und den allgemeinen Charakter seiner eingeborenen Erzeugnisse erhalten. … Wenn man sieht, dass jede Höhe von einem Krater gekrönt wird und die Grenzen der meisten Lavaströme noch ganz deutlich sind, so werden wir zu der Annahme geführt, dass sich hier noch in einer geologisch genommen jungen Periode der Ozean ununterbrochen ausbreitete. Wir scheinen daher sowohl im Raum als auch in der Zeit der großen Tatsache, jenem Geheimnis aller Geheimnisse, nämlich dem ersten Erscheinen neuer Lebewesen auf der Erde näher gebracht zu werden«.

Just hier knüpft lange Zeit später die Legende um Galápagos an, die dem sich als genial erweisenden Darwin angedichtet wird. Hier sehen wir den jungen Naturforscher der *Beagle*, wie er angesichts der an Eigenarten reichen Tierwelt der Inseln plötzlich die Zwänge eines biblischen Schöpfungsglaubens abschüttelt. Heureka, schallt es durch dieses Laboratorium der Natur, in dem Darwin erstmals die Evolution in Aktion sieht. So zumindest verklärt die lange gängige Legende zahlloser Lehr- und Schulbücher, Berichte, Filme und Vorträge die Bedeutung von Galápagos für Darwin. Hier hätten ihm die Finken und andere Vögel erstmals vor Augen geführt, wie sich Arten verändern, wie sie sich an ihre Umwelt anpassen und dass dadurch immer wieder neue Formen entstehen. Beim Gang über die Galápagosinseln und gleichsam im Alleingang entdeckt dieser Darwin der Legende die Abstammungstheorie.

Zwar sollte Darwin dank seiner Funde auf Galápagos dem Geheimnis der Evolution tatsächlich einen bedeutenden Schritt näher kommen. Allerdings hat der Mythos seines Heureka-Moments auf Galápagos einen kleinen Schönheitsfehler – er entbehrt beinahe jeder historischen Grundlage. Die Legende ähnelt damit derer vom Ei des Columbus, vom Apfel Newtons und von Galileis Fallversuchen auf dem schiefen Turm von Pisa. Zweifelsohne entsprechen diese mythisch-magischen Momente unserer heroisch-romantischen Vorstellung, wie sich wissenschaftliche Entdeckungen ereignen. Doch die Geschichte stimmt schlichtweg nicht. Zum einen hatte Darwin auf Galápagos, nach allem was wir wissen, keine derartige Eingebung, zum anderen entwickelte er nachweislich auf Galápagos noch gar keine Theorie. Diese entsteht erst lange Monate und Jahre nach seiner Rückkehr. Darwin erwähnt die Galápagosinseln selbst in seinem Hauptwerk »*Über die Entstehung der Arten*« gerade einmal sechs Mal, und die nach ihm benannten Finken, zu denen wir gleich noch kommen, tauchen darin gar nicht auf.

Einige Historiker gehen so weit zu behaupten, dass Darwin vor Ort auf Galápagos nicht verstand, was er sah. Wir wollen dem hier kurz nachgehen, denn Legenden wie die der Finken Darwins verklären, was sie erklären sollen. Sie verstellen den Blick für die Frage, wie wissenschaftliche Entdeckungen eigentlich zustande kommen. Warum sollte Darwin ausgerechnet auf Galápagos zur plötzlichen Erkenntnis kommen?

Beginnen wir mit den Riesenschildkröten: Von diesen, die sechs Männer kaum tragen können, sammelt Darwin erstaunlicherweise ebenso wenig ein Exemplar für seine Sammlung wie von den Leguanen. Statt dessen reitet er zum Spaß bei einer auf dem Rücken; der Spaß dürfte einseitig gewesen sein. Die Tiere sind nicht nur riesig, sondern offenbar auch geduldig – und sie werden alt (eines der Tiere trug im Panzer eingeritzt die Jahreszahl 1786). Wie aber sind sie auf diese abgelegenen Inseln gekommen? Darwin glaubt anfangs, sie seien vielleicht von Piraten aus dem Indischen Ozean hergeschafft worden, wo man solche Giganten von den Mascarenen-Inseln ebenfalls kennt; bei ihm heißen sie daher noch *Testudo indicus*. Doch hier irrte er, wie wir heute wissen. Herpetologen, die sich mit Reptilien beschäftigen, führen sie neuerdings als eigene Art *Geochelone nigra* (früher auch als *Geochelone elephantopus*).

Auf der James-Insel (heute Santiago), einer Insel mit üppiger Vegetation, begegnet Darwin im September 1835 den

Schildkröten zum ersten Mal. Sie haben auf ihrem Weg zu einer Wasserquelle regelrechte Trampelpfade angelegt. »Es war ein merkwürdiges Schauspiel in der Nähe der Quellen viele dieser kolossalen Geschöpfe zu beobachten, wie die einen gierig, mit vorgestreckten Hälsen vorwärts marschierten, während die anderen, nachdem sie sich voll getrunken hatten, wieder zurückkehrten«. Dann berichtet er in seinem Reisejournal von einer merkwürdigen Eigentümlichkeit der Naturgeschichte des Archipels. »Ich wurde auf diese Tatsache zuerst von Vizegouverneur Mister Lawson hingewiesen, der erklärte, dass die Schildkröten der Inseln voneinander verschieden seien und dass er mit Sicherheit sagen könne, von welcher Insel eine Schildkröte stamme«. Doch statt die Rückenpanzer der Riesenschildkröten von Galápagos daraufhin näher zu untersuchen, berichtet Darwin nur, dass sie tatsächlich bei einigen vorn wie ein spanischer Sattel aufwärts gebogen, bei anderen Tieren dagegen runder und dunkler seien. Letztere, so versäumt Darwin nicht anzumerken, sollen angeblich auch besser schmecken.

Tatsächlich landen insgesamt 48 Riesenschildkröten erst im Laderaum der *Beagle* und anschließend im Kochtopf. Eine Ausnahme machen nur zwei kleinere Tiere, die Charles Darwin und sein Gehilfe für eine Weile als eine Art Schiffsmaskottchen halten, sowie zwei weitere, die Robert FitzRoy von der Fahrt mit zurückbringt (allesamt noch zu jung, um daran später Unterschiede im Panzer zu erkennen). Wo hatte Darwin da nur seine Gedanken? Offenbar wurden ihre Panzer irgendwo im Pazifik zwischen Galápagos und Tahiti achtlos über Bord geworfen; heute findet sich daher nicht ein einziges Exemplar dieser Tiere, das nachweislich von ihm gesammelt wurde, in einem Naturkundemuseum. Statt sie als wichtige naturkundliche Zeugnisse aufzubewahren, isst Darwin sie auf. Eine glückliche Fügung wie etwa beim Darwin-Nandu wiederholt sich auf Galápagos nicht; bei den Riesenschildkröten kapituliert Darwins Instinkt vor dem kulinarischen Genuss. »Kein Tier kann eine gesündere, schmackhaftere und zartere Speise abgeben«, hatte bereits ein seefahrender Landsmann lange vor dem Besuch der *Beagle* geschwärmt. »Die schönste grüne Seeschildkröte nimmt sich gegen sie aus wie Rindfleisch gegenüber dem feinsten Kalbfleisch. Und wer erst einmal die Galápagos-Riesenschildkröte gekostet hat, dem schmeckt jede andere tierische Nahrung lange nicht mehr so gut«.

Mit lästigen Details, etwa von welcher Insel des Archipels die eine oder andere Schildkröte nun genau stammt, hat sich weder Darwin noch einer der anderen an Bord der *Beagle* beschäftigt. Sie alle schenken dem Vizegouverneur Nicholas Lawson keinen Glauben. Heute zählen Herpetologen alle *Geochelone nigra* von Galápagos zu einer einzigen Art; ihre insgesamt elf noch lebenden und vier ausgestorbenen Unterarten freilich sind allein am Panzer selbst für geübte Forscher beinahe unmöglich auseinanderzuhalten. Und doch war Darwin gewarnt, dass offenbar die einzelnen Inseln des Archipels von recht unterschiedlichen Tierarten bevölkert werden. Allerdings sollte ihm die Bedeutung dessen erst allmählich klar werden; und ihm erst vollends aufgehen, nachdem die *Beagle* Galápagos bereits wieder verlassen hat. In seiner Autobiografie wird er später schreiben, dass es ihn erstaunt habe, »wie typisch südamerikanisch die Tierwelt fast aller Galápagosinseln ist und wie insbesondere die Tierarten auf jeder Insel der Gruppe sich doch leicht voneinander unterscheiden«. Weil zu dieser Zeit niemand wirklich damit rechnet, dass es viele voneinander verschiedene Formen unabhängig voneinander auf diese Inseln geschafft haben, entgeht auch Darwin bei seinem Besuch der faszinierende Unterarten- und Artenreichtum des Archipels.

Was uns zu den Finken von Galápagos bringt, die Darwin im Herbst 1835 dort erstmals sammelt. Streng genommen sind die Darwin-Finken in systematischer Hinsicht gar keine Finken; vielmehr sind sie mit neuweltlichen Ammern verwandt. Weil sie nirgendwo sonst vorkommen und etwas ganz Eigenes sind, gaben Vogelsystematiker ihnen auch einen eigenen Namen: *Geospizinae*. Zunächst sieht Darwin in diesen Ammerfinken (die erst sehr viel später nach ihm genannt werden sollen) wenig Besonderes, außer dass es eben bislang unbekannte, exotische Singvögel auf einer weit abgelegenen Inselgruppe sind. Weil er Lawsons Hinweis nicht rechtzeitig genug gebührende Beachtung schenkt, bringt er seine Sammlungen der Ammerfinken von den einzelnen Inseln durcheinander, wie er in seinem Reisebericht später freimütig eingesteht.

Und dennoch wird bis heute wohl keine andere Episode der *Beagle*-Reise derart verklärt und oft falsch dargestellt – eben als das große Ereignis in der Entwicklung des Evolutionsdenkens – wie Darwins Beobachtungen der Finken von Galápagos. Kein Zweifel: Darwin hat selbst seinen Teil dazu beigetragen, als er im 1839 veröffentlichten Reisebericht zu den Finken schreibt: »Das Merkwürdigste aber ist die vollkommene Abstufung der Schnabelgröße bei den verschiedenen Arten der *Geospiza* von einem, der groß ist wie der des Kernbeißers, bis zu dem des Buchfinken, und selbst dem der Grasmücke«. Die Schnäbel hat er anfangs aber gar nicht beachtet. Dank minutiöser Recherchen von Wissenschaftshistorikern wissen wir mittlerweile, dass Darwin seine ersten Notizen zu den Vögeln von Galápagos erst geschlagene acht Monate später niederschrieb – da ist er bereits auf der Rückfahrt um das Kap der Guten Hoffnung. Und seine Einsichten just zu den Finken und ihren verschiedenen Schnäbeln, bringt er erst Monate nach der Rückkehr in London zu Papier. Schließlich fügt er sogar erst in der 1845 erscheinenden zweiten Auflage seines Reisejournals einen berühmten und seitdem gern zitierten Nachsatz ein: »Wenn man die Abstufung und Verschiedenartigkeit der Struktur in einer kleinen, untereinander nahe verwandten Gruppe von Vögeln sieht, so kann man sich wirklich vorstellen, dass ausgehend von einer anfänglichen Armut an Vögeln auf diesem Archipel, eine Spezies hergenommen und zu verschiedenen Zwecken modifiziert wurde.« Zu diesem Zeitpunkt, 1845, ist ihm die Idee von der Veränderlichkeit der Arten längst gekommen; nur war es eben nicht auf den Galápagosinseln. Vielmehr reift die Idee erst nach intensivem Nachdenken in England und in der Erinnerung an die vielen Eindrücke seiner Reise.

So sehr Darwins Besuch auf Galápagos inzwischen Legende geworden ist, so wenig spielen für seine spätere Einsicht jene insgesamt 32 Finken eine Rolle, die er selbst dort sammelt und nach England zurückbringt. Tatsächlich verpasst Darwin bei den *Geospizinae* eine seiner besten Gelegenheiten, Evolution in Aktion und vor Ort mit eigenen Augen zu sehen. Zunächst einmal: Er sammelt auf den Inseln nur recht wenige Tiere von den insgesamt 13 Finkenarten (von denen wir heute wissen, dass sie auf Galápagos leben), und auch nicht alle heute bekannten Arten. Von der größten Insel Albemarle (heute Isabella), wo Darwin sie nachweislich an einer Wasserquelle in Scharen beobachtete, bringt er nicht ein einziges Exemplar mit. Vor allem aber bemerkt Darwin anfangs gar nicht das, was das Auffälligste an jenen Finken ist: ihre unterschiedlichen Schnäbel. Wie andere Vogelforscher damals orientiert auch Darwin sich am Schnabelbau, um die Arten zu bestimmen. Unter den in Sachen Schnabel stark verschiedenen Arten des Archipels meint er anfangs Vertreter von Finken, Stärlingen, Ammern oder Grasmücken zu entdecken. Andererseits sind diese komischen Vögel in ihrem Gefieder wieder recht schmucklos braun, grau bis schwarz – und damit mehr oder weniger gleich; allein Männchen und Weibchen unterscheiden sich deutlicher im Gefieder. Darwin ist erneut verwirrt. Dass es sich jeweils um getrennte Arten handelt, die überdies mit ihren Schnäbeln ganz unterschiedliche Nahrung bevorzugen – die mit breiten Schnäbeln eher Pflanzensamen, die mit spitzen Schnäbeln eher Insekten – sieht er nicht sofort. Das aber ist der Clou dieser Finken!

Noch ein Missgeschick unterläuft ihm. Er etikettiert seine Finken höchst nachlässig und eher typisch für Geologen, die stets nur Sammlungsnummern auf einen einfachen Papierfetzen schreiben und am Naturobjekt befestigen, während alle übrigen Daten in ein Notizbuch geschrieben werden. Zoologen dagegen verzeichnen üblicherweise den genauen Fundort und andere Angaben direkt auf dem Etikett, das stets am Vogel bleibt. Darwins Zettel haben nur mit Bleistift oder Tinte notierte Nummern. Weil er sich auf die recht ähnlich aussehenden Finken keinen rechten Reim machen kann (sie einerseits gar nicht für näher miteinander verwandt, andererseits aber einige lediglich für Varietäten hält), schenkt er seinen Aufsammlungen keine besondere Aufmerksamkeit. Warum, in Gottes Namen, sollte auch irgendjemand damit rechnen, dass auf den in enger Nachbarschaft liegenden Inseln verschiedenartige Vögel nebeneinander leben? In seinem Reisebericht bekennt Darwin später: »Es wäre mir doch nie in den Sinn gekommen, dass ungefähr 50 oder 60 Meilen voneinander entfernt liegende Inseln, die meisten in Sichtweite voneinander, aus genau denselben Gesteinen aufgebaut und einem ganz ähnlichen Klima ausgesetzt, verschiedene Bewohner aufweisen würden«.

So ist es die besondere Ironie der Darwin-Finken-Episode, dass es eben nicht der Naturforscher Darwin ist, der den

Vögeln jene Sorgfalt widmet, die sie verdient hätten, sondern seine Schiffskameraden Robert FitzRoy und Syms Covington, die ihrerseits Finken schießen und deren Fundorte auf den einzelnen Inseln akkurat auf Etiketten vermerken. Später sollen Darwins Finken in den Museumssammlungen Englands zudem durch die Hände vieler Kuratoren gehen; und die stiften zusätzlich Verwirrung, weil sie die alten Nummernzettel Darwins wegwerfen (eine Todsünde kuratorischer Praxis) und neue Etiketten schreiben, auf denen sie nachträglich weitere Informationen – ungeprüft und deshalb teilweise unkorrekt – vermerken. Es sind diese Kuratoren, die Darwins Vogelsammlung, vor allem seine Finken von Galápagos, in einen taxonomischen Albtraum verwandeln, der Vogelforscher bis in unsere Zeit nicht ruhig schlafen lässt.

Vermutlich ahnt Darwin bald, wie unzureichend sein Material der Finkenvögel ist. Und deshalb dürfte er sie in seinem Reisejournal eher am Rande behandelt haben (1839 sind es gerade drei Stellen mit zusammen 27 Zeilen). In seinem wichtigsten Werk »*Über die Entstehung der Arten*« kommt er dann sogar ohne sie aus. Darwin, so dürfen wir vermuten, war zu diesem Zeitpunkt bereits hellsichtiger Naturforscher genug, um zu erkennen, dass die Frage der Finken auf den Galápagosinseln höchst komplex ist. Heute legen die Forschungen der Historiker den Schluss nahe, dass es genau anders herum war, als bislang die Legende glauben macht: Nicht die Finken haben Darwin auf die Idee mit der Evolution gebracht; vielmehr waren es seine evolutionären Ansichten, die ihm nach seiner Rückkehr zeigen, wie weitreichend das Finkenproblem auf Galápagos tatsächlich ist. Erst ein volles Jahrhundert nach ihm beginnen Evolutionsbiologen das Rätsel der Finken zu lösen; erst nach Jahrzehnte langen intensiven Studien vor Ort erkennen sie, welche Bedeutung gerade die von Darwin anfangs vernachlässigten Schnäbel haben.

Großer Grundfink (Geospiza magnirostris), Zeichnung von John Gould

Ganz ohne Folgen freilich bleibt der Besuch auf Galápagos auch für Darwin nicht. Dass er die Erkenntnisse, die ihm etwa die Riesenschildkröten hätten verschaffen können, für einen

links oben: Spechtfink (Cactospiza pallida), links unten: Großer Grundfink (Geospiza magnirostris), rechts oben: Kaktusfink (Geospiza scandens), Zeichnung von John Gould

Teller Suppe und ein paar Steaks opfert, haben wir schon erwähnt. Tatsächlich ist es eine andere Vogelgruppe, die ihn schließlich doch auf die richtige Spur bringt, obgleich Darwin auch in diesem Fall vieles erst richtig versteht, als er zurück in England ist. Auf Galápagos leben Spottdrosseln der Gattung *Nesomimus* (bei Darwin heißen sie anfangs noch *Mimus*). Darwin kannte drei ganz ähnliche Drosselarten aus der Pampa in Argentinien und aus dem Andenvorland in Chile. Jetzt findet er solche Spottdrosseln auf Galápagos, was ihn anfangs – wohl wegen der relativen Nähe zu Südamerika – gar nicht so sehr verwundert. Doch als Darwin seine Sammlung sortiert und die Drosseln einzelner Inseln vergleicht, erkennt er, dass zwar die Exemplare von den Inseln Albemarle und Chatham gleich aussehen, sich aber die Drosseln von James und vor allem von Charles eindeutig unterscheiden. Bereits als er Galápagos verlässt, hält Darwin die Spottdrosseln von den nahe benachbarten Inseln in seinem Notizbuch als drei verschiedene Arten fest. »Auf jeder Insel findet man exklusiv nur eine Art«, womit er schließlich recht behalten soll. »Die verschiedenen Arten ersetzen einander im Haushalt der verschiedenen Inseln«, schreibt er später weiter. Kurios genug: Bis heute konnten sich Experten noch nicht einigen, ob es sich bei den von Darwin gesammelten Formen *parvulus, melanotis* und *trifasciatus* nun um drei distinkte Arten oder lediglich um Unterarten handelt. Eine der Spottdrosseln übrigens entzieht sich dieser leidigen Debatte um ihren Artstatus inzwischen zunehmend dadurch, dass sie auf der Insel Charles beinahe ausgestorben ist.

Was also lehrt Darwin sein fünfwöchiger Besuch auf den Galápagosinseln? Ist der kurze Zwischenstopp überhaupt entscheidend? Zu dieser Zeit ist Darwin noch immer durch die Naturtheologie geprägt. Aber warum sollte Gott so verschiedene, dann auch wieder einander sehr ähnliche Tiere auf eng benachbarte und von ihren natürlichen Bedingungen her identische Inseln verteilen? Und er fragt sich hier vielleicht auch, ob es dafür nicht eine natürliche Erklärung gibt. Ohne Zweifel hinterlässt der Archipel bei Darwin seine Wirkung – eine Wirkung, die sich indes erst wie mit Zeitzünder entfaltet, wie wir gleich sehen werden.

Vor allem die Spottdrosseln – und eben nicht die Finken oder gar die Schildkröten – sollten ihn auf die Idee von der Wandelbarkeit der Arten bringen und damit jene Gedankengänge anregen, die schließlich zu seiner Abstammungstheorie führen. Aber Galápagos ist allenfalls gut als »ex post facto«-Entdeckung; eine, deren Auswirkungen erst sehr viel später sichtbar werden. Darwin hat die Inseln und ihre Tierwelt für seine Theorie nicht wirklich gebraucht, insbesondere nicht die Finken. Dass diese heute seinen Namen tragen, mag man als verdiente Hommage an sein Genie gern hinnehmen. Nicht Galápagos hat Darwin zu dem gemacht, der er ist. Wenn überhaupt, so meint der Wissenschaftshistoriker

Frank Sulloway, habe Darwin die Galápagosinseln zu dem gemacht, was sie sind. Zwar war er es, der den Grundstein dafür legte, dass dieser Inselarchipel heute Legende ist. Doch erst in den Lehrbüchern zur Evolutionsbiologie und Biologiegeschichte wurde Galápagos zur Ikone seiner Idee.

»Es ist das Schicksal der meisten Reisenden, dass sie das Interessanteste eines Gebietes erst dann entdecken, wenn sie schon weiter müssen. Aber ich muss gerade dafür dankbar sein, dass ich doch genügend Material zusammenbekam, um eine der bemerkenswertesten Tatsachen in der Verteilung der Organismen zu belegen«, meint Darwin in seinem Reisebericht, als er bereits die Rätsel des Artengeheimnisses für sich entdeckt hat. Als die *Beagle* am 20. Oktober 1835 die Segel hisst und quer über den Pazifik gen Westen steuert, fehlt Darwin freilich noch immer ein kleiner, letzter Schritt zur ersten Idee für seine große Theorie.

Im Kanu zu den Korallenriffen der Südsee, Tahiti; November 1835: Dank günstiger Winde erreicht die *Beagle* Mitte November 1835 – nach mehr als 5000 Kilometern und knapp drei Wochen auf See, bei ausnahmslos großartigem Wetter unter wolkenlosem Himmel – die Inselwelt Französisch-Polynesiens. Vor der Küste von Otaheite, heute als Tahiti bekannt, geht die Expedition für zehn Tage vor Anker.

Längst schon ist Tahiti berühmt für seine überaus freundlichen Bewohner, die zudem als freizügig gelten. Kein Gedanke an »Wilde« kommt auf, als Darwin die graziösen Insulaner mit ihren Tattoo geschmückten Körpern erblickt. Allerdings sind er und FitzRoy sich in ihren Berichten einig: Die Polynesierinnen sind weniger attraktiv als ihre Männer. Vielleicht findet Darwin das auch, weil sich die Frauen Tahitis (den Missionaren sei Dank) inzwischen in europäische Kleider hüllen, die aber – wie Darwin bemerkt – recht dreckig sind. Im Übrigen seien die Frauen durchaus nicht so promiskuitiv wie berichtet wird, notiert er noch.

Dann widmet er sich wieder dem, weshalb er eigentlich gekommen ist. Darwin erhofft sich auf Tahiti Anschauungsunterricht für eine Idee zu bekommen, die er bereits seit einem halben Jahr mit sich herumträgt. Als die *Beagle* die Vulkaninsel Tahiti anläuft, steigt unser Naturforscher (der sonst doch leicht seekrank wird) in den Mastkorb, um sich besser das vor ihm liegende Naturschauspiel der Extraklasse anzusehen: ein hoch aufragender Inselberg inmitten der von Korallenriffen umsäumten flachen Lagune. Später erklimmt Darwin hinter dem heutigen Papeete die Hänge dieses einstigen Vulkans, wo sich ihm aus knapp 900 Meter Höhe ein überwältigender Anblick bietet. In einiger Entfernung gen Westen gelegen kann er die Insel Eimeo sehen (heute Mooréa). Auch sie scheint aus ihrer von Korallen gesäumten tropischen Lagune wie aus einem gläsernen See herauszuragen, schreibt er. Der Anblick dieser Inseln und Atolle im Pazifik – mit ihren unterschiedlich weit ins Meer eingetauchten Vulkankegeln, mit ihren Lagunen sowie den Saum- und Barriereriffen – beeinflusst entscheidend Darwins Denken über die Entstehung von Korallenriffen. Deren Baumeister, die blumig gern auch Blumentiere genannt werden (obgleich es tatsächlich mit Quallen verwandte Nesseltiere sind), faszinieren Darwin dermaßen, dass er sich auf Tahiti sogar mit einem schmalen, wackeligen Einbaum hinaus aufs Meer wagt. Was für ein Bild: wie sich der große Darwin auf der Suche nach der Bestätigung für seine geologische Theorie in ein kleines Kanu schwingt, dessen knarrende Ausleger allein verhindern, dass er auf seiner stundenlangen Erkundungsfahrt entlang der Riffkante kentert. Hier, wo sich die heranrollenden Wellen des Meeres brechen, bewundert Darwin die Vielfalt brillant gefärbter Korallen, die im Riffverbund wie in regelrechten Gärten gedeihen.

Einmal mehr macht er hier im Riff seinem Ruf als brillanter Beobachter und gedankenscharfer Theoretiker alle Ehre. Darwin erkennt, wie die winzigen Meeresorganismen unter Wasser – diese Myriaden kleiner Atoll-Architekten – ganze Gebirgszüge aus Kalk aufbauen, neben denen sich selbst die monumentalen Pyramiden von Giseh eher wie Bauklötzchen ausnehmen. Obgleich schon andere Seefahrer und Naturforscher die Inseln säumenden Korallenriffe im Pazifik sahen und über ihre Entstehung rätselten, findet erst Darwin auf Tahiti die Lösung. Nachdem Vulkanausbrüche im Ozean die Inseln haben entstehen lassen, versinken diese langsam wieder im Meer, während sich um den zentralen Kegel herum Saum- und später Barriereriffe bilden, aufgebaut durch die an den Flanken gedeihenden Korallen; wenn eine Insel dann im Meer versunken ist, verbleibt an ihrer Stelle ein typischerweise ringförmiges Atoll, das eine Lagune einschließt.

In der Südsee sammelt Darwin dafür die Belege und entwickelt so die Grundlage zu einer Theorie, die bis heute gültig erklärt, wie die verschiedenen Formen der Korallenriffe entstehen. Auf den Kerngedanken seiner Korallentheorie hat ihn freilich Charles Lyell gebracht, der Autor der »*Principles*« . Kurios genug: Die Idee zu seiner Theorie vom Treiben der Korallen kam Darwin schon, bevor er auch nur ein Riff gesehen hatte. Einmal mehr zahlen sich hier seine geologischen Studien in den Kordilleren Südamerikas aus. Denn nach Lyells Theorie von den Landbewegungen auf der Erde muss ein Gebiet zum Ausgleich sinken, wenn ein anderes sich hebt. Diese Senkungstheorie erklärt das langsame Absinken früherer Vulkankegel im Meer. Dabei wachsen dann gleichzeitig die riffbildenden Korallen an den Seitenhängen. Darwin erkennt, dass Korallen nur in relativ flachem Wasser um eine Insel oder entlang der Küste gedeihen; ohne das bewegte Wasser im Außenbereich, das ihnen die Nahrung mit der Meeresströmung zuträgt, mögen sie nicht recht leben. Die Fahrt mit dem Auslegerkanu hat sich gelohnt.

Als Darwin kurz darauf im April 1836, im Anschluss an seinen Australien-Abstecher, mit der *Beagle* auf den Kokosinseln (oft auch als Keelinginseln verzeichnet) einen kurzen Zwischenstopp macht, sieht er schließlich auch perfekt geformte Atolle. Die fehlen ihm bis dahin noch in seiner Beobachtungsreihe, und so konsolidiert er seine Beobachtungen über die Entstehung von Korallenriffen. Darwin hatte gleich zweifach Glück: Erst im letzten Moment entschied sich Fitz-Roy zu diesem kleinen Abstecher zu den Kokosinseln; und so sieht Darwin die verschiedenen Stadien der Korallenriffe des Pazifiks just in derselben Reihenfolge wie in ihrem natürlichen Werden und Vergehen. Über seine Korallentheorie wird Darwin nach seiner Rückkehr 1842 ein ganzes Buch schreiben, mit dem er seinen am längsten gültigen Beitrag zur Geologie liefert. Langsam schließt sich der Kreis: Hatte Darwin sich nicht auf den Kapverden – gleich am Beginn der *Beagle*-Reise – vorgenommen, einmal ein Buch zur Geologie zu schreiben? Hier nun ist es – und eine originelle Theorie gleich mit dazu. Zu seiner Zeit stark angezweifelt und debattiert, gilt Darwins Idee zur Senkung ganzer Meeresregionen und zur Riffentstehung heute als wissenschaftliche Großtat, von der modernen Meeresforschung bestätigt.

Nach dreiwöchiger Fahrt erreicht die Beagle im Dezember 1835 Neuseeland, wo es in der Bay of Islands die in diesen Tagen einzige europäische Ansiedlung gibt. Im Vergleich mit den Polynesiern kommen Darwin die Ureinwohner Neuseelands, die Maori, »dreckig und armselig« vor – und überaus kampfeswillig. In den knapp zehn Tagen seines Aufenthalts bleibt Darwin auch vieles andere auf Neuseeland verborgen, darunter etwa der flügellose Zwergstrauß Kiwi. In seinen Gedanken ist Darwin der tatsächlichen Rückfahrt bereits weit vorausgeeilt. Zu diesem Zeitpunkt hat die *Beagle* mehr als drei Viertel ihrer Reise hinter sich gebracht, obwohl sie geografisch erst die halbe Strecke ihrer Weltumsegelung zurückgelegt hat. Unser Held ist mittlerweile schwer heimwehkrank. Der Zwischenstopp in Australien allerdings wird den Naturforscher in ihm nochmals entflammen. Nicht Kängurus, sondern Schnabeltier und Ameisenlöwe werden dabei helfen.

Die Schnabeltiere von Wallerawang, Blue Mountains, Australien; Januar – März 1836: Nach einer stürmischen Überfahrt sichtet die Besatzung der *Beagle* am 11. Januar 1836 die hellen Leuchttürme am South Head, der Einfahrt zum Port Jackson, dem Naturhafen von Sydney. Hier soll Robert FitzRoy im Parramatta Observatory die Ganggenauigkeit seiner 22 Chronometer überprüfen und damit die Positionsbestimmungen, die er quer über die Weiten des Pazifiks vorgenommen hat. Diese Anweisung der britischen Admiralität verhilft Darwin zu einem australischen Abenteuer mit einer wichtigen Einsicht.

Der erste Eindruck freilich lässt Australien in Darwins Augen wenig vorteilhaft erscheinen. »Der Himmel verhüte, dass ich je da wohnen sollte«, schreibt er an seine Schwestern, »wo jeder Zweite mit Sicherheit ein kleiner Gauner oder ein blutrünstiger Schurke ist«. Auch die aride Landschaft, mit einförmigen Eukalyptusbäumen bestanden, denen das trockene Klima gut bekommt, beeindruckt ihn anfangs wenig (und er wird dieser das grüne Tasmanien, das sie kurz darauf besuchen, allemal vorziehen). Während seines nur kurzen Aufenthalts erliegt er auch kaum der Faszination der Beuteltiere – kein Wunder, wenn ihm anstelle eines richtigen Kängurus (davon sieht er nicht eins!) nur ein Potoroo (ein Kaninchenkänguru, von eben dieser Größe) vor die Flinte kommt. Dennoch notiert Darwin eine verblüffende Besonderheit dieses Inselkontinents, den er als »the great princess of the South« apostrophiert. Lebewesen, die Darwin aus England vertraut sind, werden hier von anderen, ganz eigenen Tierformen vertreten; von den Pflanzen bis zur Vogelwelt hat das australische Methode.

Meist sammelt Darwin in der Umgebung von Sydney gemeinsam mit seinem Gehilfen Syms Covington Käfer und an der Küste vor allem Schnecken. Allein bei den Insekten bringen sie schnell 92 verschiedene Arten aus fünf verschiedenen Ordnungen zusammen, wie sich später herausstellt, darunter sind 31 für die Wissenschaft neu. Aber als Darwin sich Mitte Januar 1836 einen Führer engagiert und zwei Pferde mietet, um nach Bathurst in die Blue Mountains aufzubrechen, ist er auf dem richtigen Weg zur Erkenntnis. Die Blue Mountains heißen bei den Siedlern so, weil die unter der Sonneneinstrahlung verdunstenden ätherischen Öle der Eukalyptuswälder die Luft dort in einen blauen Schleier hüllen. Bei seinem Aufstieg mit spektakulärem Ausblick über die weite Bergregion erkennt Darwin das Gebiet als ein inzwischen stark erodiertes Sandsteinplateau, das sich vor vielen Jahrmillionen als Gebirge aufzufalten begann. Er begegnet Aborigines, deren Künste im Speerwerfen ihn beeindrucken, und er ahnt ihr Schicksal. »Wo immer der Europäer seinen Fuß hinsetzt, scheint der Tod den Eingeborenen zu verfolgen. Wir mögen unseren Blick auf die großen Flächen von Amerika, nach Polynesien, dem Kap der Guten Hoffnung und Australien richten: Überall finden wir dasselbe Resultat«.

Dann eines Tages, es ist der 19. Januar 1836, beobachtet Darwin bei Wallerawang am Cox's River am späten Nachmittag eigenartige Tiere. Platypus nennen sie die Australier, Schnabeltiere. Sie wirken wie ein kleiner Biber mit einem allzu breiten Entenschnabel. Obgleich sie ihre Jungen mit Milch säugen, legen sie doch Eier wie Reptilien und kommen nur in Australien vor. Man hält sie lange für einen Scherz der Natur. Mehrere dieser Tiere tummeln sich jetzt vor Darwins Augen in den kleinen Tümpeln, in die der Flusslauf aufgestaut ist. Hier oben in den Blue Mountains regt die so sehr eigenartige Tierwelt Australiens Darwin plötzlich zu einer naheliegenden Frage an: »Ich lag an einem sonnigen Hang und dachte über den seltsamen Charakter der Tiere dieses Landes im Vergleich zum Rest der Welt nach«, notiert er in sein Reisetagebuch. »Einer, der an nichts jenseits seiner eigenen Vernunft glaubt, könnte ausrufen: ›Sicherlich müssen zwei Schöpfer am Werk gewesen sein, ihr Ziel war jedoch dasselbe, und gewiss hat jeder den Zweck erfüllt‹.« Während Darwin noch sinniert, bemerkt er eigenartige kleine kegelförmige Trichter im Boden neben sich. Er kennt solche Bauten aus England und weiß, dass es die Fallgruben der Ameisenlöwen, räuberischen Larven der Ameisenjungfern, sind. Die Larven dieser harmlos wirkenden, kleinen Insekten aus der Gruppe der libellenähnlichen Netzflügler erbeuten auf diese – höchst raffinierte – Weise vor allem Ameisen. »Ohne Zweifel«, so Darwin, »gehört die räuberische Larve derselben Gattung, aber einer anderen Art an als die europäische. Was würde nun der Ungläubige dazu sagen? Könnte zwei Arbeitern je eine so schöne, so einfache und doch so kunstvolle Einrichtung einfallen? Man kann das nicht glauben. Die eine Hand hat sicherlich auf der ganzen Welt gearbeitet.«

Liest sich das nicht, als ob Darwin hier beginnt, an einem allgegenwärtigen Gott zu zweifeln? Kein Wunder bei einem Schöpfer, so mag man denken, der einerseits ein Eier legendes Säugetier kreiert, als ob er sich nicht recht entscheiden kann, was es denn nun werden soll, und es dann nach Australien verbannt. Andererseits Ameisenlöwen, die überall auf der Welt in gleicher Weise ihrem räuberischen Geschäft nachgehen. Was er hier in seinem Reisetagebuch noch freiheraus notiert, erscheint ihm später – bei der Veröffentlichung 1839 – bereits als gefährlich. Will er da jene gotteslästerlichen Gedanken verheimlichen? Er ersetzt den »Ungläubigen« durch Skeptiker und streicht den letzten Satz. Und in der späteren Auflage seines Reisejournals 1845 verbannt Darwin gar die ganze Wallerawang-Episode samt Schnabeltier und Ameisenlöwe in eine Fußnote und streicht die letzten Sätze. Wissenschaftshistoriker können sich darauf keinen rechten Reim machen; doch glauben einige, dass sie hier – nicht auf den Galápagosinseln, sondern in den Blue Mountains Australiens – erstmals jenen nachdenklichen Darwin antreffen, nach dem sie so lange gefahndet haben. Jenen Darwin, der umzudenken beginnt. Während einige Forscher meinen, Darwins Glaube sei weiterhin ungebrochen (schließlich denkt er ja an den Schöpfer, der da am Werk ist), sehen andere Wallerawang als einen magischen Wendepunkt, an dem Darwin über die Veränderlichkeit von Arten nachzudenken beginnt.

Die anschließende lange Rückreise verschafft Darwin viel Zeit zum Nachdenken. Nach kurzer Stippvisite in Tasmanien segelt die *Beagle* Mitte März 1836 vom King George Sound im äußersten Südwesten Australiens quer über den Indischen Ozean nach Mauritius und von dort weiter um das Kap der Guten Hoffnung zurück in den Atlantik.

Darwins Verwandlung; an Bord der Beagle; April– Oktober 1836: Je länger sich Wissenschaftshistoriker mit dieser Phase in Darwins Leben beschäftigen, desto klarer wird, dass Darwin die Idee einer Transmutation der Arten sicherlich erst anderthalb Jahre nach seinem Besuch auf den Galápagosinseln – also erst, als er im Frühjahr 1837 wieder in England ist – explizit zum Leitprinzip seines Denkens macht. So wissen wir inzwischen, dass gerade diese Inseln zwar wichtig, doch nicht alles entscheidend waren. Es war auch nicht eine Insel allein ausschlaggebend, sondern vielmehr der Vergleich mit dem, was Darwin anderswo sah, vor allem anschließend in Australien.

Einige Darwin-Forscher vermuten allerdings, dass er bereits während der Sommermonate des Jahres 1836 (also noch an Bord der *Beagle*) zum Evolutionisten konvertiert ist. Doch kein Zweifel: Darwins Ideen einer Evolution haben erst durch langes Nachsinnen über die Befunde seiner *Beagle*-Reise allmählich Gestalt angenommen. Kein Zweifel auch, dass er während der Expedition noch keine Evolutionstheorie ausformulierte. Für einige Biografen lassen allerdings verschiedene Notizen und Tagebucheinträge, die Darwin nachweislich bereits an Bord der *Beagle* macht, erkennen (für andere nur erahnen), dass er schon jetzt erste Zweifel daran hegt, dass Arten von Gott geschaffen und mithin unveränderlich sind. Lange waren diese Notizen unbekannt. Es sind fünf kritische Seiten über Darwins Besuch auf Galápagos und explizit seine Beobachtungen an Spottdrosseln, um die sich alles dreht. Darwins Enkelin Nora Barlow hat diese ornithologischen Notizen der *Beagle*-Reise erstmals 1963 veröffentlicht. Historiker haben sämtliche verfügbaren Aufzeichnungen ausgewertet. So wissen wir jetzt mit Sicherheit, wann Darwin jene kritischen Passagen über die Spottdrosseln von Galápagos, die ihn erst auf den richtigen Gedanken bringen, verfasst hat. Es ist die Zeit, nachdem die *Beagle* Mitte April 1836 von den Kokosinseln nordwestlich von Australien aufbricht und bevor sie Mitte Juli auf der Insel Ascension im Südatlantik für einen kurzen Zwischenstopp anlegt. Unterwegs vom Indischen in den Atlantischen Ozean sortiert Charles Darwin seine Aufzeichnungen, geht die Notizen mit Beobachtungen und Beschreibungen nochmals durch und setzt (gemeinsam mit Syms Covington) Sammlungslisten seines naturkundlichen Materials auf.

Während er sich seine ornithologischen Notizen über die Vogelwelt der Galápagosinseln vornimmt, erkennt Darwin, was er vor Ort versäumte. Aus den Notizen wird den Darwin-Forschern erstmals klar, dass Darwin sich (wie wir bereits wissen) auf Galápagos für die legendären Finken gar nicht besonders interessierte; weder erkannte er ihre nahe Verwandtschaft noch verhalfen sie ihm gar zur evolutionären Einsicht. Stattdessen wird nun erstmals deutlich, wie wichtig gerade die Spottdrosseln für Darwins Denken waren. Denn als er jetzt – im Rückblick und mit einigem Abstand – wieder über jene »*Thenca*« schreibt (oder *Mimus,* wie diese Drosseln damals bei ihm heißen), gerät sein Glauben an die Unveränderlichkeit der Arten ins Wanken. »Wenn ich mir die in Sichtweite voneinander entfernt liegenden Inseln mit ihrer nur spärlichen Fauna vorstelle, welche diese sich nur geringfügig unterscheidenden und sämtlich den gleichen Platz in der Natur einnehmenden Vögel bewohnen, muss ich vermuten, dass es sich lediglich um Varietäten handelt.« Als Nächstes fällt ihm der Falklandfuchs zum Vergleich ein, wo er ähnliche Varianten sah. Und dann fügt Darwin jenen entscheidenden Schlüsselsatz an, in dem Historiker den allerersten schriftlichen Beleg für Darwins Evolutionsidee zu erkennen glauben. »Wenn diese Bemerkungen auch nur im geringsten Grade begründet sind, dann ist die Zoologie von Archipelen es wohl wert, genauer untersucht zu werden; denn derartige Fakten würden die Auffassung von der Unveränderlichkeit der Arten untergraben.«

Hier nun ist er endlich, der entscheidende Gedanke. Wenngleich noch nicht für die Nachwelt gedacht, lässt Darwin damit durchblicken, auf welchen Weg der Erkenntnis er sich begeben hat. Wenn die heute lebenden Arten nicht, wie bisher angenommen, unveränderlich sind, sondern vielmehr variabel, wie sind sie dann entstanden? Hat vielleicht gar nicht ein Schöpfer seine Hand im Spiel? In einem in rotes Leder eingeschlagenen Notizbuch, das Darwin während der Rückreise mit der *Beagle* ebenfalls im Sommer 1836 zu füllen beginnt und in dem er viele zoologische und geologische Beobachtungen sammelt, fragt er sich an einer Stelle selbst: »Wo auf dem Antlitz der Erde können wir einen Punkt finden, an dem eine genaue Untersuchung nicht den endlosen Kreislauf der Veränderung entdeckt, der die Erde unterworfen war, ist und sein wird?«

Schrittweise hat sich Darwin dieser Erkenntnis des Wandels unserer Welt genähert, während die *Beagle* ihn von Etappe zu Etappe um den Globus trägt. Es waren weder die Spottdrosseln von den Galápagosinseln allein, noch die eigenartige Tierwelt Australiens, die er gerade erst gesehen hat. Doch gemeinsam haben diese und viele andere Beobachtungen, für Darwin selbst anfangs unbewusst, den Grundstein zu jenem Gedankengebäude gelegt, das dann in England als seine neue Theorie entstehen wird. Keine Frage also: Ein bekennender Evolutionist war der Darwin der *Beagle* noch nicht. Doch ahnen wir jetzt, wie sich in seinem Kopf die Gedanken zur Erkenntnis verdichten. Darwin ist endlich auf der richtigen Fährte.

Nach Stippvisiten und Vermessungen auf den Inseln St. Helena und Ascension quert die *Beagle* den Südatlantik gen Westen. Noch einmal lässt FitzRoy Bahia in Brasilien ansteuern, um seine chronometrischen Bestimmungen mit denen beim ersten Besuch vor mehr als vier Jahren zu vergleichen. Dann endlich setzt die *Beagle* Segel zu ihrer letzten Etappe. Nach einem heftigen Sturm in der Biskaya, der unseren ohnehin unheilbar heimwehkranken Helden noch einmal wie am ersten Tag leiden lässt, macht die *Beagle* am 2. Oktober 1836 im Hafen von Falmouth in Cornwall, im äußersten Westen Englands, fest. Nie wieder, schwört sich Darwin da, wird er an Bord eines Schiffes gehen. Und tatsächlich: Während andere wie Alfred Russel Wallace oder Henry Walter Bates bald nach der Rückkehr erneut aufbrechen und Jahre, gar Jahrzehnte auf Reisen bleiben, sollte Darwin England nie wieder verlassen. Endlich »home and dry«, hat er genug gesehen.

Aber dennoch: Die Weltreise der *Beagle*, die Darwins Gedanken für den Rest seines Lebens befeuern, ist nur das Vorspiel zu einer ebenso abenteuerlichen Expedition – seiner zweiten Reise zur Erkenntnis, die nun noch vor ihm liegt. »Ich bin sicher, dass es dieses Training war, das mich befähigt hat, all das zu leisten, was ich in der Wissenschaft geleistet habe«, schreibt Darwin später in seiner Autobiografie. Als er an Bord der *Beagle* ging, war Darwin ein vom christlichen Glauben überzeugter Anhänger der Naturtheologie. Als er jetzt zurückkehrt, gärt in ihm die Idee von der Transmutation der Arten – ihrer Evolution, wie wir heute sagen. Tatsächlich hat diese Fahrt mit der *Beagle* nicht nur sein Leben entscheidend beeinflusst; sie wird auch das Verständnis des Menschen von den Vorgängen in der belebten Natur und überhaupt unsere Sicht auf die Welt neu bestimmen.

Dass Charles Darwin dazu Gelegenheit hatte, verdankt die Welt jenen Feuerländern, die Kapitän FitzRoy in Tierra del Fuego eines seiner Beiboote stahlen; doch letztlich vor allem jenem unglücklichen Kapitän Pringle Stokes, der sich in Patagonien durch den Schuss seiner Pistole selbst niederstreckte.

Die Notizbücher:
»Es ist, als ob man einen Mord gesteht«
(1836–1842)

Beinahe auf den Tag genau fünf lange Jahre hat Charles Darwin seine Familie nicht gesehen. Doch er, ganz rücksichtsvoller Gentleman, will seine Schwestern und seinen Vater nicht aufwecken, als er endlich in seiner Heimatstadt Shrewsbury ankommt. Nachdem die *Beagle* bei Sturm und Regen in den Hafen von Falmouth eingelaufen war, hat sich Darwin noch in derselben Nacht vom äußersten Winkel Englands aufgemacht. Zwei Tage trägt ihn die Postkutsche durch eine Landschaft, die für ihn – der gerade die ganze Welt sah – nirgends so wunderbar schön aussieht wie hier in England. Erst sehr spät am Abend kommt er an – und schleicht sich ins Haus seines Vaters, so sagen die Einen; er übernachtet in einem nahen Gasthof, nur wenige Schritte entfernt, meinen die Anderen. Gehen hier auch die Darstellungen auseinander, in jedem Fall erscheint Charles Darwin erst am nächsten Morgen, es ist der 5. Oktober 1836, noch vor dem Frühstück im Haus seines Vaters. Man kann sich die Freude und Aufregung lebhaft vorstellen, mit der unser braun gebrannter, gesunder und aufgekratzter Naturforscher begrüßt wird. Dünner sei er geworden, meinen die Schwestern; energischer, meint sein Vater, der auch bemerkt, dass sich die Form seines Kopfes verändert habe. Nicht nur das.

Darwins Metamorphose: Anders als bei seiner Abreise ist Darwin jetzt voller Pläne und Zukunftsgewissheit. Tatsächlich kehrt hier ein vor Selbstbewusstsein strotzender, durch die überstandenen Strapazen der Reise gefestigter und an Erfahrungen unvergleichlich reicher Naturforscher von 28 Jahren zurück – mit Kisten voller gesammelter Naturalien nebst Notizbüchern voller Ideen. So sehr Darwin die Aufmerksamkeit seiner drei Schwestern und seines Vaters in »The Mount« genießt, so unruhig wird unser Weltreisender schon bald. Keine zehn Tage später ist er bereits bei seinem Mentor und Lehrer John Stevens Henslow in Cambridge. An ihn hat er während der *Beagle*-Expedition nicht nur diverse Kisten mit Sammlungsmaterial geschickt, sondern immer wieder auch Briefe mit Auszügen aus seinen wissenschaftlichen Aufzeichnungen und Beobachtungen. Henslow hat diese, wie es bei vielen Gelehrtenversammlungen jener Zeit üblich ist, in der *Philosophical Society* vorgelesen. Jetzt ist Darwin überrascht von Henslow zu erfahren, welchen Ruhm er sich dadurch bereits im Kreise britischer Wissenschaftler erworben hat.

Von zwei Besuchen in London abgesehen, wo Darwin die Bekanntschaft mit weiteren wichtigen Gelehrten Englands macht, verbringt er die kommenden Monate in Cambridge, um seine Sammlung auszupacken und seine Aufzeichnungen, die Notizen und Tagebücher der *Beagle*-Reise, zu ordnen. Im März 1838 übersiedelt Darwin nach London, wo er sich gemeinsam mit seinem Gehilfen Syms Covington (der als Diener bei ihm bleiben wird) in einer möblierten Wohnung in der Great Marlborough Street bei seinem Bruder Erasmus einquartiert. Es sei der Beginn der beiden arbeitsreichsten Jahre seines Lebens gewesen, meint Darwin später. Tatsächlich entfaltet er eine Aktivität, die selbst die an den hektischsten Tagen an Bord der *Beagle* übersteigt. Kein Wunder: Darwin steht am Beginn eines Forschungsprogramms, das ihn für den Rest seines Lebens fesseln wird.

Keine Rede ist nun noch davon, Dorfgeistlicher zu werden. Dass Darwin endlich weiß, was er will und wohin es in seinem Leben gehen soll, beeindruckt den Vater jetzt ebenso wie der offenkundige Erfolg, den sein Sohn als Naturforscher hat. Um materielle Sicherheit bräuchte Charles sich nicht zu sorgen, beruhigt ihn sein wohlwollender und wohlhabender Vater. Darwin beschließt, das Leben eines unabhängigen Privatgelehrten zu führen und seine Zeit ganz der Wissenschaft zu widmen. Er ist überzeugt davon, dass er Großes wird leisten können, schreibt er seinen Schwestern und dem Vater aus London. Darwin will der Welt Neues und Bedeutendes mitteilen; den Stoff dafür hat er – und das Zeug dazu auch, das weiß er jetzt.

Die Ausbeute von der Beagle: Für die Naturalien der Expedition musste Henslow am Ende zusätzlichen Raum anmieten, um alles einlagern zu können, so zahlreich treffen Darwins Kisten und Fässer in Cambridge ein. Jetzt kann der alles sorgfältig ausbreiten, seine Sammlung ordnen und katalogisieren. Gemeinsam mit Syms Covington hat Darwin bereits während der letzten Monate auf der *Beagle* einzelne Listen für die Säuger, Vögel, Insekten, Schalentiere, Reptilien und Amphibien, Krebse, Fische und Pflanzen angelegt. Jetzt kopieren sie Auszüge aus seinen Notizbüchern für jene Spezialisten, die Darwin helfen sollen, die neuen Arten in den einzelnen Tiergruppen zu bestimmen und zu beschreiben. Insgesamt vermerken sie 1529 Tiere konserviert in Spiritus und 3906 getrocknete Tiere. Darunter sind allein mehr als 500 Vögel (auch die 32 Finken von den Galápagosinseln), die meisten als Bälge präpariert, sogar Nester inklusive Eiern – und die zehn Skelettreste des *Rhea darwinii.* Darwins Vogelsammlung, so werden ornithologisch geschulte Historiker später ermitteln, enthält 39 neue Arten und Unterarten (darunter einige, die heute ausgestorben sind).

Mit dieser Sammlung genießt Darwin einen ungewöhnlichen Vorzug. Bereits vor seiner Abreise hatte ihm die Admiralität zugesichert, dass seine gesammelten Naturalien nicht automatisch Besitz der Regierung werden, wie dies sonst bei der Royal Navy üblich ist, da Darwin auch nicht von dieser als Naturforscher ausgesandt worden war. Allerdings haben auch andere an Bord der *Beagle* fleißig geholfen, Darwins Sammlung zu mehren, insbesondere natürlich sein Gehilfe Covington, aber auch FitzRoy und die übrigen Offiziere, die ihm ihre Stücke überlassen. Alles in allem hat die feine Sammlung nicht zuletzt Darwins Vater ein Vermögen gekostet. Auch darum ist es kein Wunder, dass sich Charles mit größter Sorge um sie kümmert. Es sind in erster Linie diese Naturalien der *Beagle*-Expedition, die Darwin nun einen vorderen Rang unter Englands Naturkundlern sichern. Mit den etlichen Kisten voller Fundstücke und Präparate werden viele Forscher noch jahrelang beschäftigt sein.

Heute liegen Darwins Vögel und Fische, die Säuger, Reptilien und viele Wirbellose einschließlich der Insekten übrigens weit verstreut in verschiedenen Museumssammlungen, allen voran dem Naturkundemuseum in London und dem Zoologischen Museum der Universität in Cambridge. Allein Darwins Vögel finden sich bei wenigstens acht verschiedenen Institutionen wieder. Allerdings gilt heute die Hälfte seiner *Beagle*-Sammlung als »unbekannt verzogen«. Obgleich Historiker gründlich Nachforschungen betrieben haben, wissen wir von etwa 243 seiner Vögel nicht, wo sie abgeblieben sind. Den Grund dafür aber kennen wir: Weil Darwin nur die Nummern seiner Inventarlisten auf einfachen Papierschnipseln notierte, mit denen bereits die Museumskuratoren zu seinen Lebzeiten recht achtlos umgingen, schlummern wohl viele von Darwins kostbaren Originalstücken anonym in den Sammlungen. Während einige von Darwins *Beagle*-Naturalien – so etwa die Vogelbälge und die von ihm gesammelten und in einem Herbarium getrockneten Pflanzen – eine regelrechte Odyssee durch Sammlungen und Museen hinter sich haben, gelten etwa Darwins Schalen von Muscheln und Schnecken als verschollen. *Hic transit gloria mundi* – so vergeht der Ruhm der Welt.

Immerhin: Die von Darwin während der *Beagle*-Reise in Notizbüchern gesammelten Beobachtungen über Tiere und Pflanzen wurden gemeinsam mit seinen Objektlisten erst unlängst als dicker, akribisch recherchierter Katalog von Richard Keynes (einem Urururenkel Darwins) veröffentlicht. Er gewährt uns damit einen intimen Einblick in Darwins Gedankenwelt just zu einer Zeit, als sich beim Studium dieser Naturalien seine intellektuelle Wandlung vollzieht. Denn der bedeutendste Ertrag der *Beagle*-Expedition besteht nicht in der ohne Zweifel eindrucksvollen Sammlung, sondern im tiefen Einblick in den Formenreichtum der Natur, den Darwin dadurch gewann. Was wir indes auch nicht verkennen dürfen: Seinerzeit verschaffen die exotischen Schätze der Sammlung Darwin unmittelbar Zutritt zu den wissenschaftlichen Zirkeln Londons.

Darwin in London – Die ersten wissenschaftlichen Früchte: Beinahe die gleiche Zeitspanne wie auf der *Beagle*, von 1837 bis 1842, wird Darwin in London verbringen – damals bereits eine Millionenstadt; »dreckig und stinkend«, wie er meint. Diese sechs Jahre sind die wohl produktivsten seines Lebens. So wichtig es war, während der Reise Material und Ideen zu sammeln, und so entscheidend dies dann für die Entwicklung seiner Theorien wird; jetzt geht es Darwin erst einmal um die

Bearbeitung der Funde und darum, die ersten Früchte zu ernten. Dabei hilft es ihm, dank seines ihm vorauseilenden Rufes, die Bekanntschaft wichtiger Naturforscher und Intellektueller zu machen. Bereits Ende Oktober 1836 trifft Darwin den viel bewunderten Geologen Charles Lyell. Der Verfasser der »Principles« findet Gefallen an ihm und wird zu einem seiner wichtigsten und einflussreichsten Freunde. Darwin lernt den Botaniker Joseph Dalton Hooker kennen, der gerade dabei ist, selbst auf eine große Expedition in die Antarktis zu gehen. Nach der Rückkehr 1844 wird Hooker einer der intimsten Freunde Darwins. Ihre Korrespondenz wird Wissenschaftshistorikern später wertvolle Einblicke in die Entwicklung der Gedankenwelt Darwins verschaffen, denn Hooker wird als Erster von dessen Entdeckung des Prinzips der natürlichen Selektion erfahren. Anfang 1837 wird Darwin Mitglied der *Geological Society* (als deren Sekretär er bis 1841 die einzige professionelle Position seines Lebens innehat); er wird 1838 ins *Athenäum*, einen Londoner Intellektuellenklub, gewählt, im Jahr darauf schließlich in die *Royal Society*. Darwin ist angekommen.

Die wissenschaftliche Aufarbeitung seiner Funde aber kommt nur schleppend voran. In den Museumssammlungen Londons häuft sich damals das Material anderer Expeditionen; vielfach kommen die Bearbeiter nicht schnell genug mit ihren Untersuchungen hinterher. Doch gelingt es Darwin den Anatomen Richard Owen dafür zu gewinnen, seine Fossilfunde aus Südamerika zu untersuchen. Owen, nur fünf Jahre älter als Darwin, ist bereits Professor am Museum des renommierten *Royal College of Surgeons*. Später wird er der erste Direktor des in Kensington neu gegründeten Naturkundemuseums – und zum erbitterten Gegner Darwins, als der seine Abstammungstheorie veröffentlicht. Darwin verdankt Owen zuvor aber noch eine wichtige Erkenntnis, wie wir gleich sehen werden.

Vor allem als Geologe hat Robert FitzRoy einst Charles Darwin an Bord der *Beagle* geholt; als Geologe reüssiert dieser jetzt auch in London. Anfang Januar 1837 hält Darwin einen Vortrag vor der Geologischen Gesellschaft über die Hebung der chilenischen Anden. Lyell ist unter den Zuhörern, auf den Darwins Hebungstheorie großen Eindruck macht; ebenso sein Vortrag ein Jahr später, im März 1838, in dem Darwin vorschlägt, Gebirgshebung und Vulkanismus als zwei Seiten ein und derselben Medaille zu sehen. Diese Vorträge arbeitet Darwin anschließend zu Publikationen für Fachjournale aus. Seine geologischen Studien bilden auch die Grundlage für jene drei wichtigen wissenschaftlichen Bücher, mit denen er sich einen bleibenden Namen als Geologe macht: seine Korallenrifftheorie 1842, sein Beitrag über vulkanische Inseln 1844 und schließlich seine geologischen Beobachtungen in Südamerika 1846. Keine Frage: Darwin ist fleißig. Mit der Vertikalbewegung der Erdkruste, dem Auf- und Abwärts von Bergen und Inseln, hat er zu einem wichtigen Thema gefunden – und ist mit seinen Einsichten dazu der Zeit weit voraus. Denn erst mehr als ein Jahrhundert später erkennen Geologen mit der Theorie der Plattentektonik die Dynamik der Prozesse im Erdinnern und die Veränderungen der Erdkruste. Nach seiner Weltumsegelung gewinnt Darwin Selbstvertrauen in seine Fähigkeiten als eigenständiger Forscher und Denker.

Vom Tagebuch zum Bestseller – Darwins Reisebericht: In insgesamt 18 kleinformatige Notizbücher, seine »pocketbooks«, hat Charles Darwin während der *Beagle*-Expedition seine Beobachtungen und Begebenheiten der Reise gekritzelt. Nach diesen täglichen Notizen verfasst er an Bord des Schiffes sein »diary« und verschickt regelmäßig Auszüge daraus mit Briefen an seine Familie in England, vor allem an seine

Schwester Caroline. Auf seine Familie und auf die Wedgwoods in »Maer Hal«, denen er bei Besuchen beinahe endlos von seinen Reiseabenteuern berichten muss, machen seine lebhaften Erzählungen nachhaltigen Eindruck. Zwischen März und September 1837, vor allem während des Sommers in Shrewsbury, arbeitet Darwin dieses Tagebuch zur Publikation auf, nachdem Kapitän FitzRoy ihm angeboten hat, es als dritten Teil des insgesamt vierbändigen Expeditionswerkes der *Beagle*-Fahrten zu veröffentlichen. Mit einiger Verzögerung (FitzRoy braucht einigermaßen lange für seinen eigenen Teil) erscheint Darwins Reisebericht schließlich 1839 als *»Journal of Researches into the Geology and Natural History of the Various Countries Visited by H.M.S. Beagle«.* Der wird zu einer Art Bestseller viktorianischer Zeit und beschert Darwin einen beachtlichen Erfolg als Schriftsteller. Die 2000 Exemplare der ersten Auflage seiner *»Reise eines Naturforschers um die Welt«* sind schnell verkauft, eine zweite Auflage von 3000 Stück wird gedruckt. Kein Wunder: Anders als im recht technisch gehaltenen Report von FitzRoy (der ein Ladenhüter bleibt), weiß Darwin seine Reiseerlebnisse in klarem Stil und so anschaulich zu beschreiben, dass man beim Lesen meint, selbst dabei zu sein – unter Gauchos und Guanakos, unter den Wipfeln tropischer Bäume oder auf Vulkanbergen. Allerdings: Darwin sieht vom Gewinn, den sein Buch einspielt, anfangs keinen Schilling. Erst als er 1845 beim Verlag John Murray eine zweite, überarbeitete Fassung in Druck geben lässt, wird der Reisebericht zu seinem erfolgreichsten Buch (allein bei Murray werden knapp 32 000 Exemplare aufgelegt; bis heute verkauft es sich in unzähligen, auch fremdsprachigen Ausgaben). Jahre nach der Rückkehr wird Darwin an den Kapitän der *Beagle* schreiben: »Ich habe sehr oft noch die höchst lebendigen und angenehmsten Bilder vor Augen von dem, was ich sah. Diese Erinnerungen und was ich über Naturgeschichte lernte, würde ich nicht für viel Geld eintauschen mögen«. Genau das indes gelingt Darwin mit seiner »*Reise eines Naturforschers um die Welt*«.

Auch für die eigentlichen wissenschaftlichen Resultate findet Darwin ein Forum, diesmal mit Unterstützung der Regierung. Von einflussreichen Freunden vermittelt, gewährt ihm der Lordkanzler der Schatzkammer seiner Majestät 1000 Pfund Sterling als Beitrag zu den Druckkosten. Sofort macht sich Darwin an die Vorbereitung einer monografischen Bearbeitung seiner zoologischen Ausbeute. Bei den meisten Tiergruppen ist er selbst kaum der Kundigste, findet aber die richtigen Experten: Richard Owen für die fossilen und George Waterhouse für die lebenden Säugetiere, John Gould für die Vögel, Leonard Jenyns für die Fische und Thomas Bell für die Reptilien. Und so füllen sich denn auch fünf Bände, die unter Darwins Federführung zwischen 1838 und 1843 als »*Zoology of the Voyage of H.M.S. Beagle*« erscheinen. Elegant und edel in Leder eingeschlagen und mit teilweise farbigen Bildtafeln illustriert, sind die prachtvollen Bände bis heute die eigentliche wissenschaftliche Dokumentation dessen, was Darwin während der *Beagle*-Fahrt fand. In dem Werk sind indes nur die Wirbeltiere abgehandelt; die Pflanzen und Mineralien verbleiben Darwin noch – und alle Wirbellose, für die er aber keinen rechten Bearbeiter findet. Vielleicht sollte er sie selbst bearbeiten, überlegt Darwin. Erst zehn Jahre nach der Rückkehr von der *Beagle* wird er dazu kommen, wenigstens einige dieser vordergründig unscheinbaren Tiere zu untersuchen und dabei schließlich – auch mithilfe der Rankenfüßer – das Rätsel von der Entstehung der Arten lösen.

Den Anfang dazu machen Studien und Gespräche mit jenen Zoologie-Experten in London, die ihn zu Beginn des Jahres 1837 zur eigentlichen Entdeckung der Evolution führen.

Darwins zweite Reise zur Erkenntnis – Denkanstöße als »Ursprung all meiner Auffassungen«: Als Charles Darwin zu seiner wissenschaftlichen Odyssee ans andere Ende der Welt aufbricht, gilt auch ihm der statische Schöpfungsglaube als einzige Wahrheit. Jede Art von Entwicklungsidee wird damals weithin als »Fantasie im Reiche bloßer Möglichkeiten« gescholten. Erst lange nachdem er von der *Beagle* zurückgekehrt ist, wird Darwin den Entwicklungsgedanken zu einer wissenschaftlichen Theorie mit der Überzeugungskraft einer unwiderlegbaren Tatsache machen. Darwins konzeptionelle Odyssee, jenes zweite Abenteuer seiner intellektuellen Reise zur Erkenntnis über die Evolution, ist vielleicht noch wichtiger als die Weltreise mit der *Beagle*. Nur auf den ersten Blick mag sie weniger ereignisreich wirken als seine Ausritte in die patagonische Pampa, sein Aufstieg zum Andengipfel oder seine Ausfahrt mit dem Auslegerkanu zur Außenkante eines Atolls. Der Weg wie Darwin die Abstammungstheorie entdeckt, ist mindestens ebenso spannend, wenngleich weniger gefährlich.

Es beginnt im Verborgenen und auch für ihn eher im Unbewussten. In den ersten Tagen des März 1837 dämmert es Darwin, was es mit der Entstehung der Arten auf sich hat. Drei Denkanstöße sind es, die ihn eine neue Weltsicht entwickeln lassen. Dabei könnte seine großartige Erkenntnis auf kaum etwas Unscheinbarerem gründen als ein paar fossilen Säugerknochen, einigen Straußenfedern und den Schnäbeln von Finken.

Unter all dem, was Darwin von der *Beagle*-Reise mitbringt, erregen die Fossilien urzeitlicher Riesensäuger aus Südamerika das größte Interesse der Naturkundler in London; allen voran bei Charles Lyell, dem das Aussterben von Arten keine Ruhe lässt. Schnell willigt der Londoner Anatom Richard Owen ein, diese Zeugen einer untergegangenen Welt zu untersuchen. Bereits im Dezember 1835 hat Darwin die Kisten mit den versteinerten Knochen seiner Urzeitmonster ins Museum am *Royal College of Surgeons* schaffen lassen. Owen sortiert daraus schnell die Überreste eines nilpferdgroßen Verwandten der südamerikanischen Wasserschweine (wir kennen es bereits als *Toxodon*), eines Gürteltieres von der Größe eines Pferdes (*Scelidotherium* wird er es nennen), eines Riesenfaultieres (ein *Megatherium* mehr) und schließlich noch eines Riesenlamas (von Owen *Macrauchenia* getauft). Über das bloße Bestiarium ausgestorbener Riesen hinaus, bringt es Darwin auf einen Gedanken, als er am 17. Februar 1837 von Owens Entdeckung erfährt. Offenbar, so sinniert er, lassen sich die südamerikanischen Säuger kontinuierlich durch die Zeit verfolgen. Die in grauer Vorzeit lebenden Arten werden durch die heute noch lebenden abgelöst; demnach starben Riesenfaultier und Riesengürteltier gar nicht aus, sondern veränderten sich durch die Zeit – ein Prinzip, das Darwin als »Law of Succession« bezeichnet und später als allgemeine Gesetzmäßigkeit begründet.

Gleich darauf entdeckt er, dass dieses Ablösen von Tierarten durch die Zeit eine Entsprechung im Raum hat: Nahe verwandte Vogelarten lösen sich gleichsam geografisch in ihrer Abfolge ab. Am 14. März 1837 besucht Darwin den Londoner Ornithologen John Gould, der als Kurator im Museum der *Zoological Society* arbeitet. Darwin hat der Gesellschaft Anfang Januar 1837 seine Vogel- und Säugetiersammlung von der *Beagle* anvertraut. Von John Gould erfährt er nun, dass sein »Avestruz Petise« – jener Zwerg-Nandu, den der Maler Conrad Martens von der *Beagle* einst fürs Abendessen geschossen hatte – nicht bloß eine geografische Variante des größeren Pampasstraußes ist, sondern eine ganz eigene Art, die er *Rhea darwinii* nennen will. »Den gewöhnlichen großen Nandu verbindet mit dem Zwerg-Nandu dasselbe wie das ausgestorbene Guanako mit dem rezenten. Im ersten Fall schafft der Lebensraum, im zweiten Fall die Zeit die Beziehung«, notiert sich Darwin. Jetzt ist er schon ganz dicht dran an der Lösung.

Was Finkenschnäbel erzählen: Überhaupt sollte sich John Gould in dieser Zeit als enorm wichtig für Darwin erweisen. Von ihm erlernt Darwin nicht nur die neuen Vogelnamen, sondern erfährt vor allem wesentliche Fakten, aus denen sich im März 1837 die Grundzüge von Darwins Theorie des Artenwandels herausbilden. Tatsächlich erwähnt er Gould in seinen Aufzeichnungen aus diesen so spannenden Monaten im Frühjahr und Sommer 1837 häufiger als jeden anderen. Wir dürfen in John Gould getrost den finalen Katalysator für Darwins Verwandlung zum Evolutionisten sehen (umso erstaunlicher ist es, dass Gould auch vielen Fachleuten nahezu unbekannt geblieben ist).

Bereits am 10. Januar 1837 – nur vier Tage, nachdem Darwin der *Zoological Society* die Sammlung überbracht hat – stellt Gould die eigenartigen Finken von den Galápagosinseln vor, die er in den kommenden Wochen noch eingehender untersuchen wird. Bei einem Treffen am 7. und nochmals am 12. März 1837 teilt er Charles Darwin ein erstaunliches Ergebnis persönlich mit. Gould ist der Ansicht, dass sämtliche Finken von Galápagos zu einer neuen, nur auf diesem Archipel lebenden Gattung gehören, die er *Geospiza* nennt (um dann drei Untergattungen zu unterscheiden). Während Darwin wegen der verschieden gebauten Schnäbel annahm, dass die Vögel aus ganz verschiedenen Familien stammen (Kernbeißer, Grasmücken etc.), überzeugt ihn Gould schließlich, dass es verschiedene, offenkundig nahe verwandte Ammerfinkenarten sind, die jeweils auf einzelnen Inseln des Galápagosarchipels leben.

Ähnliches entdeckt Gould auch bei den dort lebenden Spottdrosseln. Hier kommt jeweils nur eine Art der Gattung *Mimus* auf den verschiedenen Inseln vor. Was Darwin anfangs nur für Varietäten gehalten hat, sind tatsächlich verschiedene Arten, so lernt er jetzt von Gould. Mithin lösen auch sie sich geografisch ab, notiert Darwin. Was für eigenartige Lebewesen doch gerade auf den Galápagosinseln leben, sinniert er. Und jetzt – hier in London, und nicht auf Galápagos oder an Bord der *Beagle* – hat Darwin sein Heureka-Erlebnis; er beginnt sich erstmals zu fragen: Haben sich all diese Arten, vielleicht ausgehend von einer gemeinsamen Elternart, allmählich auseinanderentwickelt? Was Darwin zuvor allenfalls als vagen Zweifel an der Unveränderlichkeit der Arten geäußert hat (etwa während der Rückreise auf der *Beagle*), verdichtet sich jetzt – im März 1837 in London – erstmals zur Erkenntnis: Arten sind veränderlich und stammen voneinander ab.

Dass wir so genau wissen, wann dieser Gedanke Gestalt annahm, verdanken wir letztlich Darwin selbst. In einem von mehreren Notizbüchern notiert er nach dem Treffen mit Richard Owen und John Gould geradezu prophetisch jene Fakten, die dann die Doktrin von der Konstanz der Arten zu Fall bringen werden. Darwin begreift die Tierwelt Südamerikas, insbesondere die Vogelwelt im Archipel von Galápagos, als das Ergebnis einer Art Experiment der Natur; und er entdeckt dabei, wie wir heute sagen, die vertikale und horizontale Komponente der Artenentstehung. Da der Schlüssel zu Darwins Erkenntnis in eben diesen Notizbüchern liegt, sie also gleichsam den Beginn der Evolution seiner Evolutionstheorie festhalten, wollen wir uns diese noch etwas genauer ansehen.

Charles Darwin im Jahr 1840
auf einem Aquarell von George Richmond

*Darwins Notizbücher. Oder: Die innere Langzeitwirkung der Welt-
reise*: Bereits an Bord der *Beagle* führt Charles Darwin nicht
nur sein Tagebuch, sondern füllt auch eine Reihe handlicher
Notizbücher, in die er Beobachtungen und Bemerkungen
über verschiedene Tiere und Themen einträgt. Das letzte dieser in farbiges Leder gebundenen Notizbücher wird später als
das sogenannte »Red Notebook« eine besondere Rolle spielen.
Schon während der Rückreise der *Beagle* notiert Darwin darin erste kurze Spekulationen über die Beziehung nächstver-
wandter Arten. Jetzt, eine halbes Jahr nach seiner Rückkehr
nach England, kramt Darwin dieses rote Notizbuch wieder
hervor; es ist nur halb gefüllt. Ab Mitte März 1837 nutzt er
es dafür, neue Befunde wie etwa die von Richard Owen und
John Gould zu notieren und mit seinen eigenen Überlegungen zu ergänzen.

Inzwischen haben Historiker ein Dutzend solcher Notizbücher aus den entscheidenden Jahren 1836 bis 1839 in Darwins Nachlass entdeckt und eingehend untersucht. Sie sind
nicht nur die Kronjuwelen unter den Darwin-Dokumenten,
sondern erlauben als Kronzeugen – zusammen mit seinen
Tagebuchaufzeichnungen und Briefen – auch, Darwins
Schritte auf verschlungenen Pfaden bei der Entstehung eines
der wichtigsten Gedankengebäude der Biologie unmittelbar
zu verfolgen, seinem allmählichen Umdenken nachzuspüren
und seine Entdeckung der Evolution nachzuvollziehen. Die
Notizbücher erzählen die Geschichte von Charles Darwins
kreativer Suche nach der Theorie. In Darwins Notizbüchern
zu lesen ist, als ob wir ihn die Segel setzen sehen zu seiner
persönlichen, dieser zweiten Reise zur Erkenntnis. Meist
wirkt er voller Enthusiasmus, oft aber auch unsicher, wohin
die Reise geht und was sie bringen wird. Seine Theorie entwickelt sich nur langsam und schrittweise über die Erkenntnisse, zu denen ihm andere verhelfen, als sie sein Material

untersuchen. Und lange weiht er niemanden in seine geheimen Ideen und Gedanken ein.

Bereits im »Red Notebook« beschäftigt sich Darwin mit fundamentalen Fragen, etwa was denn nun eigentlich Arten sind und wie sie sich in Raum und Zeit verändern. Das vielleicht wichtigste dieser Notizbücher zum Artenwandel wird heute als »Notebook B« bezeichnet (nach dem Buchstaben, der sich auf dem Vorderdeckel befindet). Darwin beginnt es im Juli 1837, also neun Monate nach der Rückkehr mit der *Beagle*, während eines kurzen Besuchs in Shrewsbury. »Ich war ungefähr seit vorigen März sehr überrascht vom Charakter südamerikanischer Fossilien und der Arten des Galápagosarchipels«, schreibt er später. »Diese Tatsachen bilden den ersten Ursprung aller meiner Ansichten«. Unter dem kurzen Eintrag »I think« – ich denke – skizziert Darwin darin auch einen stilisierten Lebensbaum; damit symbolisiert er erstmals die Idee, dass sich Arten aufspalten und immer weiter auseinanderentwickeln. Weil nicht unbegrenzt viele Arten nebeneinander existieren können, denkt Darwin auch bereits an das zwangsläufige Ende und markiert mit Querstrichen, dass einige Arten aussterben.

Diese Notizbücher von B bis N enthalten lose Eintragungen zur Klassifikation und geografischen Verbreitung zahlloser Arten, zur geologischen Zeit und zur Verbindung von Fossilien mit modernen Formen, über rudimentäre Organe, das Aussterben, über Isolation und die Verbreitung über Ozeane. Meist formuliert Darwin mehr Fragen, als er Antworten zu geben weiß. Die Notizbücher machen den Eindruck, als ob er für sich selbst die Tragweite seiner neuen Überlegungen erkundet. »Die große Frage, die sich jeder Naturforscher vorlegen sollte, ganz gleich ob er einen Wal seziert oder eine Laus, einen Pilz oder einen Einzeller klassifiziert, ist ›Welchen Gesetzen folgt das Leben?‹« Darwin probiert mehrere

Theorien aus, doch es soll noch ein weiteres Jahr vergehen, bis er im September 1838 den Mechanismus der Evolution entdeckt, jenes lange gesuchte »Gesetz der Natur«.

Heirate, heirate, heirate! Emma und die Arbeitsbiene: Nicht nur seine Theorie entwickelt sich langsam weiter dank seiner Einträge in den Notizbüchern. Auch über seine privaten Sehnsüchte versucht sich Darwin in dieser Zeit Klarheit zu verschaffen. Schließlich legt er sich, ganz Naturwissenschaftler, eine Liste an, in der er für sich das Für und Wider einer Ehe erörtert. Über diese sehr private Aufrechnung machen sich Darwins Chronisten gelegentlich lustig, doch zeigt sie neben seinem pedantischen Charakter auch sein strenges methodisches Vorgehen. Wann musste er je dringender Ordnung in seine Empfindungen und Wünsche bringen? So notiert er sachlich unter »Heiraten« die Vorteile: Eine Ehe zieht womöglich Kinder nach sich, er hätte ein behagliches Heim mit Musik, Kaminfeuer und weiblichem Geplauder. »Diese Dinge sind gut für die Gesundheit«, da ist er sicher. »Mal' dir eine sanfte Frau auf einem Sofa aus«; solch eine Gefährtin sei besser als ein Hund, besonders im Alter, so Darwin.

Dem stellt er unter »Nicht heiraten« offenkundige Nachteile gegenüber: Ausgaben und Sorgen wegen der Kinder; vielleicht Streitereien? Er würde fett und faul werden und abends nicht lesen können. Verantwortung; er würde gezwungen sein, »das Brot zu verdienen«. Aber was das Schlimmste ist: schreckliche Einbuße an Arbeitszeit! »Wie soll ich meiner Arbeit nachgehen, wenn ich gezwungen bin, täglich mit meiner Frau spazieren zu gehen?«, fragt er – und versucht es mit Galgenhumor: »Armer Sklave, Du wirst schlechter dran sein als ein Neger«; doch, tröstet er sich, gäbe es nicht viele glückliche Sklaven? Darwin überblickt seine Liste, dann fällt er eine Entscheidung: »Mein Gott, es ist unerträglich, daran zu denken, ein ganzes Leben nur wie eine geschlechtslose Arbeitsbiene zu verbringen«, notiert er unter dem Strich, »nur schuften und sonst nichts«. Nein, das wird nicht gehen; Darwin beschließt zu heiraten. Nur wen?

In den Familien der ländlichen Oberschicht Englands löst sich diese Frage oft fast wie von allein. Auch die Darwins unterhalten enge Familienbande, vor allem zu den Wedgwoods. Auf der Suche nach dem Familienglück treibt es Charles gen »Maer Hall«, dem Haus der Familie seiner Mutter in Staffordshire mit seiner unbeschwerten Geselligkeit. Als er sich im Sommer 1837 wieder krank fühlt, fährt Darwin für den Sommer aufs Land, um sich von Verwandten pflegen zu lassen. Schon mehrfach seit seiner Ankunft in London hat er dieses starke Herzklopfen, dazu Magenbeschwerden und Kopfschmerzen. In seiner Cousine und Freundin aus Kindheitstagen Emma Wedgwood findet er hier eine Partnerin, die ihm zugleich auch sanfte Krankenschwester sein wird. Emma ist attraktiv und lebhaft, hat eine sehr gute Erziehung genossen (sie spricht Französisch, Italienisch und Deutsch, spielt Klavier und ist ebenso gut im Bogenschießen wie im Sticken; allenfalls sagt man ihr nach, sie sei recht unordentlich). Noch dazu kommt sie aus reichem Haus. Emma ist genau jene Frau, »besser als ein Engel und mit Geld«, die Darwin bei seiner Abwägung einer Heirat vor Augen hatte.

Sie besucht ihn in London, er ist mit ihr in Shrewsbury, sie schreiben sich Briefe; mehr vernunftsschwer denn liebeslastig gewinnt ihre Beziehung allmählich an Tiefe und Intensität. Doch erst am 11. November 1838, einem Sonntag, findet Darwin den Mut, Emma zu fragen, seine Frau zu werden; sie willigt auf der Stelle ein. Für Darwin ist es »the day of days!«, wie er kurz und knapp in seinem Tagebuch dieses wichtige Ereignis vermerkt. »Ich denke, Du wirst mich vermenschlichen und mich bald lehren, dass es ein größeres Glück gibt, als schweigend und einsam Theorien zu entwerfen und Fakten anzusammeln«, schreibt er ihr kurz darauf. Seine Wahl ist kein Abenteuer, sondern vor allem eines: praktisch. Von Liebe spricht keiner. Am 29. Januar 1839 heiraten Emma und Charles in Maer und ziehen gemeinsam – mit Butler, Köchin und Hausgehilfin – in ein Haus in der Upper Gower Street in London, von ihnen »Macaw Cottage« genannt, wegen seines papageienbunten Dekors. Emma wird Darwins »größter Segen«, wie er später sagt. Sie sorgt für die häusliche Ruhe und Geborgenheit eines harmonischen Familienlebens, in der Charles ungestört wird arbeiten können. Geduldig erträgt sie seine ständige wissenschaftliche Beschäftigung und sein durch angegriffene Gesundheit verursachtes Leiden. Darwins Lebenswerk ist ohne Emmas Beistand undenkbar.

»Alles, was Dich angeht, geht auch mich an«, schreibt sie ihm einmal, »und ich wäre sehr unglücklich, wenn wir einander nicht für alle Zeiten angehörten«. Emma ist sehr religiös, und als Charles ihr vor der Hochzeit gesteht, wie er es mit dem Glauben hält, ist sie irritiert, da sie auf ein gemeinsames Nachleben hofft. Auch in anderer Hinsicht ist Emma ganz der Prototyp einer viktorianischen Ehefrau und widmet sich ohne Zeit zu verlieren mit Charles einer zweiten Aufgabe. Bereits nach einem Jahr, im Dezember 1839, wird ihr erstes Kind William Erasmus geboren; im März 1841 folgt Tochter Anne. In regelmäßigen Abständen bekommt Emma im Laufe von 16 Jahren insgesamt zehn Kinder (vier Töchter und sechs Söhne, von denen indes drei das Erwachsenenalter nicht erreichen). Charles Darwin, so wird gesagt, ist nicht nur liebender Gatte und einfühlsamer Familienvater, der sich rührend um seine Kinder sorgt. Er hat an seinen Kindern auch ein wissenschaftliches Interesse und macht ihr Verhalten zum Studienobjekt. Mit bewundernswerter Präzision notiert

Darwin die Ausdrucksformen seines Erstgeborenen; 1877 veröffentlicht er die 37 Jahre zurückliegenden Tagebuchaufzeichnungen über sein Kind.

Durch ihre Heirat, mit der sie die seit zwei Generationen bestehende Familientradition der Wedgwoods und Darwins fortführen, sichern sich Emma und Charles zugleich ein Vermögen. Josiah Wedgwood gibt seiner Tochter eine Staatsanleihe von 5000 Pfund und eine jährliche Apanage von 400 Pfund mit in die Ehe; auch Robert Darwin steht nicht zurück. Emma und Charles brauchen sich um ihren Unterhalt nicht zu sorgen; sie werden zeitlebens materiell abgesichert sein und einen Hausstand mit Bediensteten führen. Letztlich trägt so eine britische Porzellan-Dynastie zur Ausarbeitung Evolutionstheorie bei.

Die Malthus-Episode. Oder: Wie Darwin die Selektion entdeckt: So solide und unspektakulär sich Darwins Privatleben anlässt, so aufregend ist das intellektuelle Abenteuer dieser Jahre. Unablässig sammelt er in seinen Notizbüchern Gedanken, notiert wichtige Fakten, hält Textstellen aus den Werken anderer fest, schreiben diese auch über noch so scheinbar abseitige Themen. Just bei der Lektüre zu einem dieser abseitigen Themen hat Darwin dann seine alles entscheidende, zündende Idee. Er verdankt sie einem Aufsatz des britischen Wirtschaftswissenschaftlers und Sozialphilosophen Thomas Robert Malthus. »Fünfzehn Monate nachdem ich meine Untersuchungen systematisch angefangen hatte, las ich zufällig zur Unterhaltung Malthus' ›Essay über die Bevölkerung‹«, so berichtet Darwin in seiner Autobiografie, »und da ich hinreichend darauf vorbereitet war, den überall stattfindenden Kampf um die Existenz zu würdigen, kam mir sofort der Gedanke, dass unter solchen Umständen günstige Abänderungen dazu neigen, erhalten zu werden und ungünstige, zerstört zu werden. Das Resultat hiervon würde die Bildung neuer Arten sein. Hier hatte ich nun endlich eine Theorie, mit der ich arbeiten konnte.«

In jenem Aufsatz hat Thomas Malthus 1798 auf das Verhältnis zwischen der Zunahme der Bevölkerung und der Produktion von Nahrungsmitteln aufmerksam gemacht. »Man kann daher ruhig behaupten, dass die Bevölkerung sich, wenn sie nicht in Grenzen gehalten wird, alle 25 Jahre verdoppelt oder in geometrischem Verhältnis wächst«, schrieb Malthus. Tatsächlich stimmt es, dass eine Population – da macht der Mensch keine Ausnahme – nicht nur kontinuierlich wächst, sondern ihre Zahl immer schneller zunimmt (also tendenziell geometrisch, etwa so: 1, 2, 4, 8, 16, 32 ...). Malthus warnte davor, dass diese Tendenz beim Menschen dazu führt, die verfügbare Nahrungsgrundlage bald zu übersteigen, denn selbst durch neue Düngemittel und Bewässerungsmethoden ließe sich die Produktion der Nahrung nicht schneller steigern (diese wachse nur linear: 1, 2, 3, 4, 5 ...). Die Konsequenz ist ein Konkurrenz- und Verdrängungswettbewerb, bei dem Hungersnöte und Krankheiten, oft genug auch Kriege, die Zahl der Menschen wieder dezimiert.

Als konservativer Nationalökonom wollte Thomas Malthus mit seinem Essay – man mag es nicht glauben – vor Almosen für die Armen warnen. Für ihn lag der Kern des Armutsproblems darin, dass die Bevölkerung im damaligen England stetig wuchs, die Nahrungsmittelproduktion und andere Ressourcen aber nicht mithalten konnten; es gab erbitterte Verteilungskämpfe und Hungersnöte. Eine öffentliche Unterstützung der Armen verschlimmere dies, so Malthus, da dadurch mehr Arme überlebten und sich vermehrten. Malthus' Schlussfolgerungen sind brutal und zutiefst inhuman und es sei betont: Das war allein seine Sicht. Darwin hat sich diese Menschenverachtung in dem ihm später unterstellten und irrtümlich mit seinem Namen belegten »Sozialdarwinismus« nie zu eigen gemacht.

Was Darwin im September 1838 macht, ist an sich simpel: Er überträgt Malthus' Überlegungen vom Menschen auf die Natur. Auch Tiere zeugen, so weiß Darwin aus zahllosen eigenen Beobachtungen, stets mehr Nachkommen, als die Umwelt dauerhaft ernähren kann und als selbst zur Fortpflanzung kommen. Einmal errechnet er, dass eine einzige Seewalze (verwandt mit Seeigeln und Seesternen) von den Falklandinseln etwa 600 000 Eier legt; nur die natürliche Massenvernichtung kann verhindern, dass allein diese einzelne Tierart den gesamten Südatlantik überschwemmt. Tatsächlich werden bei jeder Art überzählige Nachkommen etwa durch Feinde, Hunger, Kälte oder andere natürliche Umstände getötet. Es muss also, so überlegt Darwin weiter, so etwas wie eine natürliche Auslese oder Selektion geben. Wer aber unter den vielen Nachkommen überlebt? Hier hat Darwin dann eine entscheidende Idee: Es überlebt stets, wer am besten an seine Umwelt angepasst ist. Unter unendlich vielen Varietäten, die die Natur bereitstellt, werden die ausgewählt, die am geeignetsten sind zu überleben. Dabei reicht oft ein winzig kleiner Vorteil, irgendein leicht variierendes Merkmal hier oder eine Verhaltenseigenart dort, die dann an die Nachkommen weitergegeben werden. Bei Tieren wie auch bei Pflanzen tobt also ein Konkurrenzkampf, der innerhalb und auch zwischen Arten stattfindet. »All nature is at war«, nennt Darwin diesen allgegenwärtigen Kampf ums Dasein. Bereits damals – und auch schon bei Malthus nachzulesen – wird dieser Begriff »struggle for existence« vielfach verwendet; nicht Darwin hat ihn also geprägt, vielmehr hat er nur noch einen Schritt weitergedacht. Denn unter dieser Konkurrenzsituation, der Tiere und Pflanzen in der Natur ausgesetzt sind, werden »vorteilhafte Abwandlungen eher

Emma Darwin im Jahr 1840
auf einem Aquarell von George Richmond

dazu neigen, erhalten zu bleiben, und unvorteilhafte, zerstört zu werden«. Darwin nennt dies »survival of the fittest« – das Überleben der Bestangepassten. Dass angeblich nur der Stärkere sich durchsetzt, beim Menschen gar der Rücksichtsloseste, ist eine Ansicht, die Darwin später fälschlicherweise unterstellt wird. Ihm geht es um einen allgegenwärtigen Mechanismus in der Natur, nicht um menschliche Moral.

Darwin schlussfolgert aus diesen, letztlich von Malthus ausgelösten Überlegungen: »Das Ergebnis wäre die Bildung neuer Arten«. Hatte er bereits zuvor (spätestens seit März 1837) erkannt, dass sich Arten verändern und im Laufe der Zeit und über geografische Regionen hinweg wandeln, so entdeckt er jetzt mit der Selektion auch die dabei in der Natur wirksame Kraft. Darwin hat mit der natürlicherweise stattfindenden Auslese und dem Überleben der Bestangepassten den entscheidenden Mechanismus entdeckt, der Arten verändert – und der, wie Darwin glaubt, auch neue Arten entstehen lässt. Die kausale Erklärung der Evolution ist gefunden, Darwins Reise zur Erkenntnis ist beinahe am Ziel.

Aus seinen Aufzeichnungen und Notizbüchern (inzwischen ist er beim »Notebook D« angelangt) wissen wir, dass Darwin den Essay von Malthus am 28. September 1838 gelesen hat. Dies habe in ihm ein geradezu ekstatisches Gefühl ausgelöst, wird sich Darwin lange danach erinnern. Doch obgleich sich ihm dieser Tag als ein entscheidender Moment seines Lebens einprägt (wie bei jedem echten Forscher), erleben wir erneut kein für andere sichtbares »Heureka!« bei Darwin. Zwar notiert er seine Überlegungen in den Notizbüchern und kehrt wiederholt zu diesem Gedanken einer natürlichen Selektion zurück. Doch obwohl er die zündende Idee hat und daraus den richtigen Gedanken entwickelt; wieder jubiliert Darwin nicht, springt nicht gleichsam begeistert auf, um seine Erkenntnis mitzuteilen. Vielmehr lässt Darwin seine neue Idee und den Gedanken einer natürlichen Auslese langsam reifen. Statt gleich seine neue Theorie in einem Guss zu Papier zu bringen, setzt er in aller Ruhe seine geologischen Arbeiten fort, mit denen er zu dieser Zeit beschäftigt ist. Was denkt dieser Mann sich nur!

Dennoch: Darwins Lektüre von Malthus' Essay markiert den Beginn eines tief greifenden Umdenkens. Spätestens mit Malthus bekommt jenes Bild tiefe Risse, das von einer göttlichen Ordnung in der Natur ausgeht, wie Darwin es seit seinen Studienjahren in Cambridge mit der Naturtheologie William Paleys und auch mit Humboldts harmonischer Natur im Gleichgewicht gewohnt war zu sehen. Malthus betont Kampf und Konflikt. Darwin bricht dieses Konzept vom Kampf ums Dasein aus der statischen Weltanschauung heraus und stellt es in einen neuen Zusammenhang. Das Kuriose dieser Malthus-Episode ist übrigens, dass später vielfach angenommen wird (und tatsächlich findet sich das in den meisten Darstellungen zum Selektionsgedanken), Darwin habe jene Überlegungen von Malthus, die angeblich ohne einen Gedanken an Tiere und Pflanzen entstanden seien, lediglich vom Menschen auf das Naturreich übertragen. Doch das stimmt nicht, wies unlängst der Historiker und Philosoph David Hull nach. Malthus beginnt seine Argumentation ausgehend vom Tierreich; ausdrücklich bezieht er sich auf die ungeheure Fruchtbarkeit von Tieren und Pflanzen und überträgt dies dann auf den Menschen. Malthus schließt also aus der Biologie auf die Ökonomie; erst später wird dies durch Darwin (übrigens in gleicher Weise auch durch Alfred Russel Wallace) wieder umgekehrt. Hull weist auch darauf hin, dass Darwins unmittelbare Umgebung zu dieser Zeit sicherlich seinen Blick auf Malthus' Theorie der Überbevölkerung mitgeprägt hat. Darwin lebt in London – damals bereits eine Zweimillionenstadt (als er stirbt, leben dort vier Millionen Menschen). Verglichen mit jenen Orten und Ländern, die Darwin kurz zuvor während der *Beagle*-Reise besuchte, dürften ihm London und England zweifelsohne wie ein äußerst überbevölkerter Flecken Erde vorgekommen sein. In gewisser Weise war Darwin also durchaus vorbereitet und es war vielleicht auch gar kein Zufall, dass er ausgerechnet Thomas Malthus las.

Darwins erster Entwurf seiner Theorie: Der Essay von 1842: Darwin lässt sich Zeit. Er schweigt und verbreitet sich nicht über diese Theorie, nach der Arten veränderlich und keineswegs von Gott unveränderlich geschaffen sind, sondern durch natürliche Selektion ausgelesen werden und sich dadurch ständig weiterentwickeln. Wie anders arbeitet und denkt er etwa im Vergleich zu seinem späteren Mitentdecker der Evolutionstheorie, zu Alfred Russel Wallace. Anders als jener, der – einmal den richtigen Gedanken gefasst – alles in weniger als drei Tagen zu Papier bringt, sammelt Darwin noch monate- und jahrelang weiter Notizen, vervollständigt seine Aufzeichnungen, denkt nach und wägt die Argumente ab. Hat Darwin bis dahin seine Überlegungen zur Veränderung und Entwicklung von Arten, seine »gottesverleugnende« Theorie, lediglich in kurzen Stichpunkten und Bemerkungen notiert, so hält er erst drei Jahre später – wir schreiben den Sommer 1842 – die Zeit für gekommen, einen ersten Entwurf zu Papier zu bringen. Was ist in diesen drei Jahren geschehen?

Tatsächlich hat die vermeintliche Lücke zwischen den Notizbüchern bis 1839 und dieser ersten Skizze seiner Theorie den Historikern erhebliches Kopfzerbrechen bereitet. Aber vergessen wir nicht: Zum einen ist Darwin noch immer hauptsächlich mit seinen geologischen Arbeiten beschäftigt. Zum anderen wird er in dieser Zeit zweimal Vater; seine junge Familie dürfte ihm einiges an Zeit und Muße gekostet haben. Außerdem wissen wir, dass ihm nun häufiger Unwohlsein und seine mysteriöse Krankheit arg zu schaffen machen. Im Übrigen, so haben Darwin-Forscher inzwischen akribisch rekonstruiert, setzt er auch in diesen drei Jahren seine Arbeit an der Artentheorie fort; er vervollständigt seine Notizen weiter und zeichnet seine Gedanken auf. Doch erst als er im Mai 1842 mit Emma und den Kindern aufs Land zu ihren Familien nach Shrewsbury und Maer reist, findet er wieder mehr Zeit und Ruhe.

»Im Juni 1842 gestattete ich mir zum ersten Male die Befriedigung, einen ganz kurzen Abriss meiner Theorie, 35 Seiten lang, mit Bleistift niederzuschreiben und diese wurde dann während des Sommers 1844 zu einem zweiten von 230 Seiten erweitert, den ich ordentlich umgeschrieben habe und noch besitze«. Dieser 1842 mit Bleistift geschriebene erste Essay Darwins zur Transmutation der Arten ist ein Destillat all seiner Gedanken, die er über die vergangenen Jahre in eher zusammenhanglosen Notizen festgehalten hat. Und es ist eines der wichtigsten Dokumente Darwins. Er bildet nicht nur die Grundlage für den erwähnten längeren Aufsatz von 1844 (wir kommen noch darauf zurück), sondern auch – und hier wird es spannend für Darwin-Kundler – für Darwins wichtigstes Werk, die »*Entstehung der Arten*« von 1859. Denn was er im Mai und Juni 1842 erstmals zu Papier bringt, in 15 000 Wörtern und auf 37 handschriftlichen Manuskriptseiten (tatsächlich kommt zu den 35 Seiten, die Darwin erwähnt, noch eine Seite Inhaltsverzeichnis und eine weitere mit einer Einleitung dazu), das enthält neben den grundlegenden Gedanken der Selektionstheorie auch bereits fast komplett die spätere Argumentationsstruktur seines Hauptwerkes. Und das ist das eigentlich Sensationelle an Darwins Entwurf von 1842. Denn in diesen Sommermonaten schreibt er nieder, was später einmal die Biologie revolutionieren wird.

Und noch etwas Entscheidendes zeigt dieser erste Essay. Bisher hat Darwin in seinen Notizbüchern Fakten aus der Tierwelt gesammelt, etwa zur allgegenwärtigen Variation einzelner Tierformen in der Natur, aber auch zu deren Vorkommen und Verbreitung, oder zur Klassifikation und damit letztlich zur Verwandtschaft einzelner Arten. In seinem ersten Entwurf ändert er jetzt plötzlich die Perspektive und die Sichtweise. Erstmals stehen nicht mehr die Beobachtungen an Tieren in der Natur im Vordergrund seiner Betrachtung, mit denen er sich bisher fast ausschließlich beschäftigt hat, jene Fakten, die ihn anfänglich zum Evolutionsgedanken gebracht haben. Vielmehr vergleicht Darwin diese Naturphänomene mit den Zuchtversuchen des Menschen, etwa an Tauben, Pferden, Rindern und Schweinen. Gleich im ersten Entwurf des Essays beginnt er: »Jeder Organismus variiert, soweit wir wissen, wenn er für einige Generationen unter Bedingungen gezüchtet wird, die sich von jenen in der Natur unterscheiden«. Und so oft Darwin diesen Gedanken auch in den kommenden Jahren um- und ausformulieren wird; es ist diese Analogie zwischen künstlicher Zuchtwahl und der von ihm entdeckten natürlichen Auslese, in der der gesamte Aufbau seines späteren Hauptwerkes »*Über die Entstehung der Arten*« wurzelt. In dieser kurzen Skizze von 1842 finden wir das, was Darwin 1859 im ersten Kapitel über die Veränderlichkeit bei domestizierten Tieren in Menschenhand schreiben wird, um durch diese Analogie seine Leser davon zu überzeugen, dass es etwas ganz Ähnliches auch in der Natur gibt: die »natural selection«. Und hier, in einer Zwischenüberschrift seines ersten Essays verwendet Darwin erstmals den von ihm geprägten Begriff der Naturauslese; hier nimmt seine Evolutionstheorie greifbar Gestalt an.

Faszinierend ist, dass wir Darwins Werkgeschichte – angefangen bei seinen Notizbüchern von 1836 bis 1839 und jetzt von 1842 bis 1859 – beinahe Wort für Wort und Satz für Satz nachvollziehen können. So finden wir bereits hier, im Essay von 1842, vielfach Formulierungen, die wir später immer wieder bis hin zu seinem Hauptwerk lesen werden; so etwa auch jene berühmte, weil viel zitierte Passage am Ende seines großen Werkes von 1859, in der er schreibt: »There is a simple grandeur in the view of life …«. Wie wir jetzt wissen, im Sommer 1842 in Shrewsbury formuliert, leitet sie auch die vorliegende Biografie über Darwin ein.

Obgleich Darwin in seiner Autobiografie einen unübersehbaren Hinweis auf seine Essays gibt, finden sich diese – ja, wir dürfen ruhig sagen: epochalen – Abhandlungen erst ein halbes Jahrhundert später wieder auf. Denn wir dürfen nicht vergessen: Noch immer sind dies private Aufzeichnungen Darwins, nicht dazu bestimmt, veröffentlicht zu werden. Seine Kinder entdecken diesen Essay von 1842 gemeinsam mit jenem von 1844 erst 1896 nach dem Tode Emmas in einem Schrank unter der Treppe von Darwins Haus in Kent, als die Familie das Anwesen aufgibt. Dort unter der Treppe hat Darwin alte Manuskripte verstaut, die er nicht wegwerfen wollte. Es wirft ein ganz eigenes Licht auf Darwin, der zu Lebzeiten seinen Kindern erlaubt, dieses Manuskriptpapier dazu zu verwenden, um auf den Rückseiten zu malen oder kleine Erzählungen darauf zu verfassen. So trägt selbst das Originalmanuskript zu Darwins »*Entstehung der Arten*« solche Spuren seines Familienlebens. Wir verdanken es Darwins Sohn Francis, dass wir tiefen Einblick nehmen können in die Entstehungs- und Werksgeschichte von Darwins Evolutionstheorie. Francis transkribiert die handschriftlichen Originalmanuskripte und veröffentlicht diese wichtigen Essays erstmals zum Jubiläumsjahr 1909 (später werden sie nochmals vom britischen Entwicklungsbiologen Gavin de Beer 1959 aufgelegt). Dadurch wissen wir heute, dass Darwin seine Theorie und alles was er dafür brauchte, in einer vergleichsweise kurzen Periode – den entscheidenden Jahren zwischen 1837 und 1842 – zusammenträgt. Und es erscheint uns kurios genug, dass er dennoch erst 17 Jahre später sein wichtigstes Werk zur Evolution veröffentlichen wird. Wie gesagt: Er konnte warten. Doch warum?

»Es ist, als ob man einen Mord gesteht«, wird er in einem Brief an seinen Freund, den Botaniker Joseph Hooker bekennen, den er kurz darauf ins Vertrauen zieht und ihn in seine Gedanken über das »fürchterliche Geheimnis« einweiht. Darwin schreibt: »Ich glaube, ich habe das Prinzip gefunden, durch das sich Arten ihrem jeweiligen Zwecke anpassen«. Er ist überzeugt davon, dass alle Lebewesen aus einer gemeinsamen Wurzel stammen und dass dieser Prozess durch natürliche Auslese vorangetrieben wird. Keine Frage also: Auf seiner zweiten Reise zur Erkenntnis hat Charles Darwin die wichtigste Etappe zurückgelegt; seine Theorie ist gefunden. Und doch ist Darwin noch nicht angekommen. Er ahnt mehr als er weiß, dass ihm bis zum Ziel noch eine letzte Etappe fehlt. Später schreibt er dazu: »Ich übersah damals ein Problem von großer Bedeutung«. Darwins Problem ist das Prinzip der Divergenz, mit dem er sich noch jahrelang herumschlagen wird. Tatsächlich sehen Wissenschaftshistoriker im Divergenzprinzip eine wichtige Ergänzung zu Darwins Theorie; es ist jenes Puzzleteil, nach dem Darwin von jetzt an suchen und was ihn 17 Jahre zögern lassen wird, bis er mit seiner Theorie an die Öffentlichkeit geht. Er will also keineswegs nur weitere Belege und Fakten sammeln; tatsächlich hält er seine Theorie zu diesem Zeitpunkt, im Sommer 1842, für noch nicht vollständig ausgereift.

Down House von der Gartenseite gesehen,
Gemälde von Albert Godwin 1880

Und dann ist da noch jener Brief seines Freundes Joseph Hooker, der ihn warnt, dass nur ein Naturforscher, der selbst schon einmal Arten untersucht und beschrieben hat, sich kompetent zur Artenfrage äußern dürfe. Hier kommt nun ein seltsamer, verzwergter Rankenfußkrebs von der Küste Chiles ins Spiel, der Darwin letztlich acht Jahre seines Lebens kosten wird. Die Welt wartet auf die Evolutionstheorie. Warum mikroskopiert Charles Darwin derweil die Beinanhänge kleiner Krebschen?

Darwin in Down House:
kleine Krebse und das große Arten-Buch
(1842–1858)

*I*ch habe soeben die Skizze meiner Spezies-Theorie been-
digt. Wenn meine Theorie mit der Zeit auch nur von einem einzigen kompetenten Beurteiler angenommen wird, so
wird dies ein beträchtlicher Fortschritt für die Wissenschaft
sein.« Am 5. Juli 1844 wendet sich Charles Darwin in seinem
Brief mit einer besonderen Bitte an seine Frau Emma. »Ich
schreibe dies für den Fall meines plötzlichen Todes nieder als
meinen feierlichen und letzten Wunsch, dass Du 400 Pfund
auf die Veröffentlichung meiner Skizze verwenden und sie
ferner fördern mögest. Ich wünsche, dass sie irgendeiner
kompetenten Persönlichkeit zusammen mit dieser Summe
übergeben wird«. In dem Brief, der sich in seinem Nachlass
findet, gibt er seiner Frau detaillierte Anweisungen, wie seine
Theorie zu verbreiten sei, sollte er unvermittelt sterben. Sie
möge einen Herausgeber finden (vielleicht Lyell, oder besser
noch: Joseph Hooker, so schlägt er vor); diesem seien auch
die acht oder zehn braunen Mappen mit seinen Notizen zu
übergeben, um sie noch in den Aufsatz einzuarbeiten.

Darwin hat seine erste Skizze zur Artentheorie seit Sommer 1842 allmählich, aber kontinuierlich revidiert und erweitert. Wissenschaftshistoriker werden später verschiedene
Textfassungen aus dieser Zeit finden, mit Korrekturen älterer
Versionen sowie Abschriften samt Ergänzungen. Seit Februar
1844 formuliert Darwin nun eine neue, ausführliche Version

seines Essays, der schließlich 230 Manuskriptseiten umfasst. Als dieser im Sommer fertig ist, lässt er ihn vom Dorfschullehrer in Downe in Reinschrift kopieren; er korrigiert die Abschrift in der letzten Septemberwoche 1844, dann schließt er dieses Manuskript zusammen mit seinem Brief und letzten Willen an Emma weg. Noch ist es nur für den Fall seines Todes. Dass Darwin auch zu diesem Zeitpunkt nicht veröffentlicht, hat gleich mehrere, allesamt einsichtige Gründe. Wir werden sie uns hier der Reihe nach ansehen und dabei zugleich mit der Legende von Darwins angeblicher Verspätung aufräumen. Mag sich Darwin im Sommer 1844 des Wertes seiner Artentheorie durchaus bewusst sein (so jedenfalls liest sich sein Brief an Emma), hält er indes sowohl die Theorie wie auch den Aufsatz für unfertig. Etwas fehlt noch, und Darwin weiß dies.

Lange bleiben Darwins Essays zur Artentheorie unbekannt. Erst Jahrzehnte später finden sie sich unter der Treppe in Down House – jenem Landsitz in der Grafschaft Kent, auf den sich Darwin im September 1842 mit seiner Familie zurückzieht. Das Haus in London ist zu klein für die stetig wachsende Familie und ihre Bediensteten geworden. Emma erwartet ihr drittes Kind. Mary Eleanor wird am 23. September geboren, verstirbt aber nur drei Wochen später. So beginnt das Leben der Darwins in Down House mit einem traurigen Auftakt.

Down House. Der Mittelpunkt der Welt: Wohl nur wenige Orte können für sich reklamieren, derart eng mit dem Leben und Wirken einer bedeutenden Persönlichkeit verknüpft zu sein wie Down House am Ortsrand des kleinen Dorfes Downe (das »e« wurde dem Ortsnamen später beigefügt, doch Darwin übernimmt die Schreibweise für seinen Landsitz nicht). Knapp 25 Kilometer südöstlich von London gelegen, gibt es in Downe zu dieser Zeit etwa 40 Häuser, einen Friedhof und zwei Pubs (die sind heute noch da). Charles Darwin kauft hier, mithilfe des Vaters, für vergleichsweise günstige 2200 Pfund ein geräumiges Landhaus mit Garten und weitläufigem Grundstück.

Es ist nicht Liebe auf den ersten Blick, als Emma und Charles das von Schlingpflanzen bis zum Dach überwucherte Haus sehen. Einige Renovierungen und Anbauten sind nötig. Darwin lässt auf der Gartenseite einen dreigeschossigen Erker ansetzen, um mehr Raum und Ausblick auf Garten und Park mit den weiten Wiesen zu schaffen. Später wird das Gebäude noch zweimal für die stetig wachsende Familie erweitert (und die bis zu zwölf Angestellten – vom Butler über Köchin und Kindermädchen bis zu den beiden Gärtnern). Auch lässt Darwin gleich die geräumige Zufahrt verkleinern und an die Ostfront des Gebäudes verlegen; er schirmt sich ab, sein Anwesen verschwindet hinter Feldsteinen und Hecken, im Osten trennt eine hohe Ziegelmauer den Garten vom nächsten. Auf dem Land groß geworden, wollen Darwin und Emma wieder die Jahreszeiten kommen und gehen sehen, die frische Luft genießen; das hektische London liegt endlich hinter ihnen. In Down House fühlt sich Darwin »wie am äußersten Rand der Welt«; doch wird er bald von hier aus das Geistesleben des viktorianischen Englands und schließlich unsere Sicht auf die Welt revolutionieren.

Down House und der weitläufige, baumbestandene Park mit dem »Sandwalk« (einem von Darwin regelmäßig genutzten Spazierweg durch ein kleines Wäldchen am Rand seines Anwesens) werden für die nächsten 40 Jahre zum integralen Bestandteil in Darwins Leben und Wirken. Hier führt er zurückgezogen mit seiner Familie ein privilegiertes Leben als wohlhabender Besitzbürger und Privatgelehrter. Hier kann er ungestört und ohne Rücksicht auf gesellschaftliche

Verpflichtungen seiner wissenschaftlichen Arbeit nachgehen – sofern ihn nicht seine eigenartige Krankheit zwischenzeitlich immer wieder daran hindert. Er wolle indes nicht ein kompletter »Kentish hog« (Darwins Variante des Landeies) werden, schreibt er aus Down House an einen Freund. Tatsächlich sieht man ihn anfangs noch regelmäßig in London, wo er Kontakte pflegt und an wissenschaftlichen Veranstaltungen teilnimmt (denen er später so konsequent fern bleiben wird). Aber bereits ein Jahr später empfindet er die Fahrt nach London oder gar anderswohin in England als ungeheure Anstrengung, verbunden mit Aufregung. Nur noch kurze Reisen, meist zur Kur oder für Verwandtenbesuche, halten ihn fortan von seiner Arbeit ab.

Haus, Garten und Gewächshäuser werden zu seinem Laboratorium und Experimentierfeld. Hier betreibt er Studien an allem, was kreucht und fleucht – von den Regenwürmern im Garten bis zu exotischen Pflanzen im Gewächshaus; hier präpariert er Rankenfußkrebse, hier züchtet er Tauben und Orchideen. Sein von Büchern gesäumtes Arbeitszimmer wird ihm zur Fabrik; hier schreibt er die wichtigsten und berühmtesten seiner Werke, darunter die *»Entstehung der Arten«*. Nicht nur durch sein wissenschaftliches Werk, sondern auch mit seinem Wohnsitz schafft sich Darwin ein Denkmal ganz eigener Art. Bis heute ist Downe beschaulich geblieben, strahlt Darwins Haus samt seinem gepflegten weitläufigen Garten die friedliche Atmosphäre einer Oase aus. Seit 2006 ist Down House Weltkulturerbestätte (so wie etwa Stonehenge und die Chinesische Mauer) – welch eine Karriere für das anfangs auf Charles und Emma so düster wirkende Landhaus in Kent.

Für Darwin wird die ländliche Abgeschiedenheit von Down House für den Rest seines Lebens zum Mittelpunkt der Welt. Doch anders als das kolportierte Bild vom »Eremiten von Downe« suggerieren mag, ist Darwin alles andere als ein von der (wissenschaftlichen) Welt isolierter Einsiedler und einsamer Gelehrter. Darwin schreibt und empfängt unzählige Briefe, mit denen er von überall her minutiös Auskünfte zu seinen Thesen und Fragen einzuholen pflegt. Mit seiner ungeheuer weitläufigen, etwa 14 000 Briefe umfassenden Korrespondenz, die ihm als Tor zur Welt dient, unterhält Darwin ein Netzwerk wissenschaftlicher Informanten. In Down House empfängt Darwin auch regelmäßig Besuch von Freunden und Kollegen; einige seiner Besucher überredet er, wenigstens Teile seiner Theorie zu akzeptieren und sich seinen Ansichten anzuschließen. Von hier aus wird Darwin auch seine Freunde, die Schlüsselpositionen im Londoner Wissenschaftszirkel einnehmen, für seine Zwecke einsetzen – allen voran den Geologen Charles Lyell, den Botaniker Joseph Hooker und den Zoologen Thomas Henry Huxley. Darwin wird in Down House zu einem meisterhaften Taktierer hinter den Kulissen, der seine revolutionäre Idee auf raffinierte Weise unters Volk bringt. Denn erst dank seiner vielfältigen Verbindungen verwandelt Darwin die private Ansicht seines Aufsatzes von 1844 allmählich in eine der populärsten Theorien überhaupt – und verwirklicht sein an Emma gerichtetes Vermächtnis schließlich selbst.

Ein Tag im Leben des Charles Darwin: In Downe packt Darwin abwechselnd die Arbeitswut und plagt ihn eine chronische, bis heute letztlich rätselhafte Krankheit, angesiedelt irgendwo zwischen psychosomatischem Gebrechen und hypochondrischem Leiden. Das schwer zu definierende Unwohlsein stellt sich erstmals Monate nach Darwins Rückkehr von der *Beagle* im Jahre 1837 ein und plagt ihn für den Rest seines Lebens. Er leidet unter Schwächeanfällen und chronischer Müdigkeit, gepaart mit erhöhtem Puls und Kopfschmerz, und vor allem unter ständigen Magen- und Verdauungsproblemen. All dies hält ihn oft tage-, ja nicht selten sogar wochenlang davon ab, sein enormes Arbeitspensum zu erfüllen.

Darwins Beschwerden stellen die diagnostischen Künste seiner wechselnden Ärzte auf eine harte Probe. Die Spezialisten verschreiben – Ausdruck ihrer Hilflosigkeit – Kuren und Bäder; die bringen vorübergehend Linderung, aber nie wirkliche Besserung. Ähnlich hilflos sind bis heute jene Historiker, die versuchen, das Rätsel von Darwins Krankheit aufzudecken. Er könnte an der südamerikanischen Chagas-Krankheit gelitten haben, vermuten die einen, einer tropischen Infektion mit jahrzehntelangen Nachwirkungen auf Herz und Darm. Andere glauben in Darwins Leiden zu erkennen, wie schwer er seelisch dafür bezahlt, dass er das lieb gewonnene Bild vom Menschen revolutioniert und sich damit gegen die Ansichten der Gesellschaft, die Doktrin der Kirche und den Glauben seiner Frau Emma stellt. Offenkundig verstärken Ängste die Ausbrüche seiner Krankheitssymptome. Doch zeigen sich diese nicht nur in zeitlicher Nähe zu kritischen Phasen während der Ausarbeitung seiner Theorie, so ist Janet Browne überzeugt; vielmehr leidet Darwin auch verstärkt bei Anzeichen jeder Art von Krisen, in die Banken und Firmen verwickelt sind, denen er sein Vermögen anvertraut hat. Halten wir also fest: Mindestens ebenso wie Emmas Religiosität treibt Darwin die Angst um seine finanziellen Verhältnisse um. Gott und Geld machen Darwin gleichermaßen krank.

Damit nicht genug: Zum Psychosomatischen kommt noch eine Portion Hypochondrisch-Neurotisches. Meist erträgt Darwin seine Krankheit zwar mit bemerkenswerter Tapferkeit, doch nutzt er sie auch mit leicht morbider Zwanghaftigkeit. Nach der Veröffentlichung seiner Theorie, als er sie in seine Kampagne integriert, erfüllen Darwins körperliche

Gebrechen ohne Zweifel einen gesellschaftlichen Zweck. Indem sie ihm erlauben, sich den Kontroversen um seine Abstammungstheorie zu entziehen, formen sie Darwins Image als intellektuelle Autorität.

Von seiner Krankheit abgesehen, arbeitet Darwin konzentriert und mit eiserner Disziplin mittels eines strikten Tagesablaufsplans mit Arbeits- und Ruhephasen. So vermag er sein zielführendes Arbeiten mit einem den Kindern und seiner Frau gewidmeten Familienleben zu vereinbaren. Meist arbeitet Darwin kaum mehr als vier Stunden am Tag, unterteilt in drei kurze Abschnitte; die Zeit dazwischen nutzt er für Spaziergänge, Mahlzeiten mit seiner Familie und die umfangreiche Korrespondenz. »Mein Leben gleicht einem Uhrwerk«, schreibt Darwin in einem Brief, »und ich ticke an einem Ort, wo ich es beenden werde«.

Nach dem Aufstehen und noch vor dem Frühstück geht Darwin spazieren. Ab etwa acht Uhr finden wir ihn für anderthalb bis zwei Stunden im Arbeitszimmer; es ist seine beste Zeit. Anschließend sieht er nach seiner Post, ruht sich auf dem Sofa aus, während aus Briefen an die Familie oder aus einem Roman laut gelesen wird. Ab 10:30 Uhr bis Mittag widmet er sich wieder seiner Arbeit. Er schreibt meist in einem schwarzen Ledersessel sitzend (unter dem Rollen angebracht sind), versehen mit einem stoffbespannten Schreibbrett quer über den hohen Armlehnen und seine Füße auf einen flachen Schemel gelegt. So – und nicht etwa am Schreibtisch, wie man fälschlicherweise immer wieder liest – entstehen die meisten seiner Arbeiten, darunter auch das Manuskript zur »*Entstehung der Arten*«. Noch heute steht dieser Sessel in Down House ganz nahe am nach Nordosten weisenden Fenster vor einem Regalschrank mit zahlreichen brieffachartigen Ablagen und Schubladen, in denen Darwin seine zahllosen Notizen sowie Briefe und Bücher aufbewahrt. Von hier kann er auch in einen kleinen Spiegel sehen, der draußen vorm Fenster angebracht ist, und ihn rechtzeitig erkennen lässt, wer zum Eingang des Hauses kommt, noch bevor der Besucher die Eingangstür erreicht. Andererseits war offenbar selbst das Arbeitszimmer nicht für seine Kinder tabu. Darwin erlaubt ihnen darin zu spielen, während er arbeitet; offenbar wird er durch sie in seinem Denken weniger gestört als vielmehr inspiriert.

Mittags macht Darwin regelmäßig einen Spaziergang durch den Park seines Anwesens, ungeachtet des Wetters und für viele Jahre begleitet von seinem Foxterrier Polly oder seiner Tochter Annie. Zuerst schaut er in den Gewächshäusern zur Rechten vorbei. Darin züchtet Darwin fleischfressende Pflanzen, Orchideen und andere exotische Gewächse, denen er sich mit großer Aufmerksamkeit widmet. Viele der Pflanzen hat ihm Joseph Hooker vermittelt, der Direktor der königlichen Gärten in Kew und ein Freund der Familie ist. Weiter wandert Darwin entlang der großen Wiesen, beobachtet dabei Bienen und Hummeln und lauscht den Feldlerchen. Vorbei geht es an Hecken, auf dem immer gleichen Weg – dem »Sandwalk«, seinem Denkpfad. Er führt ihn in ein kleines Gehölz am südwestlichen Ende des Parks, das auch bei seinen Kindern beliebt ist, die dort oft spielen. Das niedrige Dickicht mit einigen größeren Bäumen hat Darwin von seinem Nachbarn Sir John Lubbock erworben und einen Weg hindurch legen lassen, der mit Sand aufgeschüttet ist. Während seiner mehrfachen Runden wandert Darwins Blick gen Süden, wo sich ein kleines, stilles Tal umgeben von Wald und Wiesenland öffnet.

Anschließend findet sich die Familie gegen eins um einen großen Mahagoni-Esstisch zum Mittagessen ein, der wichtigsten Mahlzeit, die gemeinsam (und wenn diese im Haus sind, auch mit Gästen) eingenommen wird. Danach ruht sich

Darwin auf dem Sofa aus, entweder im Esszimmer oder im Wohnzimmer nebenan, wo er Zeitung liest und sich so auf dem Laufenden hält. Der Nachmittag folgt einem ähnlichen Ablauf. Darwin widmet sich seiner Korrespondenz oder einer Lektüre. Ab drei Uhr liest Emma aus einem Roman vor (übrigens ist Darwins Vorliebe für Romane reichlich unambitioniert; er bevorzugt solche mit »happy ending« und nicht immer literarische Besonderheiten). Von etwa halb vier an arbeitet er nochmals für ein bis zwei Stunden, unterbrochen von einer kurzen Pause. Anschließend wird Tee serviert, den Emma und Charles in seinem Arbeitszimmer einnehmen. Jeden Abend spielen beide zwei Partien Backgammon (nach vielen Jahren steht es 2795 zu 2490 gewonnene Spiele für Charles, wie er akribisch vermerkt), später widmet Emma sich ihrem Piano und Charles liest in einem seiner wissenschaftlichen Bücher.

Einen besonderen Luxus gönnt sich der ansonsten eher bescheiden lebende Darwin dann doch. Nachdem er im Frühjahr 1858 in Moor Park während einer Kur das Spiel für sich entdeckt und im Februar 1859 während eines weiteren Besuches noch mehr schätzen lernt, schafft sich Darwin einen Billardtisch an (er ist noch heute in Down House zu besichtigen). Um den Kaufpreis von etwas mehr als 53 Pfund aufzubringen, so berichtet sein Sohn Francis später, versetzt Darwin unter anderem die goldene Uhr seines Vaters (obgleich er da bereits äußerst vermögend ist). Offenbar ist es eine lohnende Investition, denn gerade während der Arbeit an seinem Arten-Buch bietet ihm das Billardspiel willkommene Ablenkung und Entspannung.

Der Essay von 1844 und die »Vestiges«-Episode: Seit Darwin im September 1838 bei der Lektüre von Thomas Malthus' Essay zum Wachstum der Bevölkerung das Prinzip der natürlichen

Selektion entdeckte, hat er beständig seine darauf basierende Theorie von der Veränderlichkeit der Arten ausgearbeitet, ohne jemanden einzuweihen. Am 11. Januar 1844 lüftet Charles Darwin erstmals sein Geheimnis. In einem Brief gesteht er dem jungen Botaniker und neuen Freund Joseph Hooker, er sei nunmehr seit sieben Jahren mit einer vermessenen Idee beschäftigt. »Inzwischen bin ich, ganz im Gegensatz zu meiner ursprünglichen Meinung, beinahe überzeugt davon, dass die Arten nicht – es ist, als ob man einen Mord gesteht – unveränderlich sind«. Was Darwin hier in einem einzigen Satz zusammenfasst, führt er in den folgenden Monaten in seinem knapp 52 000 Wörter umfassenden Aufsatz aus. Doch dann, kaum fertiggestellt, legt er diesen Essay beiseite (nicht ohne jene testamentarische Verfügung an Emma freilich). Stattdessen arbeitet er an weiteren geologischen Berichten von der *Beagle*-Reise, jenem Teil seiner Forschungen, den er erst abschließen will.

Allerdings lässt Darwin noch etwas anderes zögern. Obgleich er zurückgezogen in Down House lebt, bleibt auch ihm nicht verborgen, wie sehr es in der britischen Gesellschaft brodelt. Wie ein Fels in der Brandung stehen da Religion und der damit verbundene Glaube an eine göttliche Schöpfung und Ordnung. Beides wird erschüttert und infrage gestellt, als im Frühjahr 1844 ein eigenartiges Buch – noch dazu anonym – erscheint: die »*Vestiges of the Natural History of Creation*«, bald auch auf Deutsch verlegt als »*Natürliche Geschichte der Schöpfung des Weltalls, der Erde und der auf ihr befindlichen Organismen*«. In einem Brief an seinen Vetter William Fox berichtet Darwin im April 1844, dass einige ihn, Darwin, in Verdacht haben, er könnte der Autor sein. Darwin weiß nicht, ob er dadurch beleidigt oder geschmeichelt sein soll. Sind es nicht tatsächlich genau jene Themen der »*Vestiges*«, die auch ihn bewegen? Ist ihm etwa jemand zuvorgekommen?

»Mr. Vestiges«, wie man den anonymen Autor allseits nennt, schildert in seinem Buch verständlich und einprägsam den Entwicklungsgang der Natur. Vor allem aber behauptet er, dass alle Erscheinungen der Materie auf ihr eigenen Entwicklungsgesetze zurückzuführen seien, und dass der Mensch Teil der Natur sei. Und was ist mit Gott? Allenfalls gesteht »Mr. Vestiges« zu, dass diese Gesetze von Gott gegeben seien; aber aus dem natürlichen Alltagsgeschäft halte sich Gott geflissentlich heraus. Anders als bei William Paley wird Gott hier vom Schöpfer zum Gesetzgeber degradiert. Ein Aufschrei geht durch England. Das Buch wird verrissen, sein anonymer Autor lächerlich gemacht. Obgleich vielfach geschmäht, sind die »*Vestiges*« ein überaus populäres Werk mit weiter Verbreitung; immerhin erlebt das Buch bis 1860 elf Auflagen und ist vor allem in jenen Kreisen beliebt, die nach sozialen Reformen rufen. Doch nicht nur deshalb ist die Ablehnung vor allem durch den Klerus leicht erklärlich; auch seitens der etablierten Wissenschaftler stößt das Buch auf vernichtende Kritik. Zum einen lassen tatsächlich viele sachliche Fehler bei den naturkundlichen Tatbeständen an der Kompetenz des Autors zweifeln und machen ihn angreifbar (kein Wunder, dass Darwin gerade darüber wenig geschmeichelt ist), zum anderen – und wichtiger noch – weiß »Mr. Vestiges« nicht, wodurch sich die belebte Natur überhaupt entwickelt; ungehemmt und ohne Faktenwissen spekuliert er über die Entstehung des Lebens, kommt zu mitunter abstrusen Ideen. Weil die in den »*Vestiges*« vertretenen materialistischen Vorstellungen zur damaligen Zeit durchaus weitverbreitet sind, ist der anonyme Autor in einem entsprechend großen Personenkreis zu suchen; gefunden wird er indes nicht. Erst heute wissen wir, dass die »*Vestiges*« aus der Feder von Robert Chambers stammen, einem schottischen Verleger, Publizisten und Amateurnaturforscher.

Darwin ist entsetzt, doch nicht so sehr ob der vermeintlichen Konkurrenz just zu einer Zeit, da er erstmals seine Theorie ausgearbeitet hat. Ungeachtet einiger richtig gesehener Fakten und der korrekten Schlussfolgerung, dass es eine Evolution geben muss, habe »Mr. Vestiges« durch sein wildes Spekulieren dem Gegenstand ebenso Schaden zugefügt wie einst Lamarck, schreibt Darwin in einem Brief an Joseph Hooker. Auch Darwin ist überzeugt, dass es ohne Spekulation – also intuitives Erahnen der natürlichen Phänomene – keine guten und originellen Beobachtungen geben könne; indes ist er nicht allein am abstrakten Theoretisieren interessiert. Darwin will Fakten sammeln, um seine Theorie im Detail unwiderlegbar zu begründen. So ist ihm die hitzige Debatte um die »*Vestiges*« 1844 eine deutliche Warnung. In einer solchen Atmosphäre wird er keinesfalls seine eigenen Vorstellungen zur Veränderlichkeit der Arten veröffentlichen, auch wenn Darwin im Gegensatz zu Chambers mit der natürlichen Selektion bereits einen Mechanismus für den evolutiven Wandel vorschlagen könnte. Zu heikel ist ihm das Thema, zu aufgeladen die Stimmung. Doch ist das nur der eine Grund.

Der andere, eigentliche Grund liegt bei Darwin selbst. Ihm fehlt noch immer ein wichtiger Baustein für seine Theorie. Denn noch vermag er nicht vollständig zu erklären, wie es zu der überbordenden Vielfalt an Arten kommt. Für Darwin ist dies nach wie vor ein »Problem von großer Bedeutung«, wie er später bekennt. Statt also 1844 an die Öffentlichkeit zu gehen, begibt sich Darwin mit zwei wichtigen Expeditionen auf die gezielte Suche nach weiterem Tatsachenmaterial, kaum dass er 1845 die überarbeitete Neuauflage seines Reiseberichts von der *Beagle* und ein Jahr später das letzte seiner drei geplanten Werke zur Geologie abgeschlossen hat. Die erste ist eine Expedition ins Reich ganz eigenartiger Meeresbewohner, die andere macht Darwin zum Taubenzüchter. Keine Spur also von absichtlicher oder ängstlicher Verzögerung; vielmehr folgt er einem Forschungsprogramm, das ihn schließlich den noch fehlenden Teil zur Erkenntnis entdecken lässt.

Viele an Darwin interessierte Historiker hielten die beiden folgenden Episoden für belanglose Seiten-, Ab- oder gar Irrwege Darwins. Doch wurde dabei übersehen, wie wichtig gerade Darwins Beitrag zur zoologischen Systematik im Allgemeinen und sein Ausflug ins Reich der Rankenfüßer im Besonderen war, um das Rätsel der Artenfrage zu lösen. Völlig zu Recht hat Joseph Hooker (dessen Meinung für Darwin mehr als die manches anderen zählt) in einem Brief 1845 jene eher beiläufige Äußerung gemacht, die Darwin seitdem nicht ruhen lässt: dass nur der sich kompetent zur Artenfrage auslassen solle, der selbst schon einmal Arten beschrieben habe. Postwendend gesteht ihm Darwin ein, wie beinahe schmerzhaft zutreffend Hookers Bemerkung für ihn selbst sei. Tatsächlich hat sich Darwin im Kreis der Naturforscher bis dahin als Geologe, nicht als Zoologe oder gar Systematiker hervorgetan. Um in der Artenfrage zum Spezialisten zu werden, nimmt sich Charles Darwin jetzt eine Gruppe eigenartiger Wirbelloser vor, die ihm bereits während der *Beagle*-Reise aufgefallen ist: eben jene Rankenfüßer.

Von Seepocken und Entenmuscheln. Oder: Die Legende von Darwins Verzögerung: Zehn Jahre nach der Rückkehr von seiner *Beagle*-Reise ist der Großteil der Sammlung Darwins aufgearbeitet, sind die geologischen Resultate veröffentlicht. John Stevens Henslows Vorhersage, dass es doppelt so lange wie die eigentliche Reise dauern wird, die Ergebnisse auszuwerten, hat sich bewahrheitet. Was noch bleibt, sind die Wirbellosen, deren Bearbeitung sich Darwin selbst vorgenommen hat. Bereits vor der südchilenischen Küste ist ihm darunter ein höchst merkwürdiger Meeresbewohner aufgefallen, den er in Alkohol konserviert zurückgebracht hat. Jetzt verliert Darwin keine Zeit. Noch am selben Tag, es ist der 1. Oktober 1846, nachdem er die Korrekturfahnen für sein drittes und letztes Buch zur Geologie Südamerikas an den Verleger abgeschickt hat, öffnet er diese Alkoholprobe. Sie enthält den kleinsten Rankenfüßer der Welt, den Darwin 1835 auf dem Chonos-Archipel entdeckt hat.

Rankenfüßer sind marine Wirbellose, um die es just zu dieser Zeit reichlich Verwirrung gibt. Man rätselt, wohin in systematischer Hinsicht mit diesen Meeresbewohnern, die ähnlich wie Muscheln und andere Mollusken Kalkschalen aufweisen und auf hartem Untergrund festsitzen. Dazu zählen etwa die an Schiffsplanken oder Holzpfählen sich anheftenden Seepocken und Entenmuscheln. Erst als ein Zoologe 1830 ihre freischwimmenden Larven genauer unter die Lupe nimmt, identifiziert er Seepocken und Verwandte als Krustentiere, sprich Krebse (und eben nicht als Weichtiere wie Muscheln). Tatsächlich setzen sich Rankenfüßer (oder *Cirripedia*, wie sie wissenschaftlich heißen) als Jungtiere am Untergrund fest, indem sie sich eigenartigerweise mit dem Rücken voran anheften. Darwin untersucht also gewissermaßen auf den Rücken gedrehte und festgeklebte Garnelenverwandte, die von Kalkplatten umhüllt sind und sich mit ihren zahlreichen rankenartigen Beinchen Nahrung und frisches Wasser zufächern. Das ist jedoch nicht das einzig Bizarre an diesen Tierchen.

Jenes »missgebildete kleine Ungeheuer«, das Darwin vor der Küste Chiles fand und im Herbst 1846 zu studieren beginnt, zeigt eine besondere Variante, gleichsam einen alternativen Lebensstil selbst für Rankenfußkrebse. Denn dieser Winzling lebt als Parasit im Inneren einer Meeresmuschel, an deren Schale er sich als Larve heftet. Über Wochen hinweg seziert Darwin diese wundersamen Wesen, kaum größer als ein Stecknadelkopf, unter dem Mikroskop, um die Art eingehend morphologisch zu beschreiben. Dazu vergleicht er sie mit anderen, bereits bekannten Rankenfüßern, und erkennt den kleinen Krebs als Vertreter einer bislang unbekannten Gattung, für die er den Namen *Arthrobalanus* vorsieht. Anfangs plant Darwin eine kurze Arbeit dazu, eventuell die Beschreibung einiger weiterer dieser eigentümlichen Tierchen; er veranschlagt dafür ein paar Monate, vielleicht ein Jahr. Wer kann ahnen, dass Darwin sich im Herbst 1846 auf eine zoologische Expedition ins Reich der Rankenfüßer eingelassen hat, die ihn schließlich acht lange Jahre beschäftigen wird.

Darwins Studien über die seltsamen Krebstiere werden zu seinem morphologischen Hauptwerk, seinem Gesellenstück als Systematiker. Die Monografie über Rankenfußkrebse gehört bis heute zu den wichtigsten zoologischen Beiträgen Darwins; sie begründet, weit mehr noch als die von ihm herausgegebenen Bände der »*Zoology of the Voyage of H.M.S. Beagle*«, sein Ansehen als Naturforscher und Zoologe. Obgleich Darwin im Rückblick meint, seine Rankenfußstudien seien eine Unternehmung gewesen, die den Aufwand nicht lohnte, verschaffen sie ihm dennoch zugleich sehr nützliche Einsichten in die Taxonomie und Morphologie. Was vielfach als abwegiger Ausflug in die zoologische Systematik oder gar als zeitraubender Umweg dargestellt wurde, bringt Darwin unmittelbar zum Kern seiner Abstammungstheorie und lässt ihn erst das Rätsel um die Entstehung der Arten lösen. Mit einem Wort: ohne *Arthrobalanus* keine Artentheorie.

Denn die Rankenfüßer lehren Darwin auf plastische Weise die Vielfalt der Natur, das Variieren innerhalb und zwischen den Arten; sie liefern die Anschauung und lassen ihn erst verstehen, wie groß die natürliche Variabilität, die spezifische Abweichungsrate in der Natur, tatsächlich ist. Immer wieder fragt er sich beim Studium der kleinen Krebse, wo eine Varietät endet und wo eine neue Spezies beginnt. Die Antwort darauf ist gleichsam der heilige Gral der biologischen Systematik (übrigens bis heute!). Anfangs ahnt Darwin freilich nicht, worauf er sich einlässt (immerhin hat er eine Tiergruppe mit etwa 800 lebenden Arten vor sich, hinzu kommen noch einmal 200 fossile Formen). So stürzt er sich begeistert in die vergleichenden Studien. Um die bereits beschriebenen Arten mit den unbekannten neuen Formen abzugleichen, leiht sich Darwin über die kommenden Jahre von anderen Forschern und aus Museen immer mehr Sammlungsmaterial aus; er seziert die erwachsenen Krebse, identifiziert deren Larvalstadien und diagnostiziert die versteinerten Formen. Schnell wird das Studium der Rankenfußkrebse zu Darwins Hauptbeschäftigung; derart, dass der kleine Leonard einen Spielkameraden einmal wie selbstverständlich fragt: »Wo bearbeitet dein Vater denn seine Rankenfüßer?«.

Als Darwin dann Rankenfüßer von den Philippinen untersucht, entdeckt er ein bis dahin bei Tieren unbekanntes, höchst skurriles Fortpflanzungsverhalten. Nicht genug damit, dass Rankenfüßer meist Zwitter sind und sowohl männliche als auch weibliche Geschlechtsorgane besitzen. Bei der Gattung *Ibla* von den Philippinen sind die Geschlechter zwar getrennt, doch die Männchen verzwergen derart, dass sie – Parasiten gleich – in Taschen am Körper der viel größeren Weibchen leben. »So am Fleisch ihrer Gattinnen festklebend und halb darin eingebettet«, berichtet Darwin fasziniert, »verbringen sie ihr ganzes Leben und können sich nie wieder bewegen«. Parasitäre Polyandrie heißt dieses Phänomen, bei der sich die *Ibla*-Weibchen ihre beinahe noch embryonalen Ehemännchen in einer Leibestasche halten. Und es ist eine unerhörte Provokation für einen anglikanischen Schöpfungsgläubigen, der auch Darwin einst war. »Die Einfälle und Wunder der Natur sind wahrhaft grenzenlos«, spottet Darwin jetzt in einem Brief an seinen Freund Charles Lyell. Für ihn ist es inzwischen schwer zu glauben, dass ein weiser und allmächtiger Gott eigenhändig solch bizarre Männchen geschaffen haben soll, die nur mehr parasitischen Sexualorganen gleichen.

In seiner Rankenfüßer-Studie enthält sich Darwin jeglicher Spekulation über seine Speziestheorie. Nichts schreibt er darin über Abstammung und Verwandtschaft, gemeinsamen Ursprung oder gar über natürliche Selektion. Die jahrelange Arbeit wird ihm bald recht mühsam; die Augen schmerzen von den nicht enden wollenden Untersuchungen am Mikroskop, wo er unzählige Stunden Hunderte von Rankenfüßerarten seziert, mit kleinen Holzblöckchen unter den ermüdeten Handgelenken, die seine verkrampfte Haltung erträglich machen sollen. Doch am Ende hat sich die Mühe gelohnt; das Resultat ist eine zweibändige Monografie über rezente und fossile *Cirripedia*, mit über 1000 Seiten sein umfangreichstes Werk, dessen letzter Teil im Oktober 1854 erscheint. Ein Jahr zuvor, im November 1853, bekommt Charles Darwin für den ersten Band dieses Werkes von der *Royal Society* in Anerkennung vor allem seiner zoologischen Verdienste die höchste Auszeichnung, die *Royal Medal*, verliehen. Es ist einer der wenigen Anlässe, zu dem Darwin persönlich anwesend ist. Die Anerkennung hat ihn »vor Freude glühen lassen, bis ich Herzklopfen bekam«. Jetzt besaß Darwin die Autorität, sich zur Artenfrage zu äußern; und niemand mehr als er.

Annies Tod und Darwins Zweifel: Kann sich Darwin bereits angesichts des eigenwilligen Fortpflanzungsgebarens seiner Rankenfußkrebse nicht vorstellen, dass ein moralischer und allmächtiger Gott mit Absicht derartig missratene Kreaturen erschaffen haben soll, so verliert er indes den letzten Rest seines Glaubens durch familiäre Erschütterungen, die sich während dieser Zeit ereignen. Im November 1848 wird seine Krebs-Arbeit durch den Tod seines mittlerweile 81-jährigen Vaters Robert unterbrochen. So traurig ihn dessen Tod stimmt, so sehr erscheint ihm dies doch als der natürliche Gang der Dinge. Er bringt ihm auch die endgültige Sicherung seiner materiellen Verhältnisse. Charles Darwin erbt etwa 40 000 Pfund; ein Vermögen, das er in Wertpapieren und Eisenbahnaktien anlegt und zukünftig allein von den Erträgen lebt, die anfangs 3000, später mehr als 4000 Pfund betragen (Historiker schätzen Darwins Gesamtvermögen später auf über 80 000 Pfund; zum Vergleich: Seine gesamten Haushaltsausgaben liegen im Jahr bei 1000 bis 1500 Pfund, das Dienstpersonal – Kutscher, Köchin, Kindermädchen, Butler und zwei Gärtner – kostet ihn pro Jahr 86 Pfund). Dennoch verschlechtert sich Darwins Gesundheitszustand, sodass er sich 1849 einer viermonatigen Kur in Malvern, einem Kurort in Worcestershire in Mittelengland, unterzieht.

Im darauffolgenden Jahr ereignet sich der wohl schwerste Schicksalsschlag seines und Emmas Leben. Im Sommer 1850 erkrankt ihr zweites Kind Anne Elizabeth, genannt Annie, vermutlich an Tuberkulose. Annie wurde im März 1841 geboren und fand sofort, ähnlich wie sein erster Sohn William, auch Darwins Interesse als Naturforscher. Zwar sind beide Eltern allen ihren Kindern herzlich zugetan, doch für Annie scheint es einen besonderen Platz im Herzen von Charles und Emma Darwin gegeben zu haben. Die Kleine ist ein besonders aufgewecktes und glückliches Kind. In den späten 1840er-Jahren steht sie neben Darwin im Arbeitszimmer, während er Rankenfüßer seziert, sie begleitet ihn bei seinen täglichen Spaziergängen auf dem »Sandwalk«. Jetzt stürzt

Annies monatelange Krankheit, mit Besserungen wie Rück-
schlägen, die Eltern wiederholt in tiefste Trostlosigkeit. Ende
März 1851 lässt Charles seine Frau Emma in Downe zurück,
die dort ihr neuntes Kind zur Welt bringt, und reist mit Annie zur Kur nach Malvern. Doch nichts kann mehr Darwins
»dear child and darling« helfen; Annie stirbt am 23. April
1851 im Alter von gerade zehn Jahren. »Wir haben die Freude
unseres Hauses und den Trost unseres Alters verloren«, klagt
Darwin eine Woche nach ihrem Tod in einem persönlichen
Porträt seiner Tochter in tief empfundener Trauer. »Sie schien
dazu gemacht zu sein, ein Leben voller Glück zu leben«. Von
Annie bleibt ein Grab in Malvern – und eine kleine Schatulle mit einigen Utensilien des Mädchens, die Randal Keynes
(ein Nachfahre der Darwins) anderthalb Jahrhunderte später
zum Titel einer sehr einfühlsamen Schilderung vom Familienleben der Darwins machen wird.

Aufgrund der erschreckend hohen Kindersterblichkeit
selbst in den begüterten Kreisen Englands ist Annie zwar
nicht das erste und einzige Kind, mit dessen frühen Tod
Emma und Charles Darwin fertig werden müssen (ihre
zweite Tochter Mary Eleanor war 1842 in Down House bereits nach wenigen Wochen gestorben). Doch sind sich alle
Biografen Darwins darüber einig, dass gerade Annies tragischer Tod ihm letztlich den Glauben an einen liebevollen
und Heil bringenden Gott nimmt. Darwin kann sich keine
gerechte Instanz mehr denken, nachdem dieses unschuldi-
ge und jedermann freundlich zugetane Leben Annies durch
eine grausame Krankheit ausgelöscht wurde. Das habe die
Todesglocke für sein Christentum geläutet, erklärt er später.
Als Sohn einer wohlsituierten Freidenkerfamilie hat Charles ohnehin ein eher distanziertes Verhältnis zur christlichen
Lehre und deren Heilsversprechen. Indes riet sein Vater ihm,
seine religiösen Zweifel besser für sich zu behalten; so sei

Religion immer ein wunder Punkt zwischen den Famili-
en der Darwins und Wedgwoods gewesen. Charles ist denn
auch stets darauf bedacht, die religiösen Gefühle Emmas
nicht zu verletzen, die ihm vor der Heirat einmal besorgt
schreibt, dass ihre unterschiedlichen religiösen Ansichten
»eine schmerzhafte Kluft« zwischen ihnen aufreißen könnten. Allerdings meint Emma auch: »Die Vernunft sagt mir,
dass redlicher, aus Gewissensnot kommender Zweifel keine
Sünde sein kann«.

Wie auch immer: Gott verschwindet aus Darwins Leben.
Zugleich wird aus ihm ein skeptischer Materialist, der überzeugt davon ist, dass die Natur selbst sämtliche Lebensformen
gebildet hat; statt eines göttlichen Schöpfungsakts sieht Darwin natürliche Entwicklungsprozesse am Werk. Seine Naturgeschichte kommt ohne Glauben aus. Dennoch wird Darwin bis an sein Lebensende bei der Frage nach Gott eine tiefe
Ungewissheit empfinden: »Ich denke, dass es im Allgemeinen (und mit zunehmendem Alter immer mehr), aber nicht
immer die zutreffende Beschreibung meiner Gesinnung
wäre, mich als Agnostiker zu bezeichnen«. Ist er auch faktisch
eher Atheist geworden, weiß Darwin doch um die Lücken
und die Unzulänglichkeit der menschlichen Erkenntnis, was
ihn nicht glauben, aber auch die Existenz eines Gottes nicht
gänzlich in Abrede stellen lässt.

Unter Taubenzüchtern: Im September 1854 beendet Darwin
endlich die Arbeit an den Rankenfußkrebsen. Sein Exkurs
in die zoologische Systematik hat ihm nachdrücklich eine
Schwierigkeit vor Augen geführt, die sich letztlich aus seiner eigenen Abstammungstheorie ergibt: in jedem Fall sicher
zwischen Varietäten, Unterarten und Arten zu unterscheiden. Dank seines jahrelangen Studiums erkennt Darwin ein
wesentliches Phänomen der Evolution: die Variation. Jede

Charles Darwin auf einer Daguerreotypie um 1850

Art setzt sich aus natürlicherweise verschiedenen Individuen zusammen. Wie weit diese divergieren, hängt von zahllosen Faktoren ab; doch schafft die Variation erst die Grundlage, auf der dann die natürliche Auslese ansetzen kann. Diesem Phänomen wird Darwin jetzt gezielt auch bei vom Menschen domestizierten Tieren nachgehen. Es soll ihn weitere zwei Jahre beschäftigen.

Nachdem Darwin die vielen entliehenen Probenstücke und Sammlungen von Rankenfüßern zurückgeschickt hat, sortiert er seine Notizen zur Artentheorie. Er beginnt seine letzte Expedition auf dem Weg zur Erkenntnis. Vom Beobachter und Sammler, der Darwin auf der *Beagle* war, wird er nun zum Züchter und Experimentator. Bereits die Rankenfüßer haben ihn – wenigstens anfangs – das praktische Arbeiten mehr als das Schreiben schätzen gelernt. Jetzt will er herausfinden, wie bestimmte körperbauliche Merkmale von Generation zu Generation weitergereicht werden. Dazu braucht er nicht mehr Gauchos als Informanten wie einst in Südamerika, als es um die natürliche Variation etwa von Nandus ging; jetzt helfen ihm Taubenzüchter. Tatsächlich wird Darwin selbst einer; er schließt sich zwei Taubenzuchtvereinen an, hält sich Pfauen- und Kropftauben und führt mit ihnen Kreuzungsversuche durch, bis sich Down House zu einem regelrechten Taubenschlag entwickelt. Darwin präpariert die Skelette der domestizierten Vögel und vergleicht das Gewicht ihrer Knochen mit dem der Wildformen. »Mein Arbeitszimmer«, so schreibt er in einem Brief, »gleicht einer Schreckenskammer«. Darwin ist wie besessen von der Domestikation, seit er erkannt hat, dass in Analogie zur Zuchtwahl in der Natur auch die auslesende Hand des Züchters mit der Variation bei den unterschiedlichen Rassen arbeitet.

Zugleich beschäftigt ihn im Zusammenhang mit seiner Artentheorie eine Fülle anderer Fragen; im Zuge ihrer Beantwortung verwandelt sich sein Anwesen in eine Art Labor. Lange Diskussionen mit Kollegen wie Charles Lyell, Joseph Hooker und Asa Gray über das Vorkommen von Tieren und Pflanzen haben ihn auf ein biogeografisches Problem aufmerksam gemacht (übrigens eine Disziplin der Biologie, die Darwin bei dieser Gelegenheit beinahe nebenbei mitbegründet): Wie verbreiten sich Tiere und Pflanzen über die Erde, wie gelangen sie auf andere Kontinente oder gar auf abgelegene Inseln? Wilde Spekulationen wurden dazu geäußert. Demgegenüber experimentiert Darwin mit verschiedenen Pflanzensamen, die er in Salzwasserlösung einlegt, um so den ozeanischen Transport zu simulieren. Statt an einen immer wieder neuen Schöpfungsakt zu denken, geht Darwin von einem Verdriften im salzigen Meerwasser aus, das zur Besiedlung auch abgelegener Inseln wie etwa Galápagos oder Tahiti führt. Dazu rührt Darwin in Glasbecken mittels verschiedener Chloride und Sulfate künstliches Meerwasser an; in Flaschen, Gläsern und Untertassen, gefüllt mit Salzwasser, weicht er dann Samen von Sellerie, Kresse, Kohl und Pfefferpflanzen ein, um ihre Salzwasserresistenz zu überprüfen. Im populären »*Gardener's Chronicle*« berichtet Darwin, dass solcherart präparierte Samen noch nach mehr als 40 Tagen im Salzwasser keimen; und er errechnet, dass sie in dieser Zeit bei mittlerer Strömung im Atlantik von Englands Küsten bis zu den Azoren getrieben worden sein könnten, was eine Kolonisierung dieser Inseln erklärt, ohne Legenden wie die über ein versunkenes Atlantis zu bemühen.

Das große Arten-Buch: Im Frühjahr 1856 hat er offenbar endlich genug Indizien, Belege und Beispiele für seine Artentheorie beisammen. Zwölf Jahre sind vergangen, seit die »*Vestiges*« Darwin zum heilsamen Schock wurden, der ihn weitersuchen ließ. Einem handverlesenen Kreis von engen Freunden, darunter Hooker und Huxley, erläutert er jetzt während eines Wochenendbesuches im April 1856 in Down House in groben Zügen seine Transmutationstheorie. Nachdem ihm kurz darauf auch Charles Lyell dringend zurät, seine Theorie über die Abstammung der Arten abzufassen, bevor ihm gar ein anderer zuvorkommt, nimmt Charles Darwin am 14. Mai endlich die Arbeit an seinem »Species Sketch« auf, wie er in seinem Tagebuch vermerkt. An Lyell schreibt er beinahe triumphierend, dass er sich nun entschlossen habe, sein »großes Arten-Buch« zu schreiben, wie er es fortan nennt. Doch wird er es niemals vollenden.

Während des Jahres 1856 legt sein Buchmanuskript schnell an Umfang zu. Bereits Mitte Oktober vermerkt Darwin im Tagebuch, dass er die ersten beiden Kapitel fertiggestellt hat; im Abstand von zwei Monaten folgen die nächsten Kapitel – nach der Variation unter Domestikation nun über die Variation in der Natur, dann über den Kampf ums Dasein, bis Darwin im März 1857 mit dem sechsten Kapitel sein Konzept der natürlichen Selektion niedergeschrieben hat. Darwin widmet sich jetzt konzentriert einzig diesem Werk, das er unter dem Titel »Natural Selection« veröffentlichen will. Es enthält den gleichen Aufbau, die gleiche Kapitelgliederung und eine ganz ähnliche Argumentationsstruktur wie bereits Darwins erster Aufsatzentwurf aus dem Jahre 1842 und sein späterer ausführlicher Essay von 1844.

Und doch ist etwas anders, wie der Wissenschaftshistoriker Dov Ospovat in mühevollem Quellenstudium herausgefunden hat. Denn in jenen Jahren wandelt sich Darwins Verständnis vom Anpassungsprozess in der Natur. Glaubt Darwin bis Anfang der 1850er-Jahre noch, dass sich Lebewesen stets vollständig, ja geradezu perfekt an die jeweils herrschenden Umweltbedingungen anpassen, so erkennt er zwischen 1854 und 1857 den wahren Charakter der natürlichen Anpassung.

Denn die Auslese in der Natur führt eben gerade nicht zur absoluten Perfektion, wie etwa die Naturtheologen um William Paley zuvor annahmen. Vielmehr gibt es in der Natur stets eine gewisse Schwankungsbreite, jene natürliche Variation, die der Transmutation gleichsam als Spielmaterial dient. Diese Idee einer nicht perfekten, sondern relativen Adaptation ist eine Erkenntnis Darwins, die sich in seinen Essays aus den 1840er-Jahren noch nicht findet. Nachweislich berichtet Darwin erstmals dem amerikanischen Botaniker Asa Gray im September 1857 in einem Brief davon. Dieser Brief ist zugleich auch das erste Zeugnis des von Darwin so genannten »Divergenzprinzips«. Darin legt er dar, dass Arten so etwas wie ein Reservoir an Varianten darstellen, aus dem sich die Natur bedient. Während die geschlechtliche Fortpflanzung die natürliche Variation erzeugt, eliminiert der Kampf ums Dasein den größten Teil der Nachkommen wieder; einzig die jeweils am besten angepassten Varianten überleben, werden also auf natürliche Weise ausgelesen. »In der Natur züchten sich Arten gleichsam selbst«, meint Darwin. Die natürliche Selektion treibt im Laufe der Zeit gewissermaßen Keile zwischen die überlebenden Varianten und bringt sie dadurch immer weiter auseinander, bis daraus neue Arten entstanden sind. Jede der auf diese Weise hervorgebrachten Varianten würde eine sich ihr bietende passende Nische im Naturgefüge besetzen; das Ergebnis wäre jener weit gefächerte Baum des Lebens, den wir heute mit dem Evolutionsgedanken verbinden.

»Natural Selection« wird zu Darwins Lebzeiten nicht erscheinen. Immerhin zehn Kapitel, das sind etwa zwei Drittel des Werkes, hat Darwin bis zum Juni 1858 fertiggestellt, als er mitten in seiner Arbeit am großen Arten-Buch unterbrochen wird. Kurioserweise soll sein Manuskriptfragment erst 1975 posthum, wenngleich unter dem einst avisierten Titel, durch den amerikanischen Wissenschaftshistoriker Robert

Stauffer veröffentlicht werden. Da ist Darwin schon über ein Jahrhundert lang der wohl berühmteste Biologe und der Vater der Abstammungstheorie. Dass es dazu kommt, verdankt er einem wahren Endspurt im Wettlauf um die Entdeckung dieser Theorie.

Alfred Russel Wallace:
Das Manuskript

(MÄRZ – JUNI 1858)

Seit Stunden halten Fieberanfälle den hageren, schweiß-
überströmten Mann auf seiner einfachen Holzpritsche in
der mit Palmenblättern gedeckten Hütte gefangen. Um ihn
herum stapeln sich die Utensilien und Früchte seiner Arbeit.
Überall liegen kleine Holzkästchen und aus Fasern von Palm-
blättern geflochtene Behältnisse; darin Hunderte auf Nadeln
gespießte Insekten. Zumeist sind es Käfer und Schmetterlinge, die kleine Notizzettel mit Namen und Fundort tragen.
Felle und ein paar Skelettknochen kleinerer Säugetiere liegen
auf einem grob gezimmerten Bord. Abgebalgte Vogelhäu-
te hängen zum Trocknen an Stricken von den Dachstreben,
wo sie zugleich vor der Armada allgegenwärtiger Ameisen
geschützt sind. Leichter Modergeruch durchzieht die enge
Hütte.

Die Frage aller Fragen und das »generelle Prinzip«: Oft schon haben ihn während seiner jahrelangen Reisen durch die feucht-
heißen Tropen solche Fieberschübe geplagt. Inzwischen
kennt er den Fieberrhythmus, der ihn zwingt, sich jeweils
nachmittags für zwei oder drei Stunden hinzulegen. Ihm
bleibt dann nicht viel mehr zu tun, als abzuwarten, bis die
Schübe vorüber sind. So hat er Zeit zum Nachdenken. Als
ihn an einem dieser Tage das Fieber wieder packt, grübelt er
einmal mehr über jene Frage aller Fragen nach, die ihn nun

schon seit mehr als zehn Jahren quält: Wie entstehen Arten? Ihn beschäftigt dabei auch die Frage: Wie ist die überbordende Vielfalt der verschiedensten Spezies um ihn herum zu erklären? Und wer oder was begrenzt die Vermehrung all dieser Tierformen, deren Nachkommen doch sonst die Erde millionenfach überschwemmen müssten?

Seit dreieinhalb Jahren bereist er nun schon die Inselwelt des Malaiischen Archipels. Gerade erst ist er von einer mehrmonatigen Expedition zu den Aru-Inseln vor der Küste Neuguineas zurückgekehrt. Dort hat er wieder einige derselben Arten entdeckt, die auch auf anderen Inseln des Archipels vorkommen. Aber auf Aru unterscheiden sich gerade die Schmetterlinge in ihrer Zeichnung leicht von denen weiter westlich. Inzwischen weiß er, dass viele Tierarten – allen voran jene Schmetterlinge, aber auch Käfer und Vögel – solche geografischen Varietäten ausbilden; von Insel zu Insel sehen sie immer wieder etwas anders aus. Andererseits sind sie sich aber viel zu ähnlich, um als völlig getrennte Arten gelten zu dürfen.

Jetzt, vom Fieber an die Pritsche gefesselt, hat der Naturforscher endlich die Idee seines Lebens. Was wäre, wenn sich dieses Abweichen von der Norm auf das Überleben solcher Varietäten auswirkt? Was passiert etwa, wenn sich die Umwelt auf den Inseln ändert? Sobald eine dieser geografischen Formen besser als andere an die neuen Verhältnisse angepasst ist, wird vor allem sie überleben; und sie wird über kurz oder lang auch mehr Nachkommen haben. Dies führt schließlich über zahllose kleine Schritte von Abänderungen zu einer Abfolge nahe verwandter Arten – mithin zu einer Tendenz der Veränderung durch die Zeit, zu einer Transmutation also. Plötzlich ist dem Fiebernden in seiner Hütte klar: Beim allgegenwärtigen Kampf ums Dasein sind es stets die äußeren Umstände wie etwa Klima, Nahrung oder Feinde, die für eine Auswahl sorgen. Es ist die Natur selbst, die so die Mehrzahl aller Nachkommen ausmerzt. Nur die Tauglichsten überleben; sie vermehren sich und geben ihre vorteilhaften Merkmale an die folgenden Generationen weiter. Dank dieses natürlichen Prozesses entstehen dann im Laufe der Zeit immer wieder neue Arten. Dies muss jenes »generelle Prinzip« – gleich einem Naturgesetz – sein, nach dem er so lange gesucht hat.

Er kann das Ende der Fieberschübe kaum erwarten, um seine Gedanken endlich zu Papier zu bringen. Noch am selben Abend entwickelt er daraus den ersten Entwurf zu einem Aufsatz mit dem Titel *»On the Tendency of Varieties to depart indefinitely from the Original Type«*: Über die Neigung der Varietäten, sich unbegrenzt von ihrem ursprünglichen Typus zu entfernen. An den beiden nächsten Abenden präzisiert er seine Formulierungen. Schließlich, am dritten Tag, unterzeichnet er das knapp zwanzigseitige Manuskript mit seinem Namen: Alfred Russel Wallace.

Wer ist Alfred Russel Wallace? Im Unterschied zu Darwin stammt Wallace aus bescheidenen Verhältnissen und hat niemals eine Universität besucht. Als achtes von neun Kindern des belesenen, aber erfolglosen Anwalts Thomas Vere Wallace und seiner Frau Mary Anne wird Alfred am 8. Januar 1823 in der südwalisischen Stadt Usk in Monmouthshire geboren. Früh arbeitet er als Landvermesser und entdeckt dabei seine Liebe zur Arbeit im Freien und zum Reisen. Aus Geldnot verdingt er sich ab 1844 als Zeichenlehrer an der Kollegiatsschule in Leicester. Während dieser Zeit hält er sich zum Selbststudium oft in der städtischen Bibliothek auf. Hier liest er Alexander von Humboldts »Reisen in die Äquinoktialregionen« und vor allem Charles Darwins »Reise eines Naturforschers um die Welt«. Er ist begeistert und träumt von einem ähnlichen Abenteuer in tropischen Gefilden.

In der Bibliothek von Leicester begegnet Wallace auch Henry Walter Bates, ein ebenfalls naturkundlich interessierter Autodidakt. Der begeisterte Insektensammler führt Wallace in die Wunderwelt der Käfer- und Schmetterlingskunde ein. Beide sind enthusiastisch, was die Natur angeht, und höchst unzufrieden, was ihre augenblicklichen Lebensumstände betrifft. Gemeinsam schmieden sie den Plan zu einer großen Sammelexpedition in die Tropen. Ihre Idee: Die Museumssammlungen und die privaten Kabinette von Angehörigen der viktorianischen Oberschicht haben großen Bedarf an neuen, exotischen Kreaturen aus unerforschten Weltregionen. Statt in England auf Käferjagd zu gehen, wollen Bates und Wallace in die Tropen reisen, um dort die in schier endloser Zahl vorkommenden Insekten- und Vogelarten zu sammeln; von deren Verkauf ließe sich gut leben. Die Region ihrer Wahl: der Amazonas.

Ende April 1848 brechen der 25-jährige Wallace und der zwei Jahre jüngere Bates von Liverpool aus zu ihrer Expedition auf. Knapp einen Monat später erreichen sie bei Pará (dem heutigen Belém) das Delta des größten Stromgebietes der Erde. Bald trennen sich Bates und Wallace, um unterschiedliche Gebiete bereisen zu können. Über Monate hinweg sammelt Wallace, abgeschieden und weitgehend auf sich gestellt, am Oberlauf des Amazonas in den Flusslandschaften des Río Negro und Río Uaupés unermüdlich Vögel, Fische, Käfer und Schmetterlinge, aber auch Säugetiere und Pflanzen. Der Verkauf soll ihm später einen sicheren Lebensunterhalt garantieren. Bald jedoch entwickelt er sich über den reinen Naturaliensammler hinaus. Ihn beginnt die eigenartige Verbreitung der vielen verschiedenen Tierformen zu interessieren, denen er auf seinen ausgedehnten Flussfahrten begegnet; und er fragt sich, ob es tatsächlich konstante Grenzen zwischen den Arten und Gattungen bei Tieren und Pflanzen gibt.

Alfred Russel Wallace 1866

Endlich, nach vier Jahren und mit reicher Ausbeute, macht sich Alfred Russel Wallace im Frühjahr 1852 vom Oberlauf des Río Negro aus auf den Rückweg. In Barra (dem heutigen Manaus) findet er einige seiner Kisten vor, gefüllt mit der Ausbeute früherer Sammeltouren. Er hatte sie bereits im vorangegangenen Jahr auf die Reise nach England zu seinem Agenten Samuel Stevens geschickt. Doch sie wurden beim Zoll aufgehalten, und erst jetzt kann Wallace sie dort auslösen. Er nimmt sie mit nach Pará, von wo aus er sich am 12. Juli 1852 auf dem Zweimaster *Helen* einschifft. Die Rückreise endet in einer Katastrophe. Nach vier Wochen auf See, irgendwo vor den Bermudas, fängt die Ladung, Balsam und Kautschuk, Feuer; das Schiff ist nicht mehr zu retten. Es ist der 6. August 1852, als die *Helen* sinkt. Mit ihr geht auch ein Großteil von Wallaces Notizen, Zeichnungen und wissenschaftlichen Sammlungen verloren, darunter viele Hundert bis dahin unentdeckte Tierarten – die Früchte von vier Jahren harter Arbeit in Amazonien. Vom Erlös dieser in Europa damals einmaligen Sammlung hätte Wallace für lange Zeit auskömmlich leben können. Nur seine Zeichnungen von Fischen und Palmen rettet Wallace ins offene Beiboot, mit dem sie zehn Tage lang auf See treiben, bevor sie von einem anderen Schiff entdeckt werden. Am 1. Oktober 1852 erreicht Wallace England – mit kaum mehr als dem, was er am Körper trägt.

Wallace im Malaiischen Archipel: Da ist es nur ein geringer Trost, dass sein umsichtiger Agent Stevens die Naturaliensammlung vom Amazonas vorsichtshalber hat versichern lassen. Immerhin bekommt Wallace so zusammen mit dem Erlös für jenes Material, das er zuvor nach England geschickt hat, knapp 200 Pfund. Erwartet hatte er aus dem Verkauf seiner Sammlung indes einen Erlös von wenigstens 500 Pfund. Vor allem aber wollte er sich durch die Bearbeitung seiner Südamerika-Sammlung, ähnlich wie zuvor Darwin, einen Namen als Naturforscher machen. Jetzt reicht es gerade dazu, einen – aufgrund des Fehlens seiner Aufzeichnungen – recht oberflächlichen Reisebericht »*A Narrative of Travels on the Amazon*« zu veröffentlichen. Dieser erscheint 1853, wird aber kaum beachtet. Schnell reift daher bei Wallace der Plan zu einer neuen Expedition. Studien im naturhistorischen Museum in London zeigen Wallace, dass die am wenigsten erforschte Region der Malaiische Archipel ist. Für einen Naturaliensammler wie ihn, der vom Erlös seine Reise finanzieren und auch später davon leben muss, ist er eindeutig das lukrativste Ziel überhaupt.

Tatsächlich wird diese Reise in den Malaiischen Archipel gleich in mehrfacher Hinsicht zum zentralen und entscheidenden Ereignis in Wallaces Leben. Anfang März 1854 – zu einer Zeit, da Charles Darwin in Down House seine Arbeit an den letzten Rankenfüßern beendet – bricht Wallace erneut auf. Die *Royal Geographical Society* in London vermittelt die teure Überfahrt nach Asien. Am 20. April erreicht er Singapur, wo er seine Odyssee kreuz und quer durch die Inselwelt des Malaiischen Archipels beginnt. Die waghalsige Ein-Mann-Expedition, auf der Wallace insgesamt 14000 Meilen zurücklegt und mehr als 60 Mal das Basislager wechselt, wird acht Jahre dauern und ihn an exotische Plätze führen: von der Malaiischen Halbinsel und den Großen Sundainseln Sumatra, Java und Borneo zu den Kleinen Sundainseln zwischen Bali und Timor, nach Sulawesi und zu den Molukken. Er erreicht sogar den weitgehend unerforschten Nordwesten von Neuguinea und die vorgelagerten Inseln, wo er als erster Naturforscher lebende Paradiesvögel beim Balzritual beobachtet und sammelt. Regelmäßig übersendet er jetzt sein Sammelgut an den Naturalienhändler Stevens in London. Zudem schickt Wallace ihm auch ausführliche Arbeiten über die vielen Beobachtungen, die er während seiner Reise macht, und bittet ihn darum, diese Briefe und Manuskripte in den angesehenen Naturkundejournalen unter seinem Namen zu veröffentlichen.

Wallaces vielleicht wichtigster Abstecher führt ihn im Januar 1857 – da steckt Darwin bereits mitten in der Arbeit an seinem großen Arten-Buch – auf die Aru-Inseln, die Neuguinea westlich vorgelagert sind. In knapp sechs Monaten sammelt Wallace dort nicht nur 9000 Stücke von 1600 verschiedenen Arten, deren Verkauf in London es ihm erlaubt, weitere Jahre im Malaiischen Archipel zu bleiben. Auf Aru hat Wallace auch ein biologisches Aha-Erlebnis, das dann kurze Zeit später zu seiner Idee von der Veränderlichkeit der Arten führt. Kaum ist die Ladung mit den wertvollen Aufsammlungen von den Aru-Inseln nach England verschifft, bricht Wallace zu den Gewürzinseln auf.

Wallaces Brief aus Ternate: Anfang Januar 1858 landet Wallace auf Ternate, einer kleinen Vulkaninsel mitten in den Molukken und Zentrum des Gewürzhandels. Hier mietet er von einem holländischen Kaufmann ein komfortables Haus mit vier Zimmern, das für die nächsten drei Jahre zu seiner Ausgangsbasis für Expeditionen auf die umliegenden Gewürzinseln wird. Von hier aus setzt er schließlich Ende Januar 1858 zur nahen Westküste von Halmahera über (die damals noch Jilolo heißt), um dort weiter zu sammeln. In der Bucht von Dodinga richtet sich Wallace für einen Monat in einer einfachen Palmenblattbehausung ein – jener Fieberhütte am Ende der Welt, von wo aus er Charles Darwin in helle Aufregung versetzt.

Wallace ist zu diesem Zeitpunkt 35 Jahre alt, und längst alles andere als ein Anhänger des Schöpfungsglaubens. Seit er 1844 in Leicester die »*Vestiges*« (jenes anonym von Robert Chambers verfasste Buch) gelesen hat, ist Wallace davon überzeugt, dass Arten wandelbar sind, ja sein müssen; denn das zeigen ihm seine eigenen Beobachtungen in Amazonien und jetzt hier überall im Malaiischen Archipel. Während Darwin bei seiner Weltreise mit der *Beagle* noch Anhänger des christlichen Schöpfungsglaubens war, beobachtet Wallace die Naturphänomene bereits mit dem Gedanken an die Transmutation. Während Darwin eher zufällig und erst nach seiner Rückkehr fand, was er unterwegs nicht suchte, weiß Wallace bereits unterwegs in der Malaiischen Inselwelt, wonach er sucht. So findet er nicht nur zahllose Belege für die Veränderlichkeit der Arten, sondern schließlich sogar jenen lange mysteriösen Mechanismus, der diesen Wandel bewirkt. Das letztlich Kuriose dabei ist: An einem der entlegensten Flecken der Erde erinnert sich auch Wallace plötzlich an etwas Naheliegendes. Hatte er nicht vor mehr als einem Dutzend Jahren in einem Aufsatz von Thomas Robert Malthus gelesen, wie stark die Bevölkerung anwachsen würde, wenn man sie unkontrolliert sich selbst überlässt? Dieser Gedanke hat bei ihm den gleichen Effekt wie fast genau zwei Jahrzehnte zuvor bei Charles Darwin.

Indem Alfred Russel Wallace jetzt im Februar 1858 irgendwo auf den Molukken seine eigenen Beobachtungen zur allgegenwärtigen Variabilität der Organismen mit den Überlegungen von Malthus' Bevölkerungstheorie kombiniert, kommt ihm – unabhängig von Darwin, aber auf ganz ähnlichen Wegen – die Idee der natürlichen Selektion. Doch Wallace zögert. Ist sein »generelles Prinzip« tatsächlich der gesuchte Mechanismus des Wandels der Arten? Wer könnte ihm das sagen? Dann kommt Wallace eine Idee. Am 1. März 1858, so vermerkt er in seinem Notizbuch, kehrt er von Halmahera nach Ternate zurück. Die Fangsaison auf der Insel ist beendet und er will sein neues Manuskript mit dem nächsten erreichbaren Postschiff zurück nach England schicken, das Anfang März von Ternate ablegen soll. So hat er noch Zeit, einen Begleitbrief zu schreiben, adressiert an Charles Darwin, Down House, im englischen Kent. Zwar ist er Darwin erst einmal flüchtig in London begegnet; doch seit Oktober 1856 steht Wallace mit ihm in Briefkontakt, obgleich nur sporadisch. Immerhin haben sie dabei festgestellt, dass beide an jener mysteriösen Artenfrage interessiert sind.

Mit der Bitte, sein aus dem Fieberwahn geborenes Elaborat dahin gehend zu prüfen, ob die neue Idee ausreichend interessant sei und ob nicht vielleicht die Auslese durch die Umwelt den lange gesuchten Faktor für die Entstehung neuer Arten darstelle, schließt Wallace seinen knappen Brief an Darwin. Er legt das Manuskript bei und schickt das Päckchen am 9. März 1858 nach London ab, wo es in der Regel nach knapp drei Monaten ankommen würde. Mit dieser Briefsendung von der Gewürzinsel Ternate beginnt ein Wissenschaftskrimi, der bis heute nicht vollständig aufgelöst ist. Fest steht nur eines: Hätte Alfred Russel Wallace sein Manuskript nicht an Charles Darwin, sondern direkt an irgendein beliebiges Fachjournal geschickt (wie er es zuvor mit anderen Arbeiten getan hat), er wäre – im Alleingang – Darwin mit der Veröffentlichung seiner Theorie zum Wandel der Arten zuvorgekommen.

Darwin in Downe, im Juni 1858: »Niemals habe ich eine bestechendere Übereinstimmung gesehen. Wenn Wallace meinen Entwurf aus dem Jahre 1842 vor sich hätte, wäre ihm kein besserer kurzer Auszug daraus gelungen. Selbst seine Begriffe stehen jetzt als Überschriften über meinen Kapiteln«.

Tagelang muss Darwin wie gelähmt gewesen sein, nachdem er Wallaces Briefsendung in seiner morgendlichen Post vorfand. Ihm ist, als lese er in dessen Manuskript wie von fremder Handschrift seine eigene Theorie, an der er seit nunmehr zwei Jahrzehnten gefeilt hat. Das hier sind seine Gedanken, in den Worten eines anderen; es ist seine Theorie in einer leicht verständlichen und vor allem kurzen Form dargelegt. Mit dem Manuskript von Wallace ist Darwins Priorität in der Artenfrage eigentlich passé. Darwins großes Arten-Buch würde noch Monate bis zur Fertigstellung brauchen; dagegen kann Wallaces Ternate-Manuskript sofort in Druck gehen. Darwin befürchtet zu Recht, dass die Früchte seiner jahrzehntelangen Arbeit zur Fußnote in der wissenschaftlichen Literatur zu werden drohen, sobald Wallaces Aufsatz veröffentlicht ist. Was soll er nur tun?

In seiner Verzweiflung wendet sich Darwin schließlich in einem Brief, abgeschickt offenbar am 18. Juni 1858, an seinen väterlichen Freund Charles Lyell. Dessen Warnung, jemand könnte Darwin zuvorkommen, hat sich bitter bewahrheitet. Trotz seiner Aufgewühltheit teilt er Lyell in typisch britischem *understatement* mit, Wallaces Manuskript sei es sicherlich wert gelesen zu werden und er werde umgehend anbieten, es an eine Zeitschrift zu kommunizieren. Allerdings, so gibt er Lyell zu bedenken, »ist dann all meine Originalität, was immer sie auch wert war, zunichte«. Noch immer ist Darwin hin und her gerissen. »Der erste Eindruck ist im Allgemeinen richtig«, wird er später sagen, »und zuerst dachte ich es sei unehrenhaft von mir, jetzt auch meine Theorie zu veröffentlichen«.

Tagelang wird Darwin mit sich ringen, um dann in einem weiteren Brief eine Woche später an Lyell zu erklären: »Eher würde ich mein ganzes Buch verbrennen, als dass Wallace oder irgendjemand denken sollte, ich hätte mich irgendwie unredlich benommen«. Zu diesem Zeitpunkt indes hat er die Angelegenheit bereits vertrauensvoll in die Hände seiner

Freunde Lyell und Hooker gelegt. Von ihnen darf er annehmen, dass sie eine Lösung in seinem Sinne finden werden. Und tatsächlich: Um Darwin nicht um die Anerkennung seiner jahrzehntelang mit ungeheurer Akribie betriebenen Arbeit zu bringen, treffen seine beiden Freunde ein delikates Arrangement, das noch anderthalb Jahrhunderte später Anlass zu Legenden wie zum Historikerstreit geben soll.

Die Freunde
und das »delikate Arrangement«
(JUNI – JULI 1858)

*D*arwin ist selbst schuld, und er war gewarnt. Lange schon haben Charles Lyell und Joseph Hooker ihn gedrängt, seine Theorie des Artenwandels mittels natürlicher Auslese endlich zu publizieren. Schon als Darwin sie im Frühjahr 1856 erstmals in seine Überlegungen zur Transmutation einweiht, macht ihn Lyell just auf diesen Alfred Russel Wallace aufmerksam. Lyell hat dessen im Jahr zuvor veröffentlichten Aufsatz gelesen. In der in Sarawak (einer Provinz auf der Insel Borneo) verfassten Arbeit war Wallace der Idee von einer Transmutation der Organismen bereits auffällig nahe gekommen, meint Lyell; wenngleich Wallace damals noch nicht den richtigen Mechanismus des Artenwandels herausfand.

Doch er hasse es, »allein der Priorität willen zu schreiben«, antwortete Darwin Lyell damals. Immerhin macht er sich dann im Mai 1856 an die mühevolle Ausarbeitung seines großen Arten-Buches. Und er schreibt an Wallace ein Jahr später, im Mai 1857, einen Brief, in dem er seinen Claim deutlich absteckt. »In diesem Sommer ist es das zwanzigste Jahr (!), dass ich mein Notizbuch geöffnet habe über die Frage, wie und wodurch Arten und Varietäten voneinander abweichen. Ich bereite mein Werk jetzt zur Veröffentlichung vor«. Es ist eine deutliche Warnung an Wallace, die dieser freilich ignoriert. Eher dürfte er Darwins Brief zum Anlass genommen haben, ihm dann mitten in dessen Arbeit an der »*Natural Selection*« seinen Aufsatz aus Ternate zuzusenden.

Jetzt bereut Darwin bitter, dem Rat Lyells nicht eher gefolgt zu sein. In seinem Brief vom 25. Juni 1858 erklärt er dem Freund, wie ungeheuer froh er nun wäre, »wenn ich auf etwa einem Dutzend Seiten einen Abriss meiner allgemeinen Überlegungen veröffentlichen könnte. Aber ich bin nicht überzeugt, dass ich das mit Anstand tun kann«. Zugleich aber weist er Lyell unmissverständlich einen Weg, wie die Freunde helfen könnten, um doch noch Darwins Priorität und öffentliche Anerkennung an der Idee der natürlichen Selektion zu sichern, ohne dabei Wallace zu übergehen. »Wenn ich noch ehrlich publizieren könnte, so würde ich anmerken, dass ich durch Wallaces Aufsatz, den er mir zugesandt hat und der meine grundsätzlichen Schlussfolgerungen enthält, jetzt dazu angeregt wurde, einen Auszug meiner eigenen Thesen zu veröffentlichen«.

Lyell und Hooker beißen an, um Darwin zu retten. Sie handeln schnell und professionell. Beide sind (wie auch Darwin) Mitglieder der *Linnean Society*; Joseph Hooker ist überdies in den Vorstand dieser erstrangigen naturforschenden Gesellschaft gewählt worden, zudem gibt er deren Journal heraus. Beide wissen, dass durch den bedauerlichen Tod von Robert Brown, einem früheren Präsidenten der Gesellschaft, eine außerordentliche Mitgliederversammlung an das Ende der Saison, auf den 1. Juli 1858, gelegt wurde. Charles Lyell soll dabei den Nachruf auf Brown halten. Dank ihres Einflusses bei der *Linnean Society* gelingt es Hooker und Lyell, die Papiere von Darwin und Wallace in letzter Minute, am 30. Juni, noch auf die Tagesordnung zu setzen. So kommt es zu jenem »delikaten Arrangement«, jener eingangs geschilderten denkwürdigen Doppellesung von Darwins und Wallaces Theorie.

Was geschah wirklich? Eine Rätselnuss für Wissenschaftshistoriker: Die Ereignisse im Frühjahr und Sommer des Jahres 1858 gehören zweifelsohne zu den von Wissenschaftshistorikern mittlerweile am gründlichsten untersuchten Episoden der Biologiegeschichte. Dennoch dauert bis heute der Disput darüber an, was wirklich geschah. Sicher ist, dass die erstaunliche Parallelität der Formulierung einer Theorie der natürlichen Auslese weitaus dramatischer verlief und komplizierter ist als bisher meist geschildert. Denn was lange als *gentlemen's agreement* zum höheren Nutzen der Wissenschaft galt, was für die einen ein Mordszufall und Zeugnis gegenseitigen Großmutes zweier bedeutender Biologen ist, das wird für andere zum Wissenschaftsmärchen. Für den amerikanischen Biologiehistoriker John Langdon Brooks ist es gar die übelste Fälschungsaffäre der gesamten Naturwissenschaften. In seinem Buch »*Just before the Origin*« erhebt Brooks den Vorwurf, Lyell und Hooker hätten die Veröffentlichung bei der *Linnean Society* manipuliert, um Darwins Urheberanspruch auf die Selektionstheorie zu wahren. Alles in allem legen Nachforschungen den Schluss nahe, dass es bei jenem »delikaten Arrangement« im Juni 1858 nicht mit rechten Dingen zugegangen ist und dass die nachträgliche, ein Jahrhundert lang dominierende Darstellung der Ereignisse irreführend ist. Sie lässt vor allem Darwin in einem weitaus besseren Licht erscheinen, als er es möglicherweise verdient.

Dabei geht es nicht nur darum, dass Lyell und Hooker dem kompletten und publikationsfertigen Aufsatz von Wallace die eingestandenermaßen schnell zusammengeschusterten Fragmente aus Darwins unveröffentlichten Papieren voranstellten. Diese waren, wie Darwin explizit schreibt, niemals dazu vorgesehen; sie dienten lediglich dazu, dessen Priorität des Gedankens zu demonstrieren. Nach heutigem Standard – wonach die Erstveröffentlichung zählt und nicht die Tatsache, als Erster (oder gar besonders lange) an etwas gearbeitet zu haben – ist diese heikle Übereinkunft eine in der Tat mehr als zweifelhafte Aktion. Und Darwins eigene Korrespondenz straft ihn Lügen, wenn er sieben Monate nach der gemeinsamen Präsentation an Wallace schreibt: »Ich hatte nicht das Geringste, absolut nichts, damit zu tun, Lyell und Hooker zu dem zu veranlassen, was sie als faire Vorgehensweise ansahen«. Fair oder gar nobel jedenfalls war der von Darwins Freunden arrangierte Kompromiss, dem Aufsatz von Wallace Darwins Notizen voranzustellen, keinesfalls. Vor der *Linnean Society* gab es durchaus keine »salomonische Schlichtung«; noch so eine Legende um Darwin. Vielmehr rettet das Arrangement Darwins Urheberschaft und bringt Wallace um die alleinige Erstveröffentlichung der Theorie einer Transmutation als natürlichen Prozess.

Was wichtiger ist: Das Bild, das wir uns fortan von Charles Darwin machen, steht und fällt mit den Laufzeiten der Post aus dem Fernen Osten nach England. Um die Ereignisse im Sommer 1858 zu rekonstruieren, hat vor allem John Langdon Brooks minutiös in diversen Archiven rund um den Globus recherchiert und sogar die Routen und Fahrzeiten holländischer und britischer Post- und Frachtschiffe zwischen Ostindien und Europa ermittelt. Dabei meint er, eine weitere auffällige Lücke in der gängigen Legende von der gemeinsamen Entdeckung der Evolutionstheorie ausgemacht zu haben. Zum Schlüsselereignis wird für Brooks der Umstand, dass Darwin selbst bekundet, er habe Wallaces Aufsatz am 18. Juni 1858 erhalten und noch am gleichen Tag an Lyell weitergeleitet. So steht es seitdem auch in den meisten Biografien, Büchern und Porträts. Doch stimmt das?

Von Postdampfern und dem Divergenzprinzip: Darwins Schreiben an Lyell, in dem er vom Erhalt des Manuskripts von Wallace am selben Tag berichtet, ist glücklicherweise im Original erhalten. Von Darwins eigener Hand verzeichnet ist als Datum nur »*Down 18th*«. Francis Darwin, der 1887 erstmals die Korrespondenz seines Vaters in Auszügen veröffentlicht, hat nachträglich in Klammern »*June 1858*« hinzugefügt – und damit erheblich zur Legendenbildung beigetragen. Offenbar im besten Glauben, denn auf den von Darwin mit Tinte verfassten Briefen findet sich ein weiterer Bleistiftzusatz mit Monats- und Jahresangaben. Brooks hat dieses Darwin-Dokument eingehend untersucht und vermutet nun, dass die Bleistiftergänzung erst vorgenommen wurde, nachdem dieser Brief in Lyells Hände gelangte. Allein der Umstand jedoch, dass jemand in Lyells Nähe den Empfang des Briefes mit Juni 1858 quittiert, bedeutet nicht zwangsläufig, dass Darwin besagten Brief auch tatsächlich im Juni geschrieben hat. Könnte er nicht bereits viel früher, gar am 18. Mai 1858, verfasst, aber erst einen Monat später abgeschickt worden sein?

Zur Schlüsselfrage, deren Beantwortung Charles Darwin zum Schurken stempeln könnte, wird deshalb, wie lange Wallaces Brief und Manuskript tatsächlich unterwegs waren, nachdem der Postdampfer Ternate am 9. März 1858 verließ. Brooks' akribische Recherchen zeigen, dass eine Postsendung im Schnitt zwölf Wochen nach England braucht. Wie gut die Schiffs- und Postverbindungen um die halbe Welt bereits damals funktionierten, zeigt das Beispiel eines Manuskripts, das Wallace unmittelbar nach seiner Rückkehr von den Aru-Inseln im Juli 1857 schrieb. Von Makassar auf Sulawesi mit dem Postdampfer nach London abgeschickt, kam es so rechtzeitig an, dass es noch in der Dezemberausgabe desselben Jahres in einer Zeitschrift erscheinen konnte. Bedenkt man die Druckvorbereitung (für die wenigstens ein Monat zu rechnen ist), kann das Manuskript kaum länger als jene zwölf Wochen unterwegs gewesen sein. Und auf einen früheren Brief, den Wallace im September 1857 vom Malaiischen Archipel an Darwin schickte, antwortete dieser bereits im Dezember desselben Jahres. Vielleicht das wichtigste Indiz aber: Mit demselben Postdampfer, der Ternate Anfang März 1858 verließ, schickte Wallace auch einen Brief an den Bruder seines alten Freundes Bates ab. Dieser Brief an Frederick Bates in Leicester – der samt Umschlag und Stempel erhalten ist (!) – hat England nachweislich bereits am 3. Juni 1858 erreicht, also zwei Wochen vor Darwins Brief an Lyell.

Warum aber ist die genaue Ankunftszeit so wichtig? Wissenschaftshistoriker haben inzwischen erkannt, dass in Darwins Theorie der natürlichen Auslese ein weiterer Faktor eine wichtige Rolle spielt. Es ist das bereits erwähnte letzte Puzzleteilchen zum Bild: das Prinzip der Divergenz der Merkmale. Dieses Prinzip ist auch Wallace wichtig, weshalb er es in seinem Ternate-Aufsatz in prägnanten Worten erläutert. Und Darwin hat das Prinzip nachweislich just in jenen Wochen zwischen Mitte Mai und Anfang Juni 1858, in denen auch der brisante Aufsatz von Wallace England erreicht, in sein Manuskript zu »Natural Selection« in ausführlicher Form eingearbeitet. Später findet sich das entsprechende Kapitel dann unverändert in Darwins »Entstehung der Arten«.

Das Divergenzprinzip ist ein zentraler Gedanke der modernen Evolutionstheorie. Darwin und ebenso Wallace haben erkannt, dass die Auswahl durch die Natur jeweils an den unterschiedlichen Merkmalen und Eigenschaften der Lebewesen ansetzt. Eine ausführliche Darlegung dieser Idee (die letztlich nicht nur ökologische Vielfalt, sondern auch die Entstehung neuer Arten erklärt) fehlt in Darwins früheren Theorieentwürfen aus den 1840er-Jahren noch, wie wir gesehen haben. Erst in seinem Brief an den Botaniker Asa Gray deutet Darwin dieses Divergenzprinzip im September 1857 an. Allerdings beschränken sich seine Ausführungen dazu in

seinem Arten-Buch anfangs auf nur eine einzige Manuskriptseite. Erst mehr als ein halbes Jahr später, am 8. Juni 1858
(zu einer Zeit also, als nach Brooks' Rechnung das Manuskript von Wallace bereits in Darwins Händen ist), verkündet
Darwin dann in einem Brief an seinen engen Freund und
Vertrauten Joseph Hooker, er habe nun endlich das Problem
gelöst, wie Arten entstehen und sei nun zuversichtlich, dass
jenes neue Prinzip sicher begründet ist. Dieses Divergenzprinzip, so fügt Darwin noch hinzu, stelle zusammen mit
dem Mechanismus der natürlichen Auslese den Grundpfeiler
seines Buches dar.

Brooks hat durch akribischen Vergleich belegt, dass Darwin tatsächlich einen insgesamt 41 Seiten langen Einschub
in dem Manuskript seines 1856 begonnenen Buches »Natural
Selection« vorgenommen hat. Dieser Zusatz, geschrieben auf
andersfarbigem Papier, ist eindeutig in Darwins Originalmanuskript nachweisbar, das in der Bibliothek der Universität Cambridge erhalten ist. Nach Brooks' These hat Darwin diesen ausführlichen Zusatz erst *nach* der Lektüre von
Wallaces Ternate-Manuskript geschrieben. Dazu führt er
zwei Beweisketten an: Neben den Übereinstimmungen in
den Texten von Darwin und Wallace (bis hin zur auffällig
ähnlichen Wortwahl), ist dies eben jene von ihm postulierte
deutlich frühere Ankunft von Wallaces Brief aus dem Malaiischen Archipel. Das Fazit des Historikers: Darwin könnte
von Wallaces Theorie und seinen Erläuterungen zum Divergenzprinzip bereits ab Mitte Mai, spätestens seit den ersten
Junitagen 1858 Kenntnis gehabt haben. Dies wäre in jedem
Fall deutlich früher, als erst an jenem 18. Juni 1858, an dem
er angeblich seinen Brief an Lyell abschickt. Darwin hätte
genug Zeit gehabt, um wichtige Ergänzungen im Entwurf
seiner eigenen Evolutionstheorie vorzunehmen. Denn bis
dahin – so sind sich viele Historiker inzwischen einig, selbst

wenn sie Brooks' Ansicht ansonsten nicht teilen – hat sich Darwin vergeblich mit jenem Kernprinzip der Divergenz der Merkmale herumgequält. Erst durch die Merkmalsdivergenz lässt sich erklären, dass eine natürliche Auslese stets die am stärksten spezialisierten (also voneinander abweichenden oder divergierenden) Varietäten überleben lässt, weil sie am wenigsten mit anderen konkurrieren. Im Gegensatz dazu sterben die weniger spezialisierten Mittelformen aus, wenn sich die Umwelt drastisch verändert. Auf diese Weise entstehen neue, voneinander getrennte Arten.

Erst nachdem Darwin die Details des Divergenzprinzips aus Wallaces Manuskript gleichsam herausgepickt hat, um sie in seine eigene Theorie einzubauen, erst danach habe er sich an Lyell und Hooker mit der Bitte um Rat und Tat gewandt, so meint John Langdon Brooks. Demnach wäre Darwin also nicht bloß am 18. Juni 1858 für Stunden zwischen wissenschaftlichem Ehrgefühl und Prioritätsanspruch hin und her gerissen gewesen. Hatte er vielmehr Tage und Wochen Zeit, sich zu fangen und sich zu fragen, was er tun sollte? Immerhin blieben ihm zwei, vielleicht sogar mehr Wochen, um eine entscheidende Umarbeitung in seinem Buchmanuskript vorzunehmen.

Im Gegensatz zur Wissenschaftslegende könnten sich die dramatischen Ereignisse im Sommer 1858 folglich auch so zugetragen haben: Nachdem Darwin Wallaces Manuskript im Mai oder Anfang Juni 1858 erhalten hat, ist er verständlicherweise geschockt. Wallace ist ihm nicht nur mit einer publikationsreifen Fassung der Idee einer natürlichen Selektion zuvorgekommen. Darwin, der dazu vermutlich erneut jenen ersten Sarawak-Artikel von Wallace aus dem Jahr 1855 liest, begreift jetzt auch die volle Bedeutung des von Wallace erläuterten Divergenzprinzips. Zwischen Verzweiflung und dem Bestreben schwankend, seinen Anteil an der Evolutionstheorie zu retten, schreibt er einen Brief an Lyell. Doch dann schickt er diesen nicht ab, sondern beginnt zuerst sein eigenes Buchmanuskript an einer entscheidenden Stelle zu ergänzen, indem er das Divergenzprinzip nochmals ausführlicher darstellt. Als er am 8. Juni damit weitgehend fertig ist, berichtet er Hooker in einem Brief davon. Zehn Tage später schickt er dann Wallaces Manuskript an Lyell mit der Bitte um Rat – und insgeheim in der Hoffnung auf dessen Hilfe.

Freispruch aus Mangel an Beweisen: Wir werden es nie sicher wissen, was wirklich geschah. Mehr als ein Anfangsverdacht sind diese Ungereimtheiten indes nicht. Wenngleich auch kritische Beweisstücke – etwa jener entscheidende Brief von Wallace aus Ternate oder gar sein Manuskript – verschwunden sind, so belegt dieses Fehlen nicht Darwins unehrenhafte Tat oder Schuld. Mag Darwin in manchen Augen auch noch so sehr unter Verdacht stehen, Wallace ausgetrickst zu haben, er kann aus Mangel an Beweisen nicht überführt werden. Die Darwin-Biografen Peter Bowler, Malcolm Jay Kottler und Janet Browne halten mithin den Plagiatsvorwurf für unbegründet. Schließlich weisen Wallace und Darwin entscheidende biografische Parallelen auf. So haben beispielsweise beide unabhängig voneinander längere Forschungsreisen unternommen; auch haben sie die gleichen einflussreichen Bücher – darunter Thomas Malthus' »*Essay on the Principle of Population*« und Charles Lyells »*Principles of Geology*« – gelesen und zusammen mit ihren Beobachtungen die richtigen Schlüsse zum Mechanismus der Evolution gezogen. Wenn sie dank der Koinzidenz ihrer Lebenswege und Lektüren auch beide auf gleichem Weg zu ihrem Aha-Erlebnis kamen, so könnte ihre anschließende Reaktion darauf kaum unterschiedlicher sein. Während Darwin zwei Jahrzehnte zögert zu publizieren und immer weitere Fakten sammelt, wartet Wallace gerade so lange, bis der Malariaanfall vorüber ist, um seine neue Idee druckreif zu Papier zu bringen. Entscheidender indes sei, so Browne, Bowler und Co., dass Darwin von Wallace schon deshalb nichts gestohlen haben könne, weil Darwins zentrale Ideen entweder älter seien (wie im Fall der natürlichen Selektion) oder sich im Detail deutlich von denen von Wallace unterscheiden (wie im Fall des Divergenzprinzips). Das freilich hat Darwin nicht davor bewahrt, bis ins Mark durch die Übereinstimmung in ihren Theorien erschüttert zu sein.

Kein Zweifel, die Ankunft von Wallaces Ternate-Manuskript war der entscheidende Anstoß dafür, dass Darwin endlich an die Öffentlichkeit ging. Selbst wenn Darwin inhaltlich in keiner Weise von Wallaces Manuskript profitierte, so war er unstrittig in großer Gefahr, durch ihn um seine Originalität gebracht zu werden. Denn trotz aller Notizbücher, Essays, Briefe und halb fertiger Buchmanuskripte – Darwin hatte zum entscheidenden Zeitpunkt im Juni 1858 nichts wirklich fertig, was zur Publikation taugte. Nicht nur nach heutiger Sichtweise verstieß deshalb das heikle Arrangement einer gemeinsamen Verlesung von Darwins und Wallaces Theorie am 1. Juli 1858 gegen gute wissenschaftliche Praxis. Es war eine Manipulation, zumindest in der Art und Weise, wie die Texte der beiden Forscher herausgegeben wurden. Ob dieser Verstoß mit dem Hinweis auf die enorme Tragweite einer damals ebenso revolutionären wie ketzerischen Transmutationstheorie nachträglich gerechtfertigt werden kann, ist fragwürdig. Fakt ist, dass wir Wallace Darwin als gleichberechtigten Mitentdecker der Evolutionstheorie zur Seite stellen müssen.

»Die Theorie ist Ihre und allein Ihre«. Oder: Was weiter geschah:
Wallaces Beitrag, obgleich er nicht unwesentlich dazu geführt

hat, die Biologiegeschichte zu revolutionieren, ist verblüffend kurz: kaum mehr als 4000 Worte. Während Wallaces Manuskript »bewundernswert und klar formuliert« sei, wie Darwin diesem später schreibt, hält er von seinem eigenen, in Eile zusammengestoppelten Beitrag wenig. Vielleicht kein Wunder: Kurioserweise, und lange von Historikern unbemerkt, sind auch noch weitere Umstände des delikaten Arrangements ungeklärt. Rätselhaft ist unter anderem, wer eigentlich jene Passagen aus Darwins 1844 verfassten Manuskript auswählte und die entsprechenden Abschriften machte, aus denen am 1. Juli vorgetragen wird. Sicher ist nur, dass Hooker Ende Juni Darwin um Kopien seines Briefes an Asa Gray und um Auszüge eines Manuskripts bittet. Ein erhaltener Brief von Darwin belegt, dass diese am Abend des 29. Juni 1858 per Boten an Hooker geschickt werden. John Langdon Brooks vermutet aufgrund seiner Recherchen, dass nicht etwa Lyell oder Hooker, sondern dass Darwin selbst die entsprechenden Abschriften nur wenige Tage vor der Sitzung der *Linnean Society* vornimmt. Dies muss offenbar in aller Eile und angesichts der familiären Ereignisse unter denkbar ungünstigen Umständen geschehen sein (erinnern wir uns: Am 28. Juni stirbt Darwins Sohn Charles Waring an Scharlach; gleichzeitig ist seine Tochter Etty schwer an Diphtherie erkrankt). Dagegen meint die Darwin-Biografin Janet Browne, dass deshalb sehr wahrscheinlich eher Joseph Hooker solche Textpassagen ausgesucht und arrangiert habe, die man dem Fachpublikum vorlesen konnte. Letztlich ist das ein befremdlicher Gedanke angesichts der unter Darwins Namen veröffentlichten ersten Vorstellung seiner Theorie vom Wandel der Arten.

Und Alfred Russel Wallace? Er kehrt erst im April 1862 von seiner achtjährigen Expedition durch den Malaiischen Archipel nach England zurück. Wenige Wochen später folgt er einer Einladung von Charles Darwin, diesen in Down

House zu besuchen. »Was mir bei Mr. Wallace am meisten auffällt«, schreibt Darwin später, »ist, dass er mir gegenüber gänzlich ohne Eifersucht ist: Er muss eine ausgesprochen gute und noble Einstellung haben. Was höher zu werten ist als bloßer Verstand«. Darwin schildert erst 1861 in einer der dritten Auflage seines Werkes »*Über die Entstehung der Arten*« vorangestellten Einleitung in einem kurzen Satz den historischen Beitrag von Wallace zu dieser Theorie. Die Details, wie das delikate Arrangement vom Juli 1858 zustande kam, erfährt Wallace erst 30 Jahre später aus dem dann veröffentlichten Briefnachlass Darwins und aus dessen autobiografischer Skizze. Dennoch hat Wallace niemals Anspruch auf den Weltruhm erhoben, der Darwin und dessen Buch zuteilwurde. Er glaubte sogar, zu viel des Lobes für seinen bloßen Rohentwurf einer Evolutionstheorie erhalten zu haben. »Was die Theorie der natürlichen Selektion selbst betrifft, so werde ich stets behaupten, dass sie tatsächlich Ihre und allein Ihre ist«, schreibt er 1864 in einem Brief an Darwin. »Sie haben sie in derart vielen Details ausgearbeitet, die ich niemals bedacht hatte, und zwar Jahre bevor ich auch nur den ersten Lichtstrahl auf diesen Gegenstand fallen sah. Mein Aufsatz hätte niemanden überzeugt oder wäre nur mehr als eine geistreiche Spekulation wahrgenommen worden, während Ihr Buch die Naturforschung revolutioniert hat«. Im Jahre 1869 widmet Wallace nicht nur sein wichtigstes Buch »*The Malay Archipelago*« Charles Darwin; in selbstbescheidener Weise verwendet er in einem Buchtitel 1889 sogar den Begriff des »Darwinismus« für ihre gemeinsame Evolutionstheorie.

Alfred Russel Wallace heiratet 1866 im Alter von 43 Jahren und lebt vom Verkauf seiner Sammlungen und Bücher, von Vorträgen und Kapitalanlagen, Letzteres nicht übermäßig erfolgreich. Obgleich er nie einen offiziellen Posten erhält, verliert er nicht das Interesse an der Naturkunde, sondern veröffentlicht wichtige Beiträge. Genau genommen ist Wallace ähnlich wie Darwin überaus produktiv: Er hat 22 Bücher und etwa 700 wissenschaftliche Abhandlungen und Kurzberichte verfasst; nach ihm sind zahlreiche Vogel- und Insektenarten benannt, die sich in den Naturkundemuseen rund um den Globus befinden. Wenn er bislang auch kaum als Mitentdecker der Evolutionstheorie wahrgenommen wird, so verknüpft sich mit seinem Namen doch bis heute ein ganz eigener Wissenschaftszweig – die Biogeografie, die er maßgeblich begründet. Aber das ist eine eigene Geschichte; hier sei nur noch erwähnt: Bis zu Darwins Tod 1882 pflegen beide einen freundschaftlichen Kontakt mit regem Briefwechsel. Wallace ist einer der Sargträger, als Darwin in der Londoner Westminster Abbey neben Isaac Newton beigesetzt wird. Er selbst stirbt am 7. November 1913 mit 91 Jahren und findet, weitgehend unbekannt, auf dem Broadstone-Friedhof bei Bournemouth in Dorset seine letzte Ruhe.

Die Veröffentlichung:
»Über die Entstehung der Arten«
(1858–1860)

*I*ch bin völlig erschöpft und muss mich ausruhen«, schreibt Darwin in einem Brief, nachdem er am 1. Oktober 1859 die letzten Korrekturen zu seinem Arten-Buch beendet hat; Ruhe mache »vielleicht wieder einen Menschen aus mir«, hofft er. Beinahe ununterbrochen hat er in den vergangenen vierzehn Monaten gearbeitet, von der Niederschrift im Juli des vorangegangenen Jahres – noch unter dem Schock von Wallaces Ternate-Manuskript – bis jetzt zur Vorbereitung der Drucklegung. Emma hat ihm geholfen, wo sie konnte, hat alle Fahnenabzüge mitgelesen und Vorschläge für Formulierungen gemacht, um dem Leser Darwins Gedanken noch besser zu vermitteln.

Jetzt erst ist Darwin angekommen. Hier endet seine Reise zur Erkenntnis, deren erster Teil mit der Fahrt auf der *Beagle* begann und deren zweiter Teil mit seinen Notizbüchern und Essayskizzen seine Fortsetzung fand. Jetzt ist seine Theorie zur »Transmutation« durch natürliche Selektion auf dem Weg an die Öffentlichkeit. Darwin ist 50 Jahre alt; über 22 Jahre hinweg hat er diese Theorie entwickelt, seit er im Frühjahr 1837 mit den ersten Aufzeichnungen dazu begann. Den Umständen geschuldet hat er sein Buch nun als knappe Kurzfassung konzipiert, als *»Auszug aus einem Aufsatz über die Entstehung der Arten und Varietäten durch natürliche Zuchtwahl«*, wie er sein Werk nennen will. Sein Verleger John Murray hält angesichts der immerhin noch 500 Seiten, die das Druckwerk haben wird, nichts vom unverständlich mäandrierenden Titel und schlägt vor, ihn zu kürzen und zugleich die Sache mit der Zuchtwahl zu erklären. So wird daraus, freilich kaum weniger kurz, »*Über die Entstehung der Arten durch natürliche Zuchtwahl, oder die Erhaltung der begünstigten Rassen im Kampf ums Dasein*«. Murray kommentiert auch, dass sich das Buch sicher besser verkaufen würde, »if it were all pigeons« – wenn Darwin seine merkwürdigen spekulativen Ideen weglassen würde und nur über Tauben schriebe; für deren Zucht interessiert sich zu dieser Zeit offenbar gerade jedermann in England. Darwin braucht ein paar Tage, um sich von derartiger Ignoranz gegenüber seiner Theorie zu erholen.

Sein Buch – sahnefarbenes Papier in dunkelgrünes Leinen eingeschlagen, mit einem Ladenpreis von 15 Shilling – wird auch so ein Bestseller. Von der ersten Auflage werden vorab derart viele Exemplare geordert, dass die gedruckten 1250 bei Weitem nicht ausreichen und das Buch bereits am Erscheinungstag, dem 24. November 1859, vergriffen ist. Murray informiert Darwin, umgehend eine zweite Auflage vorzubereiten, die nur sieben Wochen später, am 7. Januar 1860, mit 3000 Exemplaren erscheint. Es ist für Autor wie Verleger ein Geschäft: Verdient Darwin an der ersten Auflage 180 Pfund Honorar, sind es an der zweiten über 600 Pfund. Allein im ersten Jahr werden 3800 Exemplare abgesetzt, zu Lebzeiten Darwins sind es 18 000 Stück – für ein wissenschaftliches Buch damals ein außergewöhnlicher Verkaufserfolg (nur einer verkauft noch mehr: Chambers erreicht mit den »*Vestiges*« 24 000 Exemplare, bis Darwins Buch erscheint, über die Jahre werden es insgesamt 40 000). Die »*Entstehung der Arten*« erlebt bis zu Darwins Tod sechs Auflagen. Das Buch ist zudem ein Welterfolg: Innerhalb weniger Jahre wird es in elf Sprachen, darunter alle wichtigen europäischen, übersetzt;

später kommen 18 weitere Sprachen hinzu. In Deutschland erscheint zwar schnell eine Übersetzung durch den Paläontologen Heinrich Bronn, doch der hat seine eigenen (nicht eben hilfreichen!) Ansichten; und er unterschlägt am Ende gar den einzigen Satz, mit dem Darwin überhaupt in seinem Buch auf den Menschen hinweist.

Dennoch: Jetzt endlich fährt Charles Darwin die Ernte all seiner Anstrengungen ein; wenngleich in anderer Form, als er es geplant hatte: »Es ist ein bloßer Lumpen von einer Hypothese, mit so vielen Webfehlern und Löchern wie brauchbaren Teilen«. Für die »*Entstehung der Arten*« hat er das Manuskript seiner weit monumentaleren »*Natural Selection*« eingestaucht, musste er vieles beiseitelassen und ohne Fußnoten und Literatur auskommen. Gerade das bedauert er hinterher, und deshalb betrachtet Darwin sein Buch nur als einen »Abstract«, einen Auszug. Immerhin hat die Arbeit an dem deutlich kürzeren Manuskript zur »*Entstehung der Arten*« seine Gedanken klarer werden lassen, weil er gezwungen war, die Bedeutung einzelner Elemente seiner Theorie vergleichend zu gewichten.

Über viele Jahre hinweg plant Darwin danach, sein ursprünglich viel umfangreicheres Manuskript, bei dessen Abfassung ihn Wallace unterbrach, zu veröffentlichen. Tatsächlich arbeitet Darwin die beiden ersten Kapitel des Manuskripts seines großen Arten-Buches zu einem zweibändigen Werk aus, das 1868 erscheint. Darin geht es nur um die Variation bei Tieren und Pflanzen unter Domestikation, womit John Murray nun gewissermaßen sein »Tauben-Buch« hat. Doch der Hauptteil des ursprünglich als »*Natural Selection*« geplanten Werkes bleibt liegen und wird erst posthum 1975 veröffentlicht, jedoch kaum gelesen.

Überhaupt sollten wir uns nichts vormachen: Wirklich gelesen haben Darwin – trotz aller Aufregung um seine Veröffentlichung – bis heute die wenigsten. Zwar trifft keineswegs zu, was Richard Owen beim Erscheinen des Buches 1859 prophezeite, dass es in zehn Jahren vergessen sein würde und daher die Lektüre nicht lohne. Wer Owens Rat befolgte, befindet sich indes in bester Gesellschaft. Denn nicht einmal Fachleute (Evolutionsbiologen und andere Darwin-Fans) kennen heute den Text der »Entstehung der Arten«. Auch Bücher, die die Welt erschüttern, werden eben weitaus häufiger zitiert als gelesen.

Ein erster Blick in die »Entstehung der Arten«: Tatsächlich ist sein Werk nach wie vor ein großartiges Buch mit einer ungeheuer einflussreichen Theorie, nicht nur eine Fundgrube für Biologen, die sich für Organismen und ihr Überleben in der Umwelt interessieren. Es ist auch ein wahrer Lesegenuss, vielseitig, vollgepackt mit Tatsachenmaterial, mit komplex verschlungenen Themenbearbeitungen wie die Erzählstränge eines Romans, und übersät mit Sprachbildern von ungeheurem Einfallsreichtum. Darwin, der sich an eine breite Leserschaft wendet, vermeidet jeden wissenschaftlichen Jargon, sodass er auch verstanden wird. Er führt seinen Lesern leicht beobachtbare Fakten vor Augen, und er tut dies in demselben liebenswerten, beinahe autobiografischen Stil, den er während seiner Zeit auf der *Beagle* entwickelte und der ihm mit seinem Reisetagebuch bereits großen Erfolg sicherte.

»Als ich an Bord der *Beagle* als Naturforscher Südamerika erreichte, überraschten mich gewisse Tatsachen in hohem Maße, die sich mir in Bezug auf die Verteilung der Bewohner und die geologischen Beziehungen der jetzigen zu der früheren Bevölkerung dieses Weltteils darboten. Diese Tatsachen scheinen mir (wie sich aus dem letzten Kapitel meines Buches ergeben wird) einiges Licht auf die Entstehung der

Manuskriptseite aus »On the Origin of Species« 1859

Arten zu werfen, diesem Geheimnis der Geheimnisse, wie
es einer unserer größten Philosophen genannt hat.« Den damaligen Lesern Darwins ist klar, wen er mit jenem großen
Philosophen meint: den Astronomen John Herschel, damals

allgemein der wohl geachtetste und angesehenste Wissenschaftler Englands. Herschel hat einmal in einer Lobeshymne auf Charles Lyell und dessen »*Principles of Geology*« von einer Suche nach den wahren und letzten (also ursächlichen) Gründen für jenes »mystery of mysteries« geschrieben, womit er das Ablösen von ausgestorbenen Arten durch heute lebende meinte.

Bei der Lösung dieses wohl größten Geheimnisses geht Darwin in seinem Buch ebenso wohlbedacht wie überzeugend vor, um den Erfolg zu sichern und seinen Theorien ein Schicksal wie das der Ideen von Lamarck und Chambers zu ersparen. Gleich eingangs kommt er sehr bescheiden daher. »Mein Werk enthält kaum neue Tatsachen«, schreibt er, und spielt bewusst herunter, dass er jede seiner neuen Ideen durch zahlreiche Einzelbeobachtungen absichern kann. Dass er diese über 20 Jahre gesammelte Fülle an Tatsachen ausbreitet, mag manchem streckenweise langatmig erscheinen. Viele Leser mag es verstören, dass Darwins Stil der Umsicht und Genauigkeit des Autors mehr Rechnung trägt, als den revolutionären Ideen, die er ausdrückt. Auch rechtfertigt Darwin keinesfalls die lange Verzögerung zwischen der *Beagle*-Reise und dem Erscheinen seines Buches; ganz im Gegenteil stellt er anfangs heraus, dass er erst jetzt, nach reiflicher Arbeit an seiner Theorie, diese veröffentlicht.

Allerdings ist er gar nicht so mutig, wie oft angenommen wird. Zwar bekennt er freimütig: »Ich bin vollkommen überzeugt, dass die Arten nicht unveränderlich sind, sondern dass sie … in direkter Linie von einer anderen, gewöhnlich erloschenen Art abstammen«. Dieser Gedanke einer Transmutation war zu dieser Zeit freilich nicht mehr tabu; und keineswegs hingen, wie er schreibt, »bis vor kurzem die meisten Naturforscher« der irrigen Meinung von der Unveränderlichkeit der Arten an. Schließlich bekennt er: »Die Folgerung, dass der Mensch ebenso wie andere Arten von einer alten, tief stehenden, ausgestorbenen Form abstamme, ist keineswegs neu. Sie wurde schon vor langer Zeit von Lamarck gezogen, ebenso wie später von mehreren hervorragenden Naturforschern und Philosophen«. Wie das Aussterben der Arten so hat auch ihre Entstehung natürliche Ursachen und verdankt dies keinerlei mysteriösen Vorgängen.

Mitte des 19. Jahrhunderts war die Zeit reif für einen Darwin. Mit dem Zeitalter der Entdeckungen sind ständig neue Tier- und Pflanzenarten hinzugekommen; vor dem kundigen Auge der Naturforscher breitet sich immer mehr die Variation der Natur aus. Die immer neuen Funde und verwirrenden Formen lassen zunehmend an der biblischen Überlieferung zweifeln: Sollen alle diese neuen Arten wirklich Schöpfungen des einen Gottes sein? Nicht nur Darwin fragt sich, ob sich tatsächlich ein allgegenwärtiger Schöpfer mit all diesen Würmern, Weichtieren und anderen wundersamen Wesen im Einzelnen beschäftigt hat. Längst, so muss es selbst bibeltreuen Christen erscheinen, wäre die Arche Noahs überbelegt gewesen; hätten sich die vielen Tiere dort nicht totgetrampelt, so doch wenigstens einige sich gegenseitig aufgefressen.

Wie kam es also zu dieser Vielfalt? Vielen Naturforschern geht es zu Darwins Zeit längst nicht mehr um die Frage, *ob* Arten veränderlich sind; vielmehr geht es darum endlich herauszufinden, wodurch dieser Wandel zustande kommt. Robert Chambers war in der Frage der Entwicklung von Arten mit seinen »*Vestiges*« vorgeprescht, ohne ihren Mechanismus zu kennen. Selbst der Philosoph Herbert Spencer sprach sich in einem Essay 1852 für eine Entwicklung der Organismen und gegen den Schöpfungsglauben aus; er verglich Arten mit Züchtungsprodukten. Später, 1864, wird Herbert Spencer in diesem Zusammenhang vom »*survival of the fittest*«, dem

Überleben der Tauglichsten, schreiben. Diesen Begriff, den Darwin später (auf Anregung von Wallace und erst ab der 5. Auflage der »*Entstehung*«) neben seinem eigenen Terminus von der natürlichen Selektion verwenden wird und der seitdem so oft mit seiner Selektionstheorie verknüpft wird, verdankt der Naturforscher also dem Philosophen. Indes soll sich dieser Gedanke Spencers als eher unglücklich für Darwins Theorie erweisen, weil er – bis hin zum kalt-materialistischen Sozialdarwinismus (der mithin eher ein Spencerismus ist) – oft missverstanden und missbraucht wird.

Fünf Tatsachen und drei Schlussfolgerungen. Was wirklich in Darwins Buch steht: Darwins Antwort auf die Frage nach dem Ursprung der Arten ist ebenso simpel wie genial. Sämtliche der von ihm vorgebrachten Tatsachen waren damals allgemein bekannt; sie mussten nur zusammengefügt werden, was zuerst Darwin – und unabhängig von ihm Alfred Russel Wallace – gelang.

Es sind fünf Beobachtungen und drei Schlussfolgerungen, die den Kern der »*Entstehung der Arten*« ausmachen. Darwin ging erstens von der Überlegung aus, dass sich Lebewesen potenziell unbegrenzt fortpflanzen, jede Art also mehr Nachkommen produziert, als zum Überleben notwendig sind; dagegen sind aber zweitens die Ressourcen begrenzt. Drittens gibt es bei wilden wie domestizierten Arten eine Fülle von Varietäten, sodass Arten demnach aus variablen Populationen bestehen. Viertens entsteht diese Variation als Ergebnis sexueller Fortpflanzung. Und mit Blick auf die allgegenwärtige Variabilität schloss Darwin fünftens, dass jedes Individuum einmalig und in der Fortpflanzung unterschiedlich erfolgreich ist. Ergo – so sein Fazit Nummer eins – stehen die Individuen einer Art miteinander im Wettbewerb. Solche Individuen, die gut an jeweilige Umwelt angepasst sind, haben größere Chancen zu überleben und sich fortzupflanzen; sie geben dabei erbliche Merkmale an die kommende Generation weiter, so sein Fazit Nummer zwei. Der Effekt ist, Fazit drei, jene »Abstammung mit Modifikation«, wie die Evolution bei Darwin heißt. Oder anders ausgedrückt: Da die natürliche Selektion die jeweils Bestangepassten fördert, kommt es über viele Generationen hinweg zur Veränderung und Entstehung der Arten.

Kurzer Parforceritt durch Darwins kleines Arten-Buch: Begeben wir uns auf eine kleine Tour durch Darwins wichtigstes Werk, das für ihn ein »einziges langes Argument« ist. Wir brauchen hierfür nur zwei Absätze, die Darwins zweiteiligem Beweisgang und dem wohldurchdachten Aufbau seines Buches entsprechen. Was man wissen muss: Darwins »*Entstehung der Arten*« ist in 15 Kapitel gegliedert. Darin stellt er zuerst seine neue Theorie vor, eben jene, dass die Transmutation der Arten durch natürliche Selektion zustande kommt, diskutiert dann mögliche Einwände und breitet anschließend jene erwähnte Fülle an Tatsachen aus, mit der die Theorie gestützt wird und an der sie sich auch zugleich bewährt.

Hier Darwins Werk im Überblick: Es beginnt, nach der Einleitung, mit der Variabilität der Individuen unter Domestikation (Kapitel 1) und in der Natur (Kapitel 2). Dann erläutert er geometrisches Wachstum der Populationen und den Kampf ums Dasein (Kapitel 3), sodass letztlich allein aufgrund der natürlichen Selektion nur wenige Individuen erhalten bleiben (Kapitel 4 bringt uns zum Kernpunkt). Kein irgendwie gearteter Wille, kein Schöpfer, sondern die natürliche Auslese entscheidet. Es ist eine Naturkraft, die für die Entstehung der Arten verantwortlich ist, so wie die Anziehungskraft die Bewegung der Planeten beherrscht. Fertig ist die neue Theorie!

Nach dem eigentlichen Höhepunkt seines Werkes schließt Darwin die Gesetze der Variabilität und Erblichkeit der Merkmale an (Kapitel 5), die zur Akkumulation vorteilhafter Merkmale und somit zur Evolution führen. Hier liegt die offene Flanke von Darwins Theorie, denn von den genetischen Grundlagen der Vererbung kann er 1859 noch nichts wissen. Nun hat Darwin clevererweise in den nächsten beiden Kapiteln (6 und 7) gleich einige andere der offenkundigsten Schwierigkeiten seiner Theorie und mögliche Widersprüche vorweggenommen, etwa fehlende Übergangsformen oder den Überlebensvorteil bereits bei Anfangsstufen neuer Merkmale und Eigenschaften. Kurze Antwort: Sie werden später oft zu anderem genutzt, als ihrem ursprünglichen Zweck; Funktionswechsel wird das genannt, etwa wenn Vogelfedern erst zum Wärmen, dann zum Fliegen dienen. In den nachfolgenden Kapiteln (8–14) geht Darwin auf verschiedene spezielle Aspekte ein, etwa die Paläontologie mit ihren versteinerten Lebensformen, von denen uns leider so viele fehlen (10 und 11), und die Biogeografie mit der Verbreitung der Lebewesen (12 und 13), bevor er in einem Schlusskapitel nochmals alles rekapituliert. Und das ist schon der ganze Darwin!

Halten wir also fest: Darwin akzeptiert den grundlegenden Gedanken von der Veränderlichkeit der Arten, den etwa schon Lamarck und sein Großvater Erasmus Darwin hatten. Mit der natürlichen Selektion findet er den entscheidenden Mechanismus, der verantwortlich ist für die anpassungsbedingte Gestaltung und Funktion – gleichsam für das Design – der Organismen, und für ihre wundervollen Anpassungen, um zu überleben und sich jeweils in der Umwelt fortzupflanzen, in der sie leben. Er lüftet Herschels »Geheimnis aller Geheimnisse«, indem er statt vollkommener Perfektion und zweckentsprechender Angepasstheit in der Natur die Unvollkommenheit und den Zufall regieren lässt.

Mit seinem Buch wandelt Darwin den Blick vom statischen zu einem dynamischen Weltbild. Er rechnet mit großen Zeiträumen für die Geschichte der Erde und des Lebens, vor allem aber lehnt er die Annahme der Existenz eines universellen göttlichen Plans ab. Darwin bestreitet, dass jede Art für sich und unveränderlich von Gott geschaffen worden sein soll. Die Welt ist kein Garten Eden und die Natur kommt ohne einen Uhrmacher im Himmel aus, der dort geduldig jeden Organismus konstruiert. Platzverweis für den christlichen Schöpfer!

Gelegentlich muss Darwin selbst diese neue Sicht verabscheut haben. »Was für ein Buch könnte ein Kaplan des Teufels über das plumpe, verschwenderische, stümperhafte, rohe und entsetzlich grausame Wirken der Natur schreiben«, lamentiert er einmal in einem Brief an Hooker. Vielleicht deshalb mag auch Charles Darwin sein Werk nicht ohne eine Prise Poesie enden lassen: »So wie Knospen durch Wachstum neue Knospen erzeugen und diese wieder, wenn sie lebenskräftig sind, ausschlagen, zu neuen Zweigen werden und schwächere Zweige zu überwinden suchen, so, glaube ich, geschieht es auch seit Generationen am großen Lebensbaum, der die Erdrinde mit seinen toten, dahin gesunkenen Ästen erfüllt und die Erdoberfläche mit seinem ewig neu sich verästelnden schönen Gezweige belebt«.

Indes bewahrt seine poetische und lesefreundliche Schreibweise, auch wenn sie ihm durchaus Sympathien beim britischen Publikum sichert, Darwin nicht vor den heftigen Auseinandersetzungen um seine Abstammungstheorie. Sie sollten der Veröffentlichung unmittelbar auf dem Fuße folgen; und sie sind erstaunlicherweise bis heute nicht beendet. Immerhin geht es ja auch um einen der wirkmächtigsten Theorieentwürfe der letzten beiden Jahrhunderte.

Die Reaktion und Darwins Viererbande: Kopernikus wartete mit der Veröffentlichung seines Meisterstücks über die Bewegungen der Himmelskörper bis zum Jahr seines Todes. Giordano Bruno wurde für seine Theorie der Gestirne auf dem Scheiterhaufen verbrannt, Galileo Galilei zeigte man die Folterinstrumente der Inquisition und hielt ihn für den Rest seines Lebens unter Hausarrest. Charles Darwin lebt in ungleich weniger barbarischen Zeiten; nicht Furcht vor ähnlicher Behandlung ließ ihn, wie wir gesehen haben, zwei Jahrzehnte zögern, mit seiner Theorie in Druck zu gehen. Dennoch geraten genug Menschen in Rage über seine Anmaßung, der Mensch stamme angeblich vom Affen ab und sei nicht Gottes Ebenbild.

Bald redet man nicht nur in London und England nur noch von der ungeheuren Kränkung, die Darwin mit seinem Werk »*Über die Entstehung der Arten*« der gesamten Menschheit zugefügt hat. Arten sind nicht konstant, sie wandeln sich und die natürliche Selektion ist verantwortlich für Entstehung und Entwicklung aller Lebewesen – einschließlich des Menschen. Doch bei Darwin geht es um mehr als nur die Artenfrage; es geht vielen und vor allem um die Affenfrage. Allerdings reicht die Kontroverse auch weit über die Naturforschung hinaus. Kurioserweise, so die Darwin-Biografin Janet Browne, entzündet sich der nachhaltige Widerspruch gegen Darwins Buch nicht so sehr daran, dass es die biblische Schöpfungsgeschichte in Zweifel zieht. Vielen war die Heilige Schrift inzwischen mehr Metapher denn Tatsachenbericht; und im viktorianischen England gab es damals offenbar weniger Bibelfundamentalisten als amerikanische Kreationisten heute. Die eigentliche Provokation lag darin, dass Darwins Theorie das Leben zu einem amoralischen Chaos machte ohne göttliche Autorität, Zweck und Planung. Gott würfelt doch nicht!

Zum einen lehnten viele Menschen im viktorianischen England Darwins Theorie ab, weil sie die Rolle der Kirche als Hüterin von Moral und sozialer Stabilität infrage stellt. Die anglikanische Kirche witterte in seiner Theorie einen Anschlag zur Absetzung Gottes. Zum anderen war da die Kränkung von Gottes vermeintlichem Ebenbild. Zwar schrieb Darwin wohlweislich und um nicht noch mehr Widerstand gegen seine Theorie zu wecken, über den Menschen lediglich am Ende seines Werkes einen einzigen Satz, nämlich »Licht wird fallen auf den Ursprung des Menschen und seine Geschichte«. Aber vor allem jener gotteslästerliche Gedanke, dass auch der Mensch und dessen Ursprung gemeinsam mit anderen Lebewesen betrachtet werden müsse, sorgt für Verunsicherung und stiftet Unruhe.

Während Darwin die Öffentlichkeit scheut und dem Treiben um seine Theorie aus dem sicheren Downe zusieht, setzt sich ein Viererbund von Freunden vehement für seine Idee ein. Natürlich sind Charles Lyell und Joseph Hooker Feuer und Flamme für Darwins Theorie; dazu kommen Thomas Henry Huxley und in Amerika Asa Gray. Zwar hat jeder von ihnen gegen Teile der Theorie seine Bedenken und Einwände, der eine mehr, der andere weniger; doch nach außen bilden sie eine geschlossene Front, die Darwin rückhaltlos unterstützt. Darwins Ikonenstatus kommt sicherlich auch daher, dass er sich von den Auseinandersetzungen um sein Buch fernhält. Doch wie die Auswertung seiner Korrespondenz zeigt, greift er durch seine beinahe täglichen Briefe durchaus in die Debatte ein. Auf dem Höhepunkt der Kontroverse, nach der Veröffentlichung des Buches, kommen gut fünfhundert Briefe im Jahr zusammen, mit denen Darwin überzeugt und beeinflusst, klarstellt und widerspricht, dankt und anspornt. Ohne diese enorme Korrespondenz wäre es Darwins Theorie schlecht ergangen. Dahin schwindet das Bild vom isolierten Eremiten in Downe.

Tatsächlich zieht jeder von Darwins frühen Befürwortern »seine eigene imaginäre Grenzlinie, bei der er stehen zu bleiben gedenkt«, wundert sich Darwin. Asa Gray etwa, darin wohl ganz Amerikaner, will Darwins Theorie mit der christlichen Religion in Einklang bringen (ein Unterfangen, an dem die Kirche sich wohl ewig vergeblich abarbeiten wird). Auch er bezweifelt kurioserweise insbesondere Darwins Kerngedanken, die Wirkung nur zufälliger Variation durch natürliche Auslese. Weil Gray (wie viele andere bis heute) dem blanken Zufall nicht traut, mag er auf Gott nicht verzichten; er versucht, die Evolution als einen von Gott geregelten, letztlich doch wieder zweckgerichteten Prozess zu verstehen. Auch andere glauben an eine höhere Intelligenz, die den schrittweisen Wandel, den Darwin vorschlägt, lenkt.

Selbst Alfred Russel Wallace, immerhin ebenfalls Vater des Selektionsgedankens, macht mit dem Prinzip der Auslese vor dem Menschen halt. Er kann zwar aus dem fernen Asien bis zu seiner Rückkehr 1862 nicht direkt in die Kontroverse eingreifen, wird aber später die Ansicht äußern, dass das Gehirn, die Sprache, die Hand und Gestalt des Menschen nicht allein durch Auslese entstanden sein könne. Auch Wallace baut auf eine »höhere Intelligenz«, die die Natur zu »edleren Zwecken« geleitet habe. Darwin ist entsetzt und antwortet ihm in einem Brief: »Ich bin in betrüblicher Weise anderer Ansicht, und das tut mir sehr leid. Ich kann keine Notwendigkeit einsehen, in Bezug auf den Menschen eine weitere letztendliche Ursache zu bemühen«.

Auch Thomas Henry Huxley – ein junges aufstrebendes wissenschaftliches Talent und brillanter Zoologe, der selbst als Naturforscher von 1846 bis 1850 an Bord des Vermessungsschiffes *H.M.S Rattlesnake* entlang der Küsten Australiens unterwegs war und als Professor für Naturgeschichte in London tätig ist – bekennt sich zwar öffentlich uneingeschränkt zu Darwins Abstammungs- und Selektionstheorie. In einer viel gelesenen Rezension in der angesehenen »*Times*« bezeichnet er sie kurz nach Erscheinen des Buches als eine »äußerst geistvolle Hypothese«, mit der sich nun endlich viele scheinbare Anomalien in der belebten Natur erklären ließen. Indes ist auch Huxley nicht restlos von der natürlichen Selektion überzeugt; zudem empfindet er Darwins Vorstellung einer allmählichen und gleichmäßig raschen Entwicklung der Arten (die Idee eines Gradualismus) als unnötige Bürde für dessen Theorie. Joseph Hooker dagegen, den Darwin als Ersten eingeweiht hat, folgt ihm von Beginn an und auch am weitesten. Als Botaniker und Leiter der Königlichen Gärten in Kew weist er nach, wie sich Darwins Theorie auch im Pflanzenreich bewährt. Hooker schreibt zwar keine Bücher, doch hat er eine zentrale Stellung in den Naturwissenschaften der damaligen Zeit inne und viel Einfluss im britischen Empire; damit stärkt er Darwins Position.

Mit dieser Reaktion der Befürworter Darwins wird zugleich ein Paradoxon seiner Theorie deutlich. Zwar wird nach der Veröffentlichung der »*Entstehung der Arten*« recht schnell die Veränderlichkeit, also das Faktum einer Evolution akzeptiert, nicht aber sogleich auch der Mechanismus einer natürlichen Selektion, jene These vom Überleben des Lebenstüchtigeren. Ungeachtet dessen setzt sich Huxley aber in vielen weiteren Schriften und populären Publikationen für die neue Sichtweise ein, mit der er breite Schichten der Bevölkerung aus der Bevormundung der Kirche lösen möchte. Huxley entwickelt mehr und mehr eine Abneigung gegen die Religion, wird zum »Agnostiker« (ein Wort, das er kreiert): Er glaubt nicht, was nicht rational geklärt oder zu klären ist. Dass sich Gott behaupten lässt, ist ihm nicht genug; da er die Natur mehr und mehr auch ohne diesen erklären kann, braucht er ihn schlicht nicht. Darwin wird sich diesem Standpunkt letztlich anschließen; und mit ihm immer mehr Menschen.

Ein Affe als Großvater. Samuel Wilberforce und die Oxford-Debatte: Während seine Freunde Darwin zum Erfolg und seiner Theorie gratulieren, lassen bald andere, kritischere Reaktionen nicht auf sich warten. Darwins alter Geologielehrer Adam Sedgwick bewundert zwar, wie er Darwin schreibt, einzelne Teile aus der »*Entstehung der Arten*«; er habe das Buch aber mit mehr Schmerz als Vergnügen gelesen, ja bestimmte Teile gar mit absoluter Bekümmernis, da er diese für »ganz und gar falsch und in einem schmerzlichen Grade Unheil stiftend« halte. Sedgwick wirft ihm vor, die strenge Methode der Induktion verlassen zu haben, die allein zur Wahrheit führe. Vor allem aber sieht er die Verknüpfung von Moral und Wissenschaft zerstört, was ihn verstört; denn das hieße, »das menschliche Geschlecht zu brutalisieren und herabzuwürdigen«.

Der von Darwin so geschätzte Naturphilosoph Sir John Herschel spricht von der natürlichen Selektion abfällig als dem »Prinzip Kraut und Rüben«; ihm ist die Biologie zu unscharf und durcheinander, irgendwie »higgledy-piggledy«, und die natürliche Zuchtwahl eben kein knackiges Gravitationsgesetz oder etwas konkret Greifbares. Der katholische Geistliche George Mivart machte sich in einer Schrift über halb entwickelte Flügel lustig, bekennt damit Unkenntnis und Unverständnis, wie es Kreationisten und Anhänger des Intelligent Design bis heute tun, als ob sie bei Darwin nie etwas vom Funktionswechsel der Organe hätten lesen können; ein Trauerspiel, aber es war vorherzusehen. Auch Richard Owen, der einst Darwins Fossilien aus Südamerika untersuchte, kritisiert dessen Buch äußerst heftig.

Erwartungsgemäß entfacht vor allem die naheliegende Schlussfolgerung um die Verwandtschaft von Mensch und Menschenaffe hitzige Auseinandersetzungen. Die berühmteste findet Ende Juni 1860 in Oxford statt. Dort tagt die »Britische Vereinigung für den Fortschritt der Wissenschaft«, ein noch heute abgehaltenes Treffen vor allem britischer Naturforscher. Oxford ist damals die Hochburg des Anglikanismus und Domäne von Bischof Samuel Wilberforce, einem konservativen Kleriker und Kirchenfürsten. Zwar ist er recht unbeleckt von der Naturforschung, weiß aber den Anatomen Richard Owen hinter sich, der gegen Darwins Theorie wettert. Wilberforce hält, kein Wunder, ebenfalls rein gar nichts von der Abstammungsidee und gerät mit Thomas Henry Huxley, der sich für Darwin einsetzt, in ein legendäres Wortgefecht. Es soll Huxley den Beinamen »Darwins Bulldogge« und einigen Ruhm eintragen. Denn jenes Wortgefecht in Oxford entscheidet Huxley damals für sich, so schließen manche aus den wenigen Augenzeugenberichten, die es davon leider nur gibt. Darwin selbst war übrigens – krankheitsbedingt – nicht anwesend.

Natürlich sind seine Theorien während der Tagung in Oxford das bestimmende Thema. Nachdem sich herumgesprochen hat, dass Wilberforce reden wird, füllt sich am 30. Juni 1860 der vorgesehene Saal schnell mit Interessierten und Neugierigen. Die Gesellschaft muss in die weitaus größere Bibliothek des Naturgeschichtlichen Museums der Universität umziehen, doch selbst die fasst die bis zu 700 oder gar 1000 Zuhörer nicht, die sich drängen, um ihn zu hören. Die Stimmung ist gespannt. Darwins Theorie ist auch der erste Vortrag des Tages des amerikanischen Philosophen John William Draper gewidmet: »Die intellektuelle Entwicklung Europas unter Berücksichtigung der Ansichten Darwins«, lautet der Titel. Er bringt die Gesellschaft beinahe zum Einschlafen, bis endlich der Bischof auftritt. Wilberforce, ganz Geistlicher, ist eloquent und hält eine launige Rede. Er kritisiert Darwins Arten-Buch scharf, ohne allerdings die Fakten richtig wiedergeben zu können; vor allem aber nennt er dessen Schlussfolgerungen eine Hypothese, die »in höchst unphilosophischer Weise zur Würde einer kausalen Theorie erhoben wird«. Dann wendet sich Wilberforce an Thomas Huxley, der anwesend ist, um Darwin zu verteidigen, und fragt in eitler Rhetorik, ob dieser es vorziehen würde, einen Affen als Vorfahren auf seiner väterlichen oder seiner mütterlichen Seite zu haben.

Diesen groben persönlichen Angriff kontert Huxley erst, nachdem er mit einigen Klarstellungen die Abstammungstheorie Darwins zurechtgerückt hat (und dabei die Unkenntnis und Unsachlichkeit von Wilberforce offenbart). Höchst elegant endet Huxley dann damit, »dass er viel lieber einen erbärmlichen Affen zum Großvater hätte, als einen Mann, der all seine Begabung und sein Können nutze, um sich über ein ernsthaftes wissenschaftliches Thema in Witzen zu ergehen«.

Ob nun Bischof oder Affe in der direkten Vorfahrenslinie, in der Öffentlichkeit wird der Evolutionsgedanke noch immer weitgehend auf die Formel reduziert, der Mensch sei ein direkter Abkömmling der Affen, obgleich Darwins Selektionstheorie weit mehr aussagt. Was freilich im Juni 1860 eine viktorianische Dame nicht daran hindert, so berichtet die Legende, seufzend zu einer Freundin gewandt zu sagen: »Hoffen wir, meine Liebe, dass es nicht wahr ist. Aber wenn es wahr ist, wollen wir beten, dass es nicht allgemein bekannt wird«. Aber es wird allgemein bekannt, allmählich.

Der Newton der Biologie …
oder der Einstein der Arten
(1860–1882)

*A*us der Distanz von Downe erlebt Darwin sowohl den Erfolg seiner Theorie als auch deren Missdeutungen. Als im Januar 1868 das zweibändige Werk »*Das Variieren der Tiere und Pflanzen im Zustande der Domestikation*« erscheint, das Darwin aus den beiden ersten Kapiteln des Manuskriptes von »*Natural Selection*« entwickelte, ist das Publikum enttäuscht. Inzwischen ist die vorhersehbare Kontroverse um Darwins Theorie entbrannt. Die Welt wartet auf eine Rechtfertigung; aber alles, was Darwin nach acht langen Jahren anzubieten hat, sind noch mehr Einzelheiten über Tauben- und Kaninchenzüchtung.

»Der Berg gebiert eine Maus«, mokiert sich ein Rezensent, »der Entdecker des Ursprungs der Arten versucht, das Variieren der Tauben zu erklären«. Zwar geht es Darwin weniger um Tauben als vielmehr um eine Erklärung, wie Variationen überhaupt zustande kommen. Was er indes bei diesem grundlegenden Phänomen anzubieten hat, befriedigt nicht wirklich; wie sich später herausstellen wird, liegt er damit auch falsch. Bereits in der »*Entstehung der Arten*« war die eigentliche Ursache für das Variieren eine Schwachstelle seiner Theorie, und sie bleibt es auch im zweiten Anlauf, den Darwin jetzt nimmt. Bis weit ins 20. Jahrhundert hinein wird es dauern, bis die genetischen Grundlagen für Mutationen und letztlich das Variieren bei Lebewesen verstanden ist.

Dem Beginn der Ehrungen für Darwin tut dies keinen Abbruch. Im Herbst 1864 wird Darwin die Copley-Medaille der *Royal Society*, die höchste Auszeichnung für britische Wissenschaftler, verliehen (wieder in Abwesenheit, versteht sich). Als am 30. November 1864 deshalb die Elite der Naturforschung in London zusammenkommt, verliest der Präsident der Gesellschaft die Laudatio – und leistet sich einen Lapsus. Darwin wird für seine Verdienste um die Naturforschung geehrt, also für seine geologischen, zoologischen und botanischen Werke (so weit, so gut); aber ausdrücklich nicht für »*Die Entstehung der Arten*« – ein Affront! Wieder springen Thomas Huxley und Charles Lyell bei; vor der Festversammlung bekennen sie sich mit wohlgesetzten Worten ausdrücklich zu Darwins Abstammungstheorie, damit nicht der Eindruck entstünde, die gesamte *Royal Society* und sämtliche ihr angehörige Mitglieder lehnten Darwins Theorie ab, nur weil sich einige der neuen Sichtweise nicht anschließen können.

Sex und die Abstammung des Menschen: Noch lange werden sich die Wogen um Darwins Erkenntnisse nicht glätten. Weiterhin steht bei der Kontroverse die Abstammung des Menschen »von einem mutierten Affen« im Vordergrund, wie es Zeitgenossen gern formulieren. Vor allem die beiden Anatomen Richard Owen und Thomas Henry Huxley tragen in den 1860er-Jahren diesen Streit aus. Huxley prägt im April des Jahres 1860 den Begriff »Darwinismus« (von ihm stammt auch der Begriff des »missing link« für Übergangsformen zwischen Großgruppen von Organismen, den Darwin dann ebenfalls verwendet).

Owen ist seit Darwins Veröffentlichung dessen erbitterter Gegner geworden. Mit Unterstützung des Hofes und des Adels hat sich Owen, der erst Professor am *Royal College of*

Surgeons war und dann Leiter der naturkundlichen Sammlungen des *British Museum* wurde, eine Machtposition im
viktorianischen Wissenschaftsbetrieb erkämpft. Als beinahe
krankhaft ehrgeizig bekannt, ist Owen auf Darwin ganz offenkundig eifersüchtig, hat er doch seine eigenen Vorstellungen von Evolution. Später glaubt Owen durchaus, dass Arten
aus anderen Arten »geboren werden« (was einen kritischen
Geist zu der Frage veranlasst, wie es aber möglich sei, dass der
Mensch einst »durch den Schoß einer Äffin« hervorgebracht
wurde). Owens kaum verhohlener Neid lässt ihn indes kurz
nach Erscheinen von Darwins »*Entstehung der Arten*« eine sehr
abfällige und für Darwins Theorie unvorteilhafte Bespre-
chung verfassen.

Außerdem behauptet Owen, dass das Affengehirn, etwa
das des Gorillas, dem der übrigen Säugetiere ähnlicher sei
als dem des Menschen. Nur im Gehirn des Menschen säße
eine besondere Hirnstruktur (der sogenannte *Hippocampus
minor*). Auch unterscheide sich laut Owen der Mensch etwa
vom Schimpansen so weitgehend wie der Schimpanse vom
Schnabeltier. Thomas Henry Huxley widerlegt ihn durch eigene Untersuchungen, nachdem er Owen bereits im Frühjahr 1860 in einem Artikel über Menschen und Affen in die
Schranken verwies. Während Darwin die Abstammung des
Menschen noch sorgsam aussparte, bezieht Huxley sie von
Anfang an mit in die Diskussion ein. In einem kleinen Essay-
band über »*Zeugnisse für die Stellung des Menschen in der Natur*«,
einem populären Text, allgemein verständlich geschrieben,
stellt er 1863 den Menschen erstmals in eine kontinuierliche
Entwicklungsreihe mit den übrigen Menschenaffen. Huxley illustriert dies mit der seitdem ikonenhaften Darstellung
einer evolutionären Reihung aus vier Skeletten von Menschenaffen – vom Gibbon über den Gorilla bis zum Menschen. Von Darwin ist dazu ein ganz eigener Kommentar

überliefert: »Ich möchte wissen, was ein Schimpanse dazu sagen würde«.

Auch Charles Lyell lässt die Affenfrage keine Ruhe. Er publiziert ebenfalls 1863 ein Buch über »*Die geologischen Zeugnisse für das Alter des Menschen*«. Darin räumt er mit Schöpfung und Sintflut auf und lässt die Vorfahren des Menschen neben ausgestorbenen Tieren leben, die man nur von Fossilien kennt. Allerdings sind Funde zur Entwicklung des Menschen im 19. Jahrhundert noch zu rar, um verlässliche Aussagen zur Abstammung zu treffen.

Darwin selbst beweist in der Affenfrage einmal mehr strategisches Geschick bei der Publikation und Durchsetzung seiner Theorie. Nachdem er mit der »*Entstehung der Arten*« die Welt schockiert hat, wartet er jetzt ab, bis das Thema Menschwerdung in der viktorianischen Öffentlichkeit durch viele Debatten hinreichend bekannt geworden ist. In einem Brief vom Januar 1860 erläutert er seine taktische Vorsichtsmaßnahme, den Menschen in seinem ersten Buch vorerst nur mit einem einzigen Satz am Rande erwähnt zu haben: »Was den Menschen angeht, möchte ich auf keinen Fall meine Überzeugung aufdrängen; aber ich empfand es als unehrlich, meine Meinung völlig zu verheimlichen. Natürlich steht es jedem frei zu glauben, dass der Mensch durch ein besonderes Wunder erschien, obwohl ich persönlich die Notwendigkeit oder Wahrscheinlichkeit nicht sehe«.

Dass der Mensch durch einen Naturvorgang aus affenähnlichen Vorfahren entstanden sei, propagiert Darwin selbst erst mehr als ein Jahrzehnt später, zu einem Zeitpunkt, da dies als zentrale Aussage seiner Evolutionstheorie wahrlich nicht mehr neu ist. Erst im Februar 1871 erscheint sein Werk »*Die Abstammung des Menschen und die geschlechtliche Zuchtwahl*«, zwei dunkelgrün eingeschlagene, stattliche Wälzer mit jeweils knapp 450 Seiten in einer Auflage von 2500 Stück, die wieder schnell vergriffen sind. Das Buch wird ein Verkaufserfolg, nach drei Wochen druckt Murray 5000 weitere Exemplare. Diesmal erzielt Darwin 1470 Pfund, damals ein Bestsellerhonorar. Über viele Jahre, schreibt Darwin im Vorwort des Buches, habe er Notizen über die Abstammung des Menschen gesammelt. Freilich lange ohne die Absicht, darüber zu publizieren, fährt er mit britischem Understatement fort. Damit nun kein ehrbarer Mann ihn anklagen könne, er verheimliche seine Ansichten, entschloss er sich doch, sie zu veröffentlichen. Was für eine Volte!

Mit der »*Abstammung des Menschen*« erregt er abermals Aufsehen; gezielt befeuert er damit die leidenschaftliche Debatte um die vermeintliche Sonderstellung des Menschen. Darwin will nicht nur ins rechte Licht rücken, dass der Mensch nicht vom Affen abstammt, sondern dass er mit diesem gemeinsame Vorfahren hat, die ebenfalls Affen waren. Der Mensch sei daher nicht Gottes Geschöpf; vielmehr habe sich die Menschheit auf natürliche Weise aus affenähnlichen Wesen entwickelt. Darwin weist nicht nur auf die Verbindung zwischen Menschenaffen und Mensch hin, sondern argumentiert, dass unsere Evolution einst denselben Mechanismen folgte wie die anderer Organismen. So verkleinert er die Kluft zwischen Mensch und Tier. Er sieht sogar unsere geistigen Fähigkeiten in der Tierwelt angelegt, indem er auf die stammesgeschichtlichen Wurzeln spezifisch menschlicher Eigenschaften verweist. Selbst etwas so Komplexes wie unsere Sprache sei nicht vollständig ausgeformt und plötzlich entstanden; vielmehr sei sie durch viele Stadien gegangen. »Nur unser natürliches Vorurteil und jene Überheblichkeit, welche frühere Generationen dazu bewog, zu behaupten, sie stammten von Halbgöttern ab, hindern uns daran, diesen Schluss zu ziehen.«

Noch ohne eindeutig als solche erkannte Fossilfunde des Menschen skizziert Darwin in seinem Buch ein plausibles

Bild unseres Ursprungs. Zwar war 1856 der Neandertaler in einem Tal bei Düsseldorf gefunden worden, seine Bedeutung jedoch wurde lange verkannt; Darwin selbst erwähnt ihn nur beiläufig. Vor allem in Deutschland hatte der Fund heftige Kontroversen ausgelöst, in die der Berliner Pathologe Rudolf Virchow verwickelt war. Der erklärte, das Neandertal-Individuum wäre ein Mensch, der zeit seines Lebens an verschiedenen Krankheiten gelitten hätte, die zu seinem obskuren Aussehen führten – ein folgenschwerer Irrtum, da kraft Virchows (in dieser Sache vermeintlicher) Autorität die Diskussion um fossile Funde des Menschen für fast drei Jahrzehnte abgewürgt wurde. Im Unterschied dazu beweist Charles Darwin mit seinem Werk zur menschlichen Evolution verblüffenden Weitblick und die überragende Fähigkeit, aus vielen verstreuten Einzelfunden die richtigen Schlussfolgerungen zu ziehen, allen Konventionen seiner Zeit und Vorurteilen seiner Kollegen zum Trotz.

Darwin legt überzeugend dar, dass die entscheidenden Merkmale des Menschlichen – etwa der aufrechte Gang, die Werkzeugherstellung und das soziale Wechselspiel im Gruppenverband – zugleich auch die treibenden Kräfte für den Übergang vom Affen zum Menschen darstellten. »Wenn es für den Menschen ein Vorteil war, Arme und Beine freizuhaben und sicher auf den Füßen zu stehen – und daran kann nach seinem ausgezeichneten Erfolg im Kampf ums Überleben kein Zweifel bestehen –, dann kann ich keinen Grund erkennen, warum es nicht auch für die Vorläufer des Menschen vorteilhaft gewesen sein soll, stärker aufrecht oder auf zwei Beinen zu gehen. Sie wären dann leichter in der Lage gewesen, sich mit Steinen oder Keulen zu verteidigen, ihre Beute anzugreifen oder sich auf andere Weise Nahrung zu beschaffen«. So eindringlich beschreibt er das »Evolutionspaket« Mensch, der sich über den Affen aufschwang, dass dieses kraftvolle Bild noch lange nachwirken sollte.

Darwin entwickelt in diesem Buch auch erstmals die Hypothese, die Familie der Menschen (die *Hominidae*) sei in Afrika entstanden. Tatsächlich sollte er damit recht behalten. Wie Hominidenfunde Jahrzehnte später zeigen werden, verließen unsere Vorfahren erstmals mit *Homo erectus* und später als *Homo sapiens* den schwarzen Kontinent und breiteten sich über die Erde aus. Mit der »*Abstammung des Menschen*« ist Darwin seiner Zeit weit voraus. Für die gerade entstehende Wissenschaft der Paläoanthropologie bereitet sein Buch den geistigen Nährboden.

Das allein wäre ausreichend, um Darwin mit seinem zweiten wichtigen Buch einen Logenplatz im Wissenschaftstheater einzuräumen; doch es kommt noch besser. Denn in einem ausführlichen zweiten Teil dieses Werkes von 1871 erläutert Darwin außerdem seine Idee einer im Tierreich weitverbreiteten geschlechtlichen Zuchtwahl, der sexuellen Selektion, wie er es nennt. Sex in der Evolution ist schnell erklärt: Lebewesen sind, was sie sind, nicht weil Gott sie so gewollt hat, sondern weil sie die Sexualpartner ihrer Vorfahren so gewollt haben. Oder anders: Der Pfau schlägt deshalb sein prächtiges Rad, weil die Weibchen über Generationen hinweg immer die Hähne mit den jeweils längsten und buntesten Schwanzfedern erwählt haben, bis diese nun eine regelrechte Schwanzschleppe mit sich tragen (die sie kaum noch richtig fliegen lässt). Mit der Auswahl der Fortpflanzungspartner findet Darwin einen zweiten, wichtigen Evolutionsmechanismus neben der natürlichen Selektion. Mit dem Grundgedanken der sexuellen Selektion eilt er seiner Zeit allerdings erneut weit voraus. Während seine Zeitgenossen dieses Prinzip einer – noch dazu überwiegend von Weibchen betriebenen – Auswahl ablehnen (darunter auch

Charles Darwin auf einer Radierung 1871

CHARLES DARWIN

Alfred Russel Wallace, der dazu immerhin an Paradiesvögeln und Geweihfliegen in Neuguinea zwei der bis heute besten Beispiele selbst beobachtete!), wird Darwin damit Vorreiter einer Disziplin, die als Soziobiologie erst hundert Jahre später ihre Anhänger findet. Heute ist sie eine der forschungsaktivsten Felder der Verhaltensforschung.

Mit der »*Abstammung des Menschen*« formuliert Darwin die logische Fortsetzung der Kernaussagen seines früheren Werkes von 1859. Sein Buch zum Menschen und zur sexuellen Selektion ist zugleich Gegenstück und Ergänzung zu seinem Buch der Arten und der natürlichen Selektion. Und wie so häufig bei Darwin, ergibt ein Buch schon das nächste. So wurde aus den ersten beiden Kapiteln seines großen Arten-Buches 1868 sein Zweiteiler zur Variation bei Tieren und Pflanzen unter Domestikation. Jetzt ist erneut soviel Material für einen besonderen Aspekt zusammengekommen, der in seiner »*Abstammung des Menschen*« keinen Platz mehr findet, dass Darwin daraus 1872 ein weiteres Buch macht: »*Der Ausdruck der Gemütsbewegungen bei dem Menschen und den Tieren*«. Diesmal druckt John Murray, mutig geworden, 7000 Exemplare, von denen er schnell 5000 absetzt. Spöttisch urteilt ein Leser, Darwins Buch bestehe nur aus unterhaltsamen Geschichten und grotesken Abbildungen. Darwin beschreibt darin das emotionale Verhalten von Tieren und Menschen, das er anhand von eigenen Beobachtungen vergleicht (etwa an einem Orang-Utan namens Jenny im Londoner Zoo, aber auch an seinen eigenen Kindern). Dann spekuliert er, wie sich Verhalten und Verstand des Menschen vom Affen aus entwickelt haben könnten. Auch dies macht ihn in den Augen vieler Experten zum Vorreiter der späteren Verhaltensforschung, diesmal insbesondere der evolutionären Psychologie.

In jedem Fall sind die beiden Bücher von 1871 und 1872 Darwins anthropologisches Vermächtnis, seine Stellungnahme und zugleich sein Schlusswort zur Frage nach dem Menschen, jenes »höchste und interessanteste Problem für den Naturforscher«, wie wohl nicht nur er meint. Gemeinsam mit der »*Entstehung der Arten*« sind jetzt seine drei wichtigsten Werke veröffentlicht; die Darstellung der Evolutionstheorie durch Charles Darwin ist komplett.

Was noch zu tun bleibt. Darwins botanische Phase: Die wichtigsten Bücher sind geschrieben und die Kinder aus dem Haus; langsam wird es ruhiger um Darwin. Doch offenbar zehrt der dauernde Druck, der durch die Auseinandersetzungen um seine Theorie auf ihm lastet, über Gebühr an seinen Kräften. Janet Browne hat rekonstruiert, dass Darwin in den 1860er- und bis in die 1870er-Jahre häufiger und auf längere Zeit erkrankt. Eine längere, mehr als halbjährige Krankheitsperiode mit Übelkeit und Brechanfällen belastet ihn vor allem 1865. Emma und seine Tochter Henrietta kümmern sich aufopfernd um ihn und seine Korrespondenz. Doch als Darwin vom Krankenbett aufsteht, ist er – jetzt kaum Ende 50 – bereits jener gebrechliche Greis mit dem mächtigen grauen Vollbart, als den wir ihn meist vor Augen haben. Das Bild verdrängt jenes des jungen, selbstbewussten, modisch gekleideten Naturforschers der *Beagle*. Jetzt blickt Darwin unter starken Augenbrauen eher besorgt, wenngleich gutmütig drein. Seit 1862 beherrscht ein wallender Bart den äußeren Eindruck von seiner Person. Gar mit Mantel, Hut und jenem weiß gewordenen Bart, der vom Gesicht fast nur die Augen erkennen lässt (wie auf einer der letzten Aufnahmen von ihm), wirkt Darwin beinahe unzugänglich und verschlossen, mit zugleich durchdringendem und vergeistigtem Blick. Es ist ein markantes Gesicht – wie für eine Banknote gemacht; und in der Tat ziert dieses Porträt des bärtigen Darwin heute die Zehnpfundbanknote der Bank of England.

Ungeachtet seiner Krankheit, wenngleich weiterhin geplagt von nicht nachlassendem Unwohlsein, widmet sich
Darwin neuen naturkundlichen Studien. Er schafft es sogar,
dazu eine eindrucksvolle Reihe von Büchern zu schreiben,
die allerdings ganz eigene Studien sind. Denn jetzt – nachdem er sich jahrelang mit tierischem Verhalten und der Evolution des Menschen beschäftigt hat – macht sich Darwin
einen Namen als Botaniker und Blütenökologe. Plötzlich
interessieren ihn die Befruchtung von Orchideen, das Klet-
tern der Stängel und die Bewegung der Blätter von Pflanzen.
Diese, seine botanische Phase ist gelegentlich an Darwin be-
lächelt worden. Aber wir ahnen inzwischen natürlich, dass
auch dies keineswegs Zufall ist, sondern einen tieferen Grund
hat. Tatsächlich demonstriert Darwin mit seinen botanischen
Studien an Sonnentau, Orchideen und Kletterpflanzen, dass
das Prinzip der natürlichen Zuchtwahl keineswegs nur im
Tierreich gilt. Pflanzen haben auch ohne Zähne und Klauen
im Kampf ums Dasein unzählige wie ausgeklügelt erschei-
nende Anpassungen hervorgebracht. Darwin zeigt am Sonnentau und den Orchideen, dass die Natur wunderbar ohne
Paleys Uhrmacher auskommt und nicht in jeder einzelnen
beobachteten Besonderheit das Zeugnis göttlicher Planung
zu sehen ist. Auch Primeln gehorchen seinem Prinzip.

Den Anfang macht der Sonnentau *Drosera*, eine eigenartige Pflanze, die Darwin erstmals im Juli 1860 beim Spazieren-
gehen beobachtet – und sie prompt zu seinem nächsten Studienobjekt kürt. Während sich Wilberforce und Huxley in
Oxford um die Affenfrage streiten, starrt Darwin Pflanzen an.
Kein Wunder indes, denn der Sonnentau zeigt eine geradezu
tierische Eigenschaft – er frisst kleine Insekten! Diese bleiben an den klebrigen Tentakeln hängen und werden, nachdem die breiten, fleischigen Blätter regelrecht zugeschnappt
haben, zwischen ihnen verdaut. Darwin erkennt, dass dem

Sonnentau auf nährstoffarmen Böden der Insektenfang zur zusätzlichen Nahrungsaufnahme dient. Die Naturgeschichte der *Drosera* wird er später, 1875, in einem eigenen Buch über »*Insektenfressende Pflanzen*« ausführlich beschreiben.

Dann faszinieren ihn Orchideen und er untersucht jahrelang im Detail, wie es Darwins Art ist, jene Einrichtungen der Blüte dieser Pflanzen, durch die sie von Insekten bestäubt werden. Was man wissen muss: Dass Blumen überhaupt durch Insekten bestäubt werden, war erst 1793 durch den deutschen Botaniker Christian Konrad Sprengel entdeckt worden. Darwin erkennt nun an den Orchideen, dass die Besonderheiten jeder Pflanzenblüte durch ihre Koevolution mit den sie bestäubenden Insekten verursacht werden. Auch studiert er das Phänomen der Selbst- und Kreuzbefruchtung. Wieder ist sein Verleger John Murray interessiert und hat einmal mehr den richtigen Riecher. Darwins Buch »*Über die verschiedenen Einrichtungen, durch welche Orchideen von Insekten bestäubt werden*« erscheint im Mai 1862. Das vergleichsweise schmale Bändchen ist ein Renner, wie Darwin berichtet, denn »der Gegenstand der Fortpflanzung ist für die meisten Leute interessant und wird in meinem Aufsatz so behandelt, dass ihn jede Dame lesen könnte«.

Jetzt wird Darwin zum professionellen Botaniker. Anfang 1863 lässt er in Down House entlang der östlichen Grundstücksmauer Gewächshäuser ausbauen, um seine botanischen Versuche erweitern zu können. Sonnentau und Orchideen zeigen, wie Darwins Aufmerksamkeit ständig auf Dinge in der Natur gelenkt wird, die schlicht rätselhaft sind. Dass er zweifellos ein sehr aufmerksamer Naturbeobachter ist, hatte er bereits an Bord der *Beagle* bewiesen (in diesen fünf Jahren war er mehr Phänomenen ausgesetzt als wenige vor ihm; sein Verdienst ist es, daraus als Erster die richtigen Schlüsse gezogen zu haben). Auch im heimischen Garten passt er seine

Beobachtungen der Natur nicht dem herrschenden Glauben an (wie viele seiner Zeitgenossen, die ja ebenfalls Sonnentau und Orchideen kennen); vielmehr lockt ihn geradezu jede Abweichung und scheinbare Ausnahme. Eben dies lenkt seinen Blick auf scheinbar abseitige Phänomene, wie etwa die Zusammenarbeit im Bienenstock, den Hummelflug oder eben auf Orchideen.

Noch ein weiteres, scheinbar abstruses Rätsel der Natur fesselt Darwins Aufmerksamkeit. 1864 veröffentlicht er darüber ein Buch: »*Die Kletterbewegungen von Schlingpflanzen*«, 1876 gefolgt von einem Band über »*Die Wirkung der Kreuz- und Selbstbefruchtung im Pflanzenreich*«. Dieses zweite Werk ergänzt sein früheres über Orchideen und weist nach, dass Pflanzen aus der wechselseitigen Befruchtung zwischen nicht identischen Individuen lebensfähiger sind, als wenn eine Pflanze, die oft männliche und weibliche Fortpflanzungsorgane hat, sich selbst befruchtet. Ein Jahr später sind es »*Die verschiedenen Blütenformen an Pflanzen*«, die Darwin seinen Lesern näher bringt; und 1880 schließlich legt er »*Das Bewegungsvermögen der Pflanzen*« vor.

Auf seine alten Tage werden ihm Pflanzen zu idealen Versuchsobjekten, bei denen er sich einmal mehr als talentierter und überaus kreativer Experimentator erweist. Mit Erfindungsgabe und Experimentierlust versucht Darwin aufzuklären, nach welchen Gesetzen Keimlinge Wurzeln treiben, ihre Ranken ausrichten oder ihre Blätter stellen. Auch jetzt ersinnt Darwin alle seine Versuche selbst. Seine Kinder und Angestellte sind ihm dabei stets Gehilfen und die Gewächshäuser von Down House sein Labor. Allen voran hilft ihm in späteren Jahren sein Sohn Francis; der zieht – nachdem er 1874 geheiratet hat, zwei Jahre später seine Frau aber im Kindbett verliert – mit Darwins Enkel Bernhard wieder in sein Elternhaus nach Downe.

Viel Zeit verbringt Darwin mit seinen Pflanzen, verlangsamt nun das Tempo seiner Arbeit. So werden seine botanischen Studien zu einer geradezu sinnbildhaften, friedvollen Tätigkeit, die ihm am Lebensabend viel Freude macht. Einmal, so berichtet eine Anekdote, soll sein alter Gärtner Lettington über Darwin gesagt haben, nachdem er ihn zehn Minuten lang bewegungslos vor einer Blüte hat stehen sehen: »Wenn er doch nur etwas zu tun hätte, dann würde es ihm sicher auch besser gehen«.

Der Freund des Menschen. Darwin und die Regenwürmer: Darwin drängt es in seinen letzten Lebensjahren nicht mehr täglich zur Arbeit. Er ist wohl auch wieder etwas gesünder; zwar leidet er noch unter Schwäche und Schwindel, aber sein Magen gibt meist Ruhe. Vielleicht, so vermuten Darwins Biografen, ist er jetzt ruhiger, weil seine Abstammungstheorie mehr und mehr anerkannt wird und er persönliche Ehrung und Achtung erfährt.

Im November 1877 würdigt seine einstige Alma Mater, die Universität Cambridge, die Leistungen ihres ehemaligen Studenten und verleiht ihm den Ehrendoktor, eine Auszeichnung, die sie nur selten gewährt. Ausnahmsweise persönlich, begleitet von Emma und den meisten seiner Kinder, nimmt Darwin die Ehrung im Rahmen eines großen Festaktes entgegen. Ein Kollege beschreibt Darwin damals als »kräftig aussehenden Mann mit eisengrauem Haar, mit einer Aura wie ein vorzeitlicher Megalith, wie aus dem Felsen gehauen«. Tatsächlich, so berichten auch Besucher auf seinem Landsitz, strahlt Darwin in dieser Zeit ruhige Kraft und dabei Liebenswürdigkeit und Güte aus. Trotz aller Anfeindungen hat Darwin schließlich seinen Frieden gefunden.

So hat er Muße, sich einer sehr speziellen Untersuchung zu widmen, deren Ergebnis im Oktober 1881 als letzte größere Veröffentlichung Darwins erscheint. »*Die Bildung der Ackererde durch die Tätigkeit der Würmer mit Beobachtungen über deren Lebensweise*« ist zugleich, ob man es glauben mag oder nicht, seine seinerzeit populärste Veröffentlichung. Tatsächlich hat Darwin den Regenwürmern und ihrem segensreichen Wirken die längste Beobachtungsserie seines Lebens gewidmet; was wie ein unwichtiger Gegenstand erscheint, ist ein Buch, an dem er am längsten gearbeitet hat. Zwar hat Darwin die meisten Beobachtungen dazu in seinem Garten in Downe gemacht, doch sein Interesse wurde bereits 1837 während eines Besuches in Staffordshire bei seinem Onkel Josiah Wedgwood (dem Vater seiner späteren Frau Emma) geweckt; und bereits am 1. November 1837 hatte Darwin vor der *Royal Geological Society* einen ersten Bericht über Regenwürmer und ihre Wühltätigkeit gehalten. Über vier Jahrzehnte dauern seine Regenwurmstudien schließlich an, Jahre, in denen Darwin Regenwürmer in zahllosen Töpfen in seinem Arbeitszimmer hält. In diesen Behältnissen, gefüllt mit Erde, erschreckt er die Tiere – versuchsweise – mit plötzlich aufscheinendem Licht oder er lässt sämtliche verfügbare Familienmitglieder antreten, damit diese mit ihren Stimmorganen und Musikinstrumenten testen, ob seine Versuchstiere geräuschempfindlich sind. Emma amüsiert sich über dieses Regenwurm-Training. Charles mache nicht viel Fortschritte dabei, notiert sie in einem Brief, da die Würmer weder sehen noch hören könnten. »Sie sind aber ganz unterhaltend, können stundenlang ein Blatt festhalten, um ohne Erfolg zu versuchen, es in ihr Loch hineinzubringen«. Später werden viele Versuche von Francis Darwin durchgeführt; Darwins Sohn Horace konstruiert sogar eigens ein Instrument zum Messen der Einsinktiefe eines großen Steines. Dieser »Regenwurmstein«, den Darwin in seinen Garten bringen ließ, um seine Abwärtsbewegung über Tage, Wochen, Monate und Jahre zu messen, ist heilig; selbst Darwins Enkel Bernhard muss diesen einen großen Stein beim Spielen und Umhertoben verschonen.

In seinem Alterswerk zeigt Darwin für jedermann, warum diese Ringelwürmer eine weitaus wichtigere Rolle spielen, als ihnen gemeinhin eingeräumt wird. Nicht nur, weil er entdeckt, dass sie Felsbrocken durch ihre Tätigkeit langsam in den Untergrund einsinken lassen; Darwin erkennt vielmehr die Bedeutung und Funktion der Würmer für die Humusbildung. Immerhin können im Grasland pro Hektar oder Quadratkilometer etwa ebenso viele Regenwürmer, ihrem Lebendgewicht nach, im Boden vorkommen wie Rinder oben vom Gras leben. Vom Erfolg dieses letzten Buches, von dem schnell 3500 gedruckte Exemplare verkauft sind, ist nicht nur Darwin selbst überrascht. »In den Augen der meisten Menschen ist der Regenwurm einfach ein blinder, stummer, empfindungsloser und unangenehm schleimiger Ringelwurm«, begeistert sich ein Rezensent seines Wurm-Buches. »Mr. Darwin unternimmt es, seinen Charakter zu rehabilitieren, und der Regenwurm geht mit einem Male daraus hervor als eine intelligente und wohltätige Persönlichkeit, … als ein Freund des Menschen«. Wie er entdecken plötzlich zahllose Engländer ihr Herz für Regenwürmer. »Mit einem geradezu lächerlichen Enthusiasmus« sei sein Buch aufgenommen worden, notiert Darwin; und es findet reißenderen Absatz als seine »*Entdeckung der Arten*«. So wird der Einstein der Arten auf seine alten Tage zum Papst der Ringelwürmer.

Charles Darwins Autobiografie: »Ich habe versucht, die folgende Schilderung über mich so zu schreiben, als wäre ich ein Verstorbener in einer anderen Welt, der auf sein eigenes Leben zurückblickt. Auch ist mir das nicht schwergefallen, denn das

Leben ist für mich nahezu vorüber«. Im Sommer 1876, fünf Jahre vor seinem Tod, beginnt Darwin seine »*Erinnerungen an die Entwicklung meines Geistes und Charakters*« zu verfassen. Täglich etwa eine Stunde zeichnet er zwischen Mai und August die wichtigsten Stationen seines Lebens nach, später wird er den Text hier und da ergänzen. Diese autobiografische Skizze ist als Beitrag zur Familienchronik gedacht, vor allem geschrieben für seine Kinder und Kindeskinder; aber sicherlich auch mit dem Gedanken, der Nachwelt ein Zeugnis seines Lebens aus eigener Sicht zu hinterlassen. Darwins Selbstschau ist ein Musterbeispiel englischen Understatements, jener Kunst der augenzwinkernden Untertreibung, die mindestens ebenso viel Koketterie wie echte Bescheidenheit enthält. Indes sei nicht jede Bemerkung darin glaubwürdig, urteilen spätere Biografen, »neigt er doch dazu, zu harmonisieren und möglicher Kritik auszuweichen«.

Darwin hat Enormes geleistet in diesem Leben, dessen Stationen nun vor seinem geistigen Auge vorüberziehen: Der verehrte wie gefürchtete Vater, seine Kindertage in »The Mount«, die fürsorglichen, manchmal allzu umsorgenden älteren Schwestern, die vergeudete Schulzeit und das Umherstreifen über Wiesen und Felder, das Jagen und Schießen, seine Chemie-Experimente mit dem Bruder Erasmus, die abscheulichen Vorlesungen in Edinburgh, die Meeresexkursionen mit Robert Grant, die Ferien mit Fanny, Cambridge und John Henslow, dann die Weltumsegelung mit der *Beagle* und deren Kapitän FitzRoy, seine ersten Zweifel an der Konstanz der Arten und seine häretischen Hypothesen, als Naturforscher und Privatier in London, die Heirat mit Emma, die ersten Kinder, der Umzug nach Downe und sein Leben mit der Familie in Down House, seine chronischen Magenprobleme, die ersten Bücher, vor allem das Reisejournal und die »*Zoology*« der *Beagle*, seine Bücher zur Geologie von Südamerika und zu Korallenriffen, dann die ersten Skizzen seiner Theorie, der erste Essay dazu, schließlich die acht langen Jahre der Rankenfuß-Studie, der tragische Tod seiner geliebten Tochter Annie, seine Taubenzüchtungen und Salzwasserversuche, endlich sein Manuskript zum großen Arten-Buch, und dann dieser erbärmliche Schreck, als Wallaces Ternate-Manuskript eintrifft. Dankbar denkt Darwin an die Hilfe seiner Freunde Lyell und Hooker, aber auch an die mühsame Arbeit an der *»Entstehung der Arten«*, die Anfeindungen und Ehrungen, als allen klar wird, was er da ausgebrütet hat, und letztlich sein weiteres Leben in Downe, mit Emma und den Enkeln, seine botanischen Studien. Was für ein Leben!

Westminster Abbey: Darwin kann mehr als zufrieden und glücklich sein. Wenige Menschen haben sich auf diese Höhe der Geisteskraft erhoben und erlebt, dass ihre Ansichten so verbreitet und lebhaft diskutiert werden, meint denn auch Darwins Biografin Janet Browne. Wir kommen zum Ende.

Darwin, dem allmählich die Kräfte schwinden, leidet seit dem Winter 1881 unter Herzbeschwerden; Schwächeanfälle wiederholen sich. Einer bringt ihm schließlich den Tod. Anfang März 1882 schafft er es noch ein letztes Mal, seine Runde auf dem geliebten »Sandwalk« zu gehen. Dann, nach Schwindelanfällen und Ohnmacht in den Tagen davor, stirbt Charles Robert Darwin, 73-jährig, gegen vier Uhr am Nachmittag des 19. April 1882 friedlich im Kreise seiner Familie in Down House.

Einflussreiche Freunde veranlassen, dass er nicht auf dem kleinen Friedhof in Downe zur letzten Ruhe gebettet wird, wie es Wunsch der Familie ist (und von dem er Hooker zuvor einmal schrieb, dass er ihm »erwartungsvoll entgegensehe als dem süßesten Platz auf der Erde«). Stattdessen wird Darwin in der Westminster Abbey in London – gewissermaßen dem

Tempel des anglikanischen Glaubens, für königliche Hochzeiten wie für Staatsbegräbnisse genutzt – am 26. April in Anwesenheit prominenter Trauergäste beigesetzt. Dass er ausgerechnet dort zur letzten Ruhe gebettet wird, gelingt, nachdem anfängliche Widerstände des Klerus überwunden sind, mittels einer regelrechten Pressekampagne, bei der schließlich der Nationalstolz den Ausschlag gibt. Einer der Sargträger Darwins ist, unter anderen neben Joseph Hooker und Thomas Huxley, der Mitentdecker des Selektionsprinzips Alfred Russel Wallace.

In der Westminster Abbey ruht Charles Darwin neben dem Philosophen John Herschel und nahe dem Physiker Isaac Newton, einem zu Recht verdienten Ehrenplatz in dieser wichtigsten der britischen Gedenkstätten. Bei der Beisetzung singt der Chor, so weiß ein Bericht, »Happy is the man that findeth wisdom«; laut eines anderen wird Händels Hymne »His body is buried in peace but his name liveth evermore« angestimmt. Beides trifft zu: Charles Darwin, der Doyen der Naturforscher, ist zu diesem Zeitpunkt bereits einer der am meisten geachteten und in jedem Fall einer der bekanntesten Wissenschaftler der Welt.

Epilog

... und Darwin hatte doch recht!

Oder: Was von Darwin bleibt

Sehr lange lebte der Mensch mit der Ansicht, dass ein Gott Tiere, Pflanzen und die Welt geschaffen hat. Dass es eine nahe liegendere, eine naturwissenschaftliche Erklärung für die Vielfalt in der Natur geben könnte, wurde schlicht in Abrede gestellt. Einen »Newton des Grashalms« könne es nicht geben, meinte etwa der Königsberger Philosoph Immanuel Kant. Er glaubte, über die objektive Absicht und einen Zwecksetzer in der Natur als erste Ursache könne man empirisch nichts ausmachen. Die belebte Natur ließe sich nicht mit den Mitteln, wie sie die newtonsche Physik bereitstellt, verstehen. Charles Darwin ist indes genau dies: ein Newton der Biologie.

Wie Isaac Newton durch seine Gravitationstheorie hat Charles Darwin mit seiner Abstammungstheorie die Natursicht revolutioniert. Er ist der Albert Einstein der Arten. Wie dieser uns die Relation von Raum und Zeit vor Augen führte, so verdanken wir jenem die Erkenntnis der verwandtschaftlichen Beziehung und der Veränderung von Lebewesen auf der Erde. In der Konsequenz ist auch der Mensch ein – zugegeben ziemlich außergewöhnlicher – Affe; wie alle anderen Lebewesen sind auch wir das Ergebnis eines langen, allmählichen Wandlungs- und Anpassungsprozesses. Einer der wichtigsten Motoren dieser Veränderungen, die Charles Darwin als »Transmutation« bezeichnete und die wir heute als »Evolution« kennen, ist die natürliche Selektion – die Auslese durch die Umwelt. Gemeinsam mit den zufällig entstehenden genetischen Mutationen ist das Wirken der natürlichen Selektion jene »höhere Instanz«, die in der Natur waltet. Letztlich ist dieses Ausleseprinzip – gleichsam die evolutionsbiologische Grundregel – das, wofür viele Menschen lange Zeit Gott hielten. Wer dies als eine allzu materialistische Sicht fürchtet, der sei beruhigt. Denn zugleich steckt darin der Trost, dass eben diese natürliche Selektion auch jene humanen Wesenszüge hervorgebracht hat, wie etwa Altruismus, Mitgefühl und die Verantwortung für andere, auf die wir Menschen uns stolz berufen. Wir haben in der Welt nicht mehr als diese gottlose Evolution; aber eben auch nicht weniger.

Gottlose Evolution: Bis zu dieser Erkenntnis indes war es ein langer Weg. Darwins epochales Werk von 1859 »*Über die Entstehung der Arten*« war erst der Anfang einer langen Auseinandersetzung nicht nur um die Theorie von Abstammung und Auslese. Natürlich geht die Debatte weit über die Evolutionsbiologie an sich hinaus, erschüttert Darwins Theorie das Selbstbild des Menschen doch stärker als alles, was das 19. Jahrhundert sonst noch hervorgebracht hat. Deshalb stehen Darwin und sein Werk von 1859 für eine kopernikanische Wende unseres Weltbildes. Nikolaus Kopernikus hat 1543 nachgewiesen, dass die Erde nicht das Zentrum des Universums, nicht einmal das Zentrum unseres Sonnensystems ist. Darwin hat gezeigt, dass der Mensch nicht das Zentrum der Schöpfung ist und schon gar nicht ihr Zweck. Dennoch wirft man ihm vor, die Idee, auch wir stammten vom Affen ab, sei die größte Beleidigung für die Menschheit; sie zerstöre unsere »narzisstische Illusion«, wie Sigmund Freud es nannte. Doch die Anmaßung der Menschen Gottes Ebenbild zu sein ist nur noch eine Illusion, so wie die von einer Erde als Zentrum des Universums. Wie können wir dem Menschen eine Sonderstellung in der Natur zubilligen, wenn er von affenähnlichen Vorfahren abstammt? Wenn er wie alle anderen Lebewesen auch das Ergebnis eines ungerichteten und ziellosen, mithin also blinden Evolutionsprozesses ist? Es wäre uns auch in vielerlei anderer Hinsicht wahrlich nicht geholfen, wenn wir noch immer angstvoll meinten, am Rand einer flachen Erdscheibe, die dafür aber im Zentrum des Weltalls liegt, abzustürzen.

Darwin hat nicht nur die Biologie revolutioniert und eine grundsätzliche Neuorientierung auf der Grundlage dieser Disziplin eingeleitet. Der Wandel der Weltsicht hat auch unübersehbare philosophische Auswirkungen, deren große Tragweite erst allmählich erkennbar wurde. So bietet Darwins Theorie zwar erstmals und bis heute gültig eine plausible und naturwissenschaftliche Erklärung für die biologische Vielfalt in der Natur und die Stellung des Menschen darin; doch nicht nur im viktorianischen England galt dies als Gotteslästerung. Deshalb erregt Darwin bis heute die Gemüter. Tatsächlich geht es ja auch um nichts weniger als um das Selbstverständnis und Selbstbild des Menschen als nur noch arrivierten Affen oder als Ebenbild Gottes – und letztlich darum, wer entscheidet, welches Weltbild wir uns machen: die Kirche oder die Wissenschaft. Seit der Debatte in Oxford zwischen dem anglikanischen Bischof Samuel Wilberforce und dem Naturforscher Thomas Henry Huxley stehen diese für den paradigmatischen Streit zwischen Religion und Wissenschaft. Noch heute erregen sich viele Menschen bei der Entscheidung, ob sie lieber »ausgestoßen eines blinden Idioten namens Natur oder die Kinder eines allweisen und unendlich guten Gottes« sein wollen. Als ob wir – noch dazu erst seit Darwin – eine solche Wahl hätten!

150 Jahre nach Darwin glaubt in den Ländern des westlichen Kulturkreises noch immer etwa ein Viertel bis die Hälfte aller Menschen an die Schöpfung, also daran, dass Gott entweder die Lebewesen einschließlich des Menschen geschaffen hat oder die Evolution in irgendeiner Weise steuert. »Ich fühle aufs Allertiefste, dass der ganze Gegenstand zu tief ist für den menschlichen Intellekt«, schrieb Charles Darwin einst im Mai 1860, auf dem Höhepunkt der Auseinandersetzung um sein kurz zuvor erschienenes Buch; und er fuhr fort: »Ein Hund könnte ebenso gut über den Geist Newtons spekulieren. Lasst einen jeden Menschen hoffen und glauben, was er kann.«

Unbenommen. Indes sehen wir heute klarer als vielleicht Darwin selbst damals, dass es irrig ist zu denken, es ginge darum, sich entweder für die Ansicht entscheiden zu müssen, »ein Affe sei unser Adam« oder für die biblische Schöpfungsgeschichte. Dies sind gar keine gleichberechtigten Alternativen. Denn für die Naturwissenschaften ist die Gottfrage außerhalb ihrer Beurteilungsmöglichkeiten; Gott ist vielmehr eine Frage der Religion als Betrachtungsweise gläubiger Menschen. Anders ausgedrückt: Gott läst sich mit naturwissenschaftlichen Methoden weder beweisen noch widerlegen. Dies aber, insbesondere der Versuch einer Widerlegung (oder Falsifikation), ist der prinzipielle und weithin bewährte Ansatz aller Naturwissenschaften. Bei der Frage nach Gott aber greift er nicht. Der läst sich mithin stets behaupten und es lässt sich an ihn glauben. Doch ist er damit der Naturforschung prinzipiell entzogen und für diese auch nicht mehr interessant. Da Darwins Evolutionstheorie ein Teil der Naturforschung ist, kann sie nur innerhalb ihrer eigenen Grenzen beurteilt werden, eben als wissenschaftliche Theorie. Nochmals anders ausgedrückt: Religion und Wissenschaft sind zwei getrennte Welten; wer sie vereinen möchte, muss erklären, wie dies gehen soll. Solange sich die Kirche auf ihre biblische Schöpfungserzählung beruft (und das wird sie, da es sie allein deshalb gibt!), ist es auch vornehmlich ihre Aufgabe zu erklären, wie sich diese mit naturwissenschaftlich feststellbaren Fakten und Theorien vereinbaren lässt. Evolutionsbiologen haben kein professionelles Interesse an einer solchen Vereinigung, da religiöser Glaube eine gänzlich andere – für sie im Wortsinn indiskutable – Betrachtungsebene ist. Deshalb sollte es uns bei der Diskussion um die Evolutionstheorie nicht länger mehr um den angeblichen Widerspruch Darwin versus Gott gehen; mit Darwin hat sich die Evolutionstheorie von der Annahme eines Schöpfers emanzipiert.

Neue Wahrheiten entdecken: Allerdings sei es leichter, »neue Wahrheiten zu entdecken, als sie zur allgemeinen Anerkennung zu bringen«, wusste bereits der französische Evolutionist Jean-Baptiste de Lamarck vor 200 Jahren. Zwar hat Darwin mit seiner Biografie und mit seiner Theorie ganze Generationen von Naturforschern geprägt; zwar können wir seine Evolutionstheorie ohne Übertreibung als die bedeutsamste Idee der abendländischen Kultur bezeichnen, die eine in sich geschlossene Weltanschauung, ein »evolutionäres Weltbild« präsentiert. Doch ist wohl kein anderer Naturforscher so häufig und so grundlegend missverstanden worden wie Darwin. Bis heute ist der sogenannte »Darwinismus« ein beliebter Tummelplatz weltanschaulich motivierter Doktrinen. Aber zur Übertragung auf menschliche Sozialsysteme taugt Darwins Selektionstheorie nicht; als naturwissenschaftliche Theorie macht sie keine moralischen Vorgaben und liefert keine Gebrauchsanweisung für den Menschen, um etwa – wie im »Sozialspencerismus« (der irrigerweise Darwin untergeschoben wird) – soziale Ungerechtigkeit als naturgegeben rechtfertigen zu wollen. Wir dürfen nicht – das ist der klassische »naturalistische Fehlschluss« – aus der Natur auf menschliche Normen und Wertvorstellungen schließen. Die Natur hat keine moralischen Standards und schreibt nicht vor, wie wir uns verhalten sollen. Wie gern, schrieb Darwin einmal an seinen Freund Hooker, lebte er noch 20 Jahre, um seine Theorie verbessern und modifizieren zu können. Es hätte nicht gereicht! Immerhin: »Es ist ein Anfang, und das bereits zählt etwas!«, schrieb Darwin, und wusste doch zugleich auch: »Es wird ein langer Kampf werden, noch lange, nachdem wir tot und vergangen sind.«

Seine auf naturwissenschaftlichen Fakten fußende Theorie der Evolution setzte sich erst im 20. Jahrhundert in weiten Kreisen der westlichen Welt durch. Heute sprechen wir nicht gern vom Darwinismus (als einer Lehre, so wenig wie etwa vom Einsteinismus oder Planckismus); heute meinen wir vielmehr mit Darwins Evolutionstheorie die sogenannte »moderne Synthese«, jene modifizierte und erweiterte Theorie der Evolution, wie sie sich unter Einbindung von Erkenntnissen aus Biosystematik, Genetik und Paläontologie seit den 1930er- und 1940er-Jahren darstellt. In dieser modernen Fassung eint Darwins Theorie die gesamten Lebenswissenschaften, also alle biologischen Disziplinen inklusive der Medizin (die sich als nur auf den Menschen angewandte Biologie längst nicht mehr ausklammern kann). »Nichts in der Biologie gibt Sinn, außer im Lichte der Evolution«, wissen wir inzwischen mit dem viel zitierten Theodosius Dobzhansky.

Nach allem also, was wir mit naturwissenschaftlichen Methoden herausfinden können, mithin vernünftigerweise wissen können, müssen wir heute konstatieren, dass sich das Leben auf diesem Planeten autonom und ohne göttliches Zutun entwickelt hat. *Das* ist die simple Botschaft und das Vermächtnis Charles Darwins.

Was von Darwin bleibt: Heute ist die auf Charles Darwin zurückgehende Evolutionstheorie das tief greifendste und machtvollste Gedankengebäude, das in den letzten 200 Jahren erdacht wurde. Vielleicht von der Bibel einmal abgesehen, dürfte wohl kein anderes Buch als Darwins »*Über die Entstehung der Arten*« je eine vergleichbare Wirkung und größeren Einfluss auf das Denken in der westlichen Welt gehabt haben. Und wohl kein zweiter Naturforscher dürfte je einen derart bleibenden Beitrag zu einer derart breit gefächerten Wissenschaftsdisziplin geliefert haben wie Darwin zur Biologie.

Zugleich müssen wir festhalten, dass Darwins Idee der Evolution durch Selektion nicht einfach eine Theorie ist, die entweder richtig oder falsch ist. Er hat damit vor 150 Jahren ein hochkomplexes und vielfältiges Forschungsprogramm initiiert, das bis heute modifiziert und verbessert wird. Immer wieder stoßen wir in der Biologie auf Forschungsfragen und Kontroversen, von denen wir bei sorgfältiger Prüfung erkennen, dass das Problem Darwin bereits bekannt war und er erste Vorschläge zu dessen Lösung gemacht hat. Das Erstaunliche an Darwin ist daher, dass ein einzelner Forscher so vieles auf der Tagesordnung der modernen Evolutionsbiologie bereits gesehen und dazu Thesen vorgeschlagen hat, die bis heute aktuell sind und diskutiert werden. Mag vieles davon seinen Zeitgenossen zu weit gegangen sein, wie etwa auch die Theorie der sexuellen Selektion, so wissen wir ein Jahrhundert später, wie richtig er selbst damit gelegen hat.

Wenn es um Charles Darwin geht, so haben wir gesehen, ist abwechselnd von einem Kopernikus, dem Kepler der Biologie, dem Newton des Grashalms oder dem Einstein der Arten die Rede. Charles Darwin war all dies. Er war ohne Frage nicht nur leidenschaftlicher Naturforscher und origineller Denker, einerseits bewundert, andererseits geschmäht; vor allem war er einer der brillantesten und kreativsten Geister.

Was sonst noch bleibt: Sämtliche Schriften Darwins, seine gesammelten Werke, Notizbücher, Manuskripte und Briefe, sind heute online verfügbar in einem wohl einmaligen digitalen Archiv. Eine regelrechte »Industrie« beschäftigt sich mit diesem Nachlass ebenso wie mit seinem Werk. Sein Landsitz Down House ist inzwischen Weltkulturerbe. Indes ist Darwins eigene Sammlung naturkundlicher Objekte – die Gesteine, Tiere, Fossilien und Pflanzen der *Beagle*-Weltreise – nur in Teilen auffindbar und in den Museen inventarisiert.

Und die *Beagle*? Paradoxerweise fehlte von jener Dreimastbark, mit der Charles Darwin einst zur anderen Vermessung der Welt aufgebrochen war, lange jede Spur. Erst seit Neuestem ist klar: Nach der Reise unseres Naturforschers zwischen 1831 und 1836 war die *Beagle* nochmals auf Vermessungsfahrt gegangen, diesmal nach Australien, bis sie 1840 von der britischen Marine an den Zoll abgegeben wurde. Um an der Küste von Essex den damals allgegenwärtigen Schmuggel mit Brandy und Tabak vom Kontinent zu unterbinden, verankerte man die *Beagle* als Wachschiff mitten im Mündungsbereich des Flusses Roach. Im Jahre 1870 wurde die abgetakelte *Beagle* dann für 525 Pfund versteigert, vermutlich an einen Resteverwerter; hier verlor sich die Spur.

Erst im Frühjahr 2003 haben britische Archäologen unter Leitung von Robert Prescott von der St. Andrews University die Überreste der Bark mittels eines leistungsfähigen Bodenradars unter einer knapp vier Meter dicken Schlickschicht vor der Küste von Essex nahe Potton Island entdeckt. Der Rumpf und das Unterdeck seien noch weitgehend intakt, berichten sie. Diese Teile könnten geborgen und restauriert werden, um als museales Ausstellungsstück die Reise Darwins zur Erkenntnis – und damit zugleich die des Menschen – zu dokumentieren.

Dank

Auch dieses Buch hat eine von Zufällen bestimmte Evolution. Es verdankt seine Entstehung der Idee Stephan Meyers vom Verlag Herder, für eine neue Reihe von Kurzbiografien mit dem Titel »Ein Tag im Leben von ...« als einen der ersten Charles Darwin zu porträtieren. Natürlich bietet das Darwin-Jahr 2009 den Anlass. Doch neben zahllosen Neuauflagen und kommentierten Anthologien, neben gewichtigen, meist englischen Darwin-Biografien und den vielen Nacherzählungen vor allem seiner *Beagle*-Reise fehlt ein Darwins gesamtes Leben und Werk ausleuchtendes, aber dennoch konzises, erzählerisches biografisches Porträt, das auch jene neuen Forschungsbefunde mit einbindet, die in wissenschaftshistorischen Journalen verstreut sind und von der Allgemeinheit kaum wahrgenommen werden. Ich danke daher Stephan Meyer für seine weitsichtige Idee und Einladung zu dem vorliegenden Band sowie Dieter Geiß und Tamara Al Oudat für das sorgfältige Lektorat.

Das Erscheinen dieses Buches fällt zusammen mit der Eröffnung der Darwin-Sonderausstellung »*Die Reise zur Erkenntnis*« im Museum für Naturkunde in Berlin, die ich als wissenschaftlicher Leiter mitentwickelt habe. Obgleich beides – Buch und Ausstellung – unabhängige Instrumente der Wissensvermittlung sind, haben sie sich in diesem Fall beeinflusst. Ich danke meinen Mitstreitern und Kollegen am Museum, allen voran Uwe Moldrzyk und Michael Ohl für zahlreiche Anregungen, Hinweise und die vielen Gespräche und Diskussionen darüber, wie man Darwin heute aus- und damit vorstellt.

Meinen Kollegen am Berliner Museum für Naturkunde, die sich dort tagtäglich den vielfältigen Produkten der Evolution widmen, dank ich für die inspirierende und so ganz unmuseale Atmosphäre, und den Studenten an der Humboldt-Universität zu Berlin für unsere Diskussionen um Darwin und seine Theorie. Zu freundschaftlichem Dank verbunden bin ich Uwe Moldrzyk und Michael Ohl, die beide das Manuskript gelesen haben, für ihre wertvollen Hinweise und Anmerkungen; und Michael natürlich für die nunmehr schon beinahe ein Jahrzehnt währenden gemeinsam durchgeführten Oberseminare zum »Dawn of Darwinism« (inklusive des gemeinsamen Besuches von Down House). Meine inzwischen leider verstorbene Mitarbeiterin Ingeborg Kilias hat über Jahre in Bibliotheken den zahllosen Quellen zu Darwin nachgespürt und mich mit vielen dieser Schriften versorgt.

Der ersten Leserin Nora B. danke ich für die wohlmeinend-kritischen Kommentare zur ersten Manuskriptfassung und dafür, mit ihrem Impetus zu eigener wissenschaftlicher Arbeit ganz nebenbei auch jene Umgebung kreiert zu haben, in der mir das Schreiben überhaupt möglich war.

Wegweiser durch die Darwin-Literatur

Nicht nur Darwins eigene Arbeiten, Werke und Briefe in den verschiedenen Editionen, sondern vor allem Veröffentlichungen zu Darwin und seinen Theorien füllen mittlerweile Bibliotheken. Insbesondere an detaillierten Biografien und Bibliografien besteht kein Mangel. Nicht wenige werden zum Darwin-Jahr 2009 in Form von kommentierten Anthologien wieder neu aufgelegt. Einige der wichtigsten Werke Darwins sind auch als CD-ROM-Edition (Lightbinders 1997) von Michael Ghiselin zusammengestellt und herausgegeben worden.

Inzwischen sind Darwins gesammelte Werke auch weitgehend vollständig digital verfügbar, als durchsuchbare Volltexte und zum Herunterladen. Die Cambridge University hat auf der von John Van Wyhe editierten Internetseite »*The Complete Work of Charles Darwin online*« unter www.darwinonline.org.uk/ sämtliche Schriften Darwins, darunter Faksimiles, seine Werke in Erstausgaben, Abbildungen, viele Notizen und Briefe eingestellt, insgesamt 50 000 Seiten Text und 40 000 Abbildungen der Originalpublikationen sowie Audiodateien für MP3-Spieler; außerdem finden sich dort 150 ergänzende Texte, die sich mit Darwin beschäftigen, wie etwa Rezensionen seiner Werke. Eine Synopsis der knapp 14 000 Briefe umfassenden Darwin-Korrespondenz, von der bislang 15 der geplanten 30 Bände im *Darwin Correspondence Project* der Universitätsbibliothek Cambridge veröffentlicht wurden, findet sich unter www.lib.cam.ac.uk/Departments/Darwin.

Wer indes zur genussvollen Lektüre weiterhin Bücher bevorzugt, dem seien hier einige ausgewählte Werke empfohlen. Diese sind zugleich – wenn auch ohne jeden Anspruch auf Vollständigkeit – die im vorliegenden Buch hauptsächlich verwendeten Quellen. Angemerkt sei, dass viele der Texte Darwins und die weitaus meisten zu Darwin nur auf Englisch erschienen und in einigen Fällen überdies vergriffen sind; auf die Angabe nur noch antiquarischer Titel habe ich hier verzichtet.

Darwins Werke liegen in zahlreichen Ausgaben und Übersetzungen vor; interessanterweise allerdings im Deutschen selten vollständig oder gar in modernen Übertragungen. Jüngst ist auch Darwins Autobiografie von 1876 als »*Darwin. Mein Leben* « beim Insel-Verlag (Frankfurt a. M. 2008) wieder neu aufgelegt worden.

Eine Textsammlung seiner vier wichtigsten Bücher »*The Voyage of the Beagle*« (1845), »*On the Origin of Species*« (1859), »*The Descent of Man*« (1871) und »*The Expression of the Emotions in Man and Animals*« (1872) wurde von Edward O. Wilson unter dem Titel »*From so simple a beginning*« (W.W. Norton & Company, New York, London 2005) herausgegeben und eingeleitet. Eine ähnliche Textsammlung hat auch James D. Watson unter dem Titel »*Darwin: The Indelible Stamp*« (Running Press 2005) vorgelegt.

Die erwähnten Werke Darwins liegen auch jeweils in Einzeleditionen (z.T. in Paperback-Ausgaben) vor, die sich vor allem durch ihre kompetenten wissenschaftshistorischen Einführungen auszeichnen, die von Darwin-Kennern und Experten verfasst wurden. Ein Lesegenuss sind auch Darwins Originalbriefe, die im September 2008 bei Cambridge University Press unter der Herausgeberschaft des (inzwischen verstorbenen) Frederick Burkhardt editiert wurden und unter den Titeln »*Origins*« (1822–1859) und »*Evolution*« (1860–

1870) bzw. »*The Beagle Letters*« (1831–1836) eine sorgfältige Auswahl aus den jeweiligen Jahren bieten.

Charles Darwins »*Fahrt mit der Beagle*« liegt in neuer Übersetzung von Eike Schönfeld im marebuchverlag (Hamburg 2006) vor und wurde auch als Hörbuch (4 CDs, ca. 300 min.) aufgelegt. Auszüge aus Darwins »*Reise eines Naturforschers um die Welt*« hat zudem der Audiobuch-Verlag (Freiburg i. Br. 2007) auf CD (68 min.) herausgegeben.

Ein Darwin-Lesebuch mit ausgewählten Texten hat Mark Ridley unter dem Titel »*Mein Leben*« (München 1996; nach dem englischen Original von 1987) zusammengestellt; eine ähnliche neue Anthologie ist unlängst von Julia Voss als »*Charles Darwin-Lesebuch*« (Fischer, Frankfurt a. M. 2008) erschienen.

Die lesenswerteste, fundiert recherchierte und zugleich umfangreichste Darwin-Biografie hat Janet Browne, inzwischen Wissenschaftshistorikerin an der Harvard University, in zwei Bänden vorgelegt, einer großartiger als der andere: »*Charles Darwin. Voyaging* (1995) und »*Charles Darwin. The Power of Place*« (2002). Beide sind in schöner Aufmachung bei Alfred A. Knopf, New York erschienen, aber leider bis heute nicht ins Deutsche übertragen. Wem diese zu ausführlich sind, der sei auf das Büchlein »*Charles Darwin. Die Entstehung der Arten*« (dtv, München 2007) derselben Autorin verwiesen, in dem sie ausgehend von seiner wichtigsten Veröffentlichung in allerdings unerhört geraffter Form vor allem Werk und Wirkung Darwins vorstellt.

Ebenfalls sehr detailreich, aber kaum mehr auf dem Stand der heutigen Kenntnis, ist die Biografie von Peter J. Bowler »*Charles Darwin. The man and his influence*« (Cambridge University Press, Cambridge 1990) sowie die von John Bowlbys »*Charles Darwin, A New Life*« (W.W. Norton & Company, New York 1990). Die vielleicht am besten bekannte, nicht immer schmeichelhafte Biografie stammt von Adrian Desmond und James Moore: »*Darwin. The Life of a Tormented Evolutionist*« (Warner Books, New York 1991; in deutscher Übersetzung 1992 im Paul List Verlag erschienen).

Zudem liegt auf Deutsch die allerdings schon etwas ältere Biografie »*Charles Darwin. Vom Käfersammler zum Naturforscher*« von Angela und Karlheinz Steinmüller vor (Verlag Neues Leben, Berlin 1987) sowie eine Kurzbiografie von Franz M. Wuketits: »*Darwin und der Darwinismus*« (C.H. Beck, München 2005), die allerdings die überarbeitete Version eines älteren Bändchens ähnlichen Charakters ist (»*Charles Darwin. Der stille Revolutionär*«; Piper, München 1987).

Andere Autoren haben sich besonderen Ausschnitten aus dem Leben und Werken Darwins zugewendet. So konzentriert sich etwa Richard Darwin Keynes, ein Urenkel Charles Darwins, in seinem detailreichen Buch »*Fossils, Finches and Fuegians. Charles Darwin's Adventures and Discoveries on the Beagle, 1832–1836*« (HarperCollins, London 2002) ganz auf Darwins Weltumsegelung, die er sehr anschaulich und lebendig schildert. Den Fokus auf Darwins Schiff und Reise legt auch Keith Stewart Thomson in »*H.M.S. Beagle. The ship that changed the course of history*« (W.W. Norton & Company, New York, London 1995). Mit Darwins vergleichsweise kurzem, aber nicht unwichtigem Zwischenstopp in Australien beschäftigen sich F.W. Nicholas und J.M. Nicholas in »*Charles Darwin in Australia*« (Cambridge University Press, Cambridge 1989, Paperback 2002).

Mit dem Vorurteil, dass Darwin allenfalls ein amateurhafter Naturforscher war, der sich kaum darüber bewusst war, was er tat, räumt Richard D. Keynes mit seinem reich illustrierten Werk «*Charles Darwins's Zoological Notes & Specimen Lists from H.M.S. Beagle*« (Cambridge University Press, Cambridge 2000) auf. Es basiert auf sorgfältig transkribierten

Notizen, die Darwin einst beim Studium einzelner zoologischer Objekte machte.

In »*Charles Darwin, Geologist*« (Cornell University Press, Ithaca/London, 2005) zeigt die Historikerin Sandra Herbert, wie wichtig für Darwin die Geologie war, welche bedeutenden Beiträge er selbst lieferte und wie er geologische Befunde für seine Evolutionstheorie nutzte. Welche wichtigen Beobachtungen Darwin während seiner Besuche gerade auf Inseln zwischen den Kapverden und Tahiti machte, ist von Patrick Armstrong in »*Darwin's Other Islands*« (Continuum, London 2004) herausgearbeitet, der darin einige der wichtigen Inseletappen auf der *Beagle*-Route nachzeichnet. Auf den Spuren Darwins wandelte jüngst auch Jürgen Neffe in »*Darwin – Das Abenteuer des Lebens*« (C. Bertelsmann, München 2008).

Mit Darwins Theorie zur Entstehung von Korallenriffen und dem Widerstand, den diese und seine Evolutionstheorie bei Vater und Sohn Louis und Alexander Agassiz fanden, beides einflussreiche Forscher an der Ostküste der Vereinigten Staaten, setzt sich David Dobbs in »*Reef Madness: Charles Darwin, Alexander Agassiz, and the Meaning of Coral*« auseinander (Pantheon Books, New York 2005). In »*Darwin and the Barnacle*« (Faber and Faber, London 2003) spürt Rebecca Stott der Frage nach, warum Darwin acht Jahre seines Lebens, zwischen 1846 und 1854, der akribischen Untersuchung von Rankenfußkrebsen widmete. Dagegen setzt David Quammen in «*The Reluctant Mr. Darwin*« (W.W. Norton & Company, New York, London 2006) explizit erst nach dessen *Beagle*-Fahrt ein, um vor allem die Entstehungsgeschichte von Darwins Evolutionstheorie nachzuzeichnen.

In »*Annie's Box: Charles Darwin, His Daughter and Human Evolution*« (Fourth Estate, London 2001), das auch auf Deutsch als «*Annis Schatulle*« (Argon, Berlin 2002) erschien, zeigt Randal Keynes – ebenfalls ein Ururenkel Darwins, dem das private Familienarchiv zur Verfügung stand – die sehr private Seite des Forschers als Ehemann und Vater, der durch den frühen Tod seiner Lieblingstochter den letzten Rest religiösen Glaubens verlor. Auch Edna Healey widmet sich in ihrer Biografie über »*Emma Darwin. The Inspirational Wife of a Genius*« (Headline, London 2001) vor allem dem Familienleben Darwins und schildert seine Frau anhand ihrer Tagebücher und Briefe als unverzichtbare Stütze.

Die in meinen Augen zugleich tief schürfendste und einsichtsreichste Bewertung von Darwins Evolutionstheorie aus moderner Sicht eines Evolutionsbiologen hat Ernst Mayr vorgelegt: »*One Long Argument. Charles Darwin and the Genesis of Modern Evolutionary Thought*« (Harvard University Press, Cambridge, Mass. 1991; Paperback bei Penguin Books, 1993). Auf Deutsch ist es 1996 bei Piper (München) unter dem Titel »*... und Darwin hat doch recht*« erschienen. Die Entwicklung von Darwins Denken beschreibt in sehr einsichtsreicher Weise Dov Ospovat in »*The development of Darwin's theory*« (Cambridge University Press, Cambridge 1981).

In dem reich illustrierten Band »*Darwin. Discovering the tree of life*« (W.W. Norton & Company, New York, London 2005), der weit mehr als nur ein Begleittext zu der 2005 in New York eröffneten Darwin-Ausstellung ist, hat Niles Eldredge, Kurator am American Museum of Natural History, seine Sicht auf Darwin und dessen Evolutionstheorie dargelegt.

Mit wissenschaftshistorischen und speziell philosophischen Implikationen von Darwins Theorie beschäftigen sich zwei auf Deutsch erschienene Texte, bei denen der biografische Hintergrund jeweils nur am Rande eine Rolle spielt: Nachdem Vittorio Hösle und Christian Illies dies bereits 1999 in »*Darwin*« (Herder, Freiburg i. Br. 1999) versuchten, dabei indes einige historisch unhaltbare Thesen aufstellen, hat sich Eve-Marie Engels jüngst in »*Charles Darwin*« (C.H. Beck,

München 2007) neben den biologischen auch den philosophischen Aspekten gewidmet und sich dabei eng an den Originaltexten und Quellen orientiert. Sie liefert zudem einen guten, aktuellen Überblick über die wichtigste Primärliteratur.

Obgleich sich Darwins Werke gerade – von wenigen Ausnahmen abgesehen – durch das Fehlen von Abbildungen auszeichnet, widmet sich Julia Voss in »*Darwins Bilder. Ansichten der Evolutionstheorie 1837–1874*« (Fischer, Frankfurt a. M. 2007) just diesem Aspekt der Bildersprache in der Wissenschaft.

Auch über Erasmus Darwin gibt es eine lebendige und lesenswerte Biografie von Desmond King-Hele, »*Erasmus Darwin: A Life of Unequalled Achievement*« (Giles de la Mare, London 1999). Charles Großvater und sein Freund Josiah Wedgwood sind zudem in Jenny Uglows Buch »*The Lunar Men: Five Friends whose Curiosity changed the World*« (Farrar, Straus & Giroux, New York 2002) porträtiert.

Zwei weitere Bücher beschäftigen sich erstmals auch mit Robert FitzRoy, dem Kapitän der *Beagle*: John & Mary Gribbin: «*FitzRoy: The remarkable story of Darwin's Captain and the invention of the Weather Forecast*« (Review, London 2003). Nicht immer ganz faktensicher ist Peter Nichols: «*Evolution's Captain: The tragic fate of Robert FitzRoy, the man who sailed Charles Darwin around the World*« (HarperCollins, London 2003), das auch auf Deutsch als «*Darwins Kapitän*« erschien (Europa, Hamburg 2004).

Auf fiktionale Weise hat sich Irvine Stone in seiner Romanbiografie «*Der Schöpfung wunderbare Wege*« (Rowohlt, Hamburg 2005) dem Leben Charles Darwins genähert. Auch Henry Thompson kleidet in seiner fiktionalen Biografie «*This Thing of Darkness*« (Review, London 2005) nicht nur die *Beagle*-Expedition in eine spannende Erzählung, sondern beleuchtet vor allem die Beziehung Robert FitzRoys zu Darwin.

In »*Mr. Darwin's Shooter*« (Atlantic Monthly, New York 1999), auf Deutsch unter dem Titel »*Mr. Darwins unentbehrlicher Gehilfe*« erschienen (Piper, München 2002), setzt der Romancier Roger McDonald dem Schiffsjungen und Gehilfen Darwins, Syms Covington, einen leicht lesbaren Gedenkstein. Indes ist McDonalds Schilderung nicht immer mit den belegbaren Fakten deckungsgleich. Covingtons Tagebuch der *Beagle*-Fahrt findet sich online unter www.asap.unimelb. edu.au/bsparcs/covingto/contents.htm.

Ein Kuriosum zum Schluss: Über Darwins Mitstreiter Alfred Russel Wallace gibt es im Deutschen bislang keine einzige Biografie in Buchform. Hier sei daher auf eine sehr instruktive Website von Charles H. Smith verwiesen, die unter anderem auch die in jüngster Zeit im angloamerikanischen Sprachraum erschienenen Werke zu Wallace aufführt: www. wku.edu./~smithch/index1.htm.

Insbesondere im wissenschaftshistorischen Kontext sind für die vorliegende Biografie außer vielen der oben erwähnten Publikationen die nachfolgend aufgeführten Primärquellen und die Forschungsliteratur maßgeblich gewesen.

Barlow, N. (Hrsg.) 1969. The Autobiography of Charles Darwin, 1809–1882. With original ommissions restored. W.W. Norton, New York.

Barrett, P.H. (Hrsg.) 1960. A transcription of Darwin's first Notebook on »Transmutation of Species«. – Bulletin of the Museum of Comparative Zoology, Harvard University, 122: 245–296.

Barrett, P.H. et al. (Hrsg.) 1987. Charles Darwin's Notebooks, 1836–1844: Geology, Transmutation of Species, Metaphysical Enquiries. Cambridge University Press, Cambridge.

Beddall, B.G. 1988. Darwin and divergence: the Wallace connection. – Journal of the History of Biology, 21(1): 1–68.

Beer, G. de 1959a. Evolution by natural selection. Darwin & Wallace. – Cambridge University Press, Cambridge.

Beer, G. de 1959b. Darwin's Journal. – Bulletin of the British Museum (Natural History), Hist. Ser. 2(1): 1–21.

Beer, G. de (Hrsg.) 1960–1967. Darwin's Notebooks on Transmutation of Species. – Bulletin of the British Museum (Natural History), Hist. Ser. 2 (1960): 25–183; vol. 3 (1967): 129–176.

Browne, J. 2005. Commemorating Darwin (Presidential address). – The British Journal for the History of Science, 38: 251–274.

Burkhardt, F., Smith, S. et al. (Hrsg.) 1985–2005. The correspondence of Charles Darwin, 1821–1866. 14 Bände. Cambridge University Press, Cambridge.

Darwin, C. 1840. On the connexion of certain volcanic phenomena in South America; and on the formation of mountain chains and volcanos, as the effect of the same power by which continents are elevated. – Transcations of the Geological Society of London, 1840/5: 601–631.

Freeman, R.B. 1977. The Works of Charles Darwin: An Annotated Bibliographical Handlist. Dawson and Archon Books, Folkestone, Kent (2nd edition).

Keynes, R.D. 1979. *Beagle* Record. Cambridge University Press, Cambridge.

Keynes, R.D. (Hrsg.) 1988. Charles Darwin's *Beagle* Diary. Cambridge University Press, Cambridge.

Keynes, R.D. 1997. Steps on the path to the origin of species. – Journal of Theoretical Biology, 187: 461–471.

Keynes, R.D. 2003. From Bryozoans to Tsunami: Charles Darwin's findings on the *Beagle*. – Proceedings of the American Philosophical Society, 147(2): 103–127.

Kohn, D. (Hrsg.) 1985. The Darwinian Heritage. Princeton University Press, Princeton.

Kohn, D., Stauffer, R.C. & Smith, S. 1982. New light on *The Foundations of the Origin of Species*: a reconstruction of the archival record. – Journal of the History of Biology, 15(3): 419–442.

Kottler, M.J. 1985. Charles Darwin and Alfred Russel Wallace: two decades of debate over natural selection. In: Kohn, D. (Hrsg.), The Darwinian Heritage, S. 367–432. Princeton University Press, Princeton.

Love, A.C. 2002. Darwin and Cirripedia prior to 1846: exploring the origin of the barnacle research. – Journal of the History of Biology, 35: 251–289.

Moorehead, A. 1969. Darwin and the *Beagle*. Hamish, Hamilton.

Oldroyd, D.R. 1984. How did Darwin arrive at his theory? The secondary literature to 1982. – History of Science, 22: 325–374.

Ospovat, D. 1981. The development of Darwin's theory. Natural History, Natural Theology, and Natural Selection, 1838–1859. Cambridge University Press, Cambridge.

Padian, K. 1999. Charles Darwin's views of classification in theory and practice. – Systematic Biology, 48(2): 352–364.

Porter, D.M. 1985. The *Beagle* collector and his collections. In: Kohn, D. (Hrsg.), The Darwinian Heritage, S. 973–1019. Princeton University Press, Princeton.

Richard, R.J. 1992. The meaning of evolution. The morphological construction and ideological reconstruction of Darwin's theory. University of Chicago Press, Chicago.

Secord, J.A. 1981. Nature's fancy: Charles Darwin and the breeding of pigeons. – Isis, 72: 163–186.

Sloan, P.R. 1985. Darwin's invertebrate program, 1826–1836: preconditions for transformism. In: Kohn, D. (Hrsg.), The Darwinian Heritage, S. 71–120. Princeton University Press, Princeton.

Stauffer, R.C. (Hrsg.) 1975. Charles Darwin's Natural Selection, being the second part of his big species book written from 1856 to 1858 (edited from the manuscript). Cambridge University Press, Cambridge (Paperback Edition 1987).

Steinheimer, F.D. 2004. Charles Darwin's bird collection and ornithological knowledge during the voyage of H.M.S. »Beagle«, 1831–1836. – Journal of Ornithology, 145: 300-320.

Steinheimer, F.D. & Sudhaus, W. 2006. Die Speziation der Darwinfinken und der Mythos ihrer initialen Wirkung auf Charles Darwin. – Naturwissenschaftliche Rundschau, 50: 409–422.

Sulloway, F.J. 1982a. Darwin and his finches: the evolution of a legend. – Journal of the History of Biology, 15(1): 1–53.

Sulloway, F.J. 1982b. Darwin's conversion: the *Beagle* voyage and its aftermath. – Journal of the History of Biology, 15(3): 325–396.

Sulloway, F.J. 1984. Darwin and the Galápagos. – Biological Journal of the Linnean Society, 21: 29–59.

Sulloway, F.J. 1987. Darwin and the Galápagos: three myths. – Oceanus, 30: 79–85.

Wyhe, J. v. 2007. Mind the gap: did Darwin avoid publishing his theory for many years? – Notes and Records of the Royal Society, 61: 177–205.

Personenregister

Bildnachweise